JN197493

創造社会の都市と農村

SDGsへの文化政策

佐々木雅幸：総監修

敷田麻実・川井田祥子・萩原雅也：編

水曜社

創造社会の都市と農村

——SDGsへの文化政策

はじめに

「創造都市論」が誕生して早くも四半世紀が過ぎ、都市論や都市政策論、文化経済学や文化政策論の領域で理論、政策研究として展開してきたものが、都市政策の現場に実装されて個別の都市の挑戦から始まり、次第にグローバル・リージョナル・ナショナルの各レベルの都市ネットワークに拡大・深化し、国民国家の枠を超えてグローバルな創造社会を生みだす大きなうねりを創りだしてきた。

20世紀から21世紀にかけての転換にあたり「創造性」がキーワードとして登場し、引き続く知識情報経済の進展が、人工知能の進化とビッグデータの活用可能性をさらに拡大して、人間の働き方と生き方を大きく変えることが予測されるなかで、「創造性」はますます重要なコーナーストーンとなってきている。

もともと、「創造主」とされてきた神の行為によって「創造された存在」であった人間が、ルネサンスにおいてその地位が逆転して、芸術と科学を生み出す主体となり「人間の創造性」が開花して、創造の連鎖が現代社会の基盤を形作ってきたといえる。だが、AIの本格普及は人間の創造的領域とされてきた活動まで侵入し、「人間による創造物」によって「人間の創造性」が脅かされる悲観的未来まで議論されるに至っており、21世紀中葉にかけて「創造性」というキーワードはますます重要性を帯びてきている。

一方、Society 5.0という「超スマート社会」では、AIとデジタル革新が生産性を飛躍的に上昇させ、ばら色の「創造社会」を生み出し、国連が掲げるSDGsの達成にも結びつくという議論も盛んである。

本書は技術偏重で人間不在の「創造社会」ではなく、誰もが創造的に働き、暮らし、活動できる「創造社会」を実現する立場から、創造都市と創造農村をめざす実践が、人間の働き方や生き方をどのように豊かにするのか、巨大都市への一極集中を食い止めて、都市や農村がいかに自立的で多様な人生の創造の場を提供できるのかを問いかけ、検討したものである。
この国における創造都市と創造農村の多様な進展が従来の文化政策の枠を拡大し、芸術文化が果たす本質的価値に加えて社会的経済的価値を広く認識させることとなり、文化芸術基本法改正（2017年6月）に結実したことは喜ばしいことである。このように創造都市と創造農村の実践から豊かになった文化政策によって、草の根からアプローチすることがSDGs実現に最も効果的であると確信するものであり、2021年度に完了される文化庁の京都移転がこうした取り組みを確実に進めることを期待するものである。

本書は3部から構成され、創造都市・創造農村の国際的全国的な到達点を示した序章に続く第1部では創造都市の実践を文化庁の全面的移転を控える京都市、新たな美術館のオープンをめざす大阪市、アートによる文化創造地域をめざす大分県、広域合併都市において創造農村的実践を重視する新潟市を取り上げ、創造農村に焦点を当てる第2部では、農村における資源の創造的活用と地域農業、奄美や鳥取県における文化と自然を重視した実践、神山町や珠洲市におけるSDGsに向けた接近を取り上げる。第3部では、東アジア文化都市の実績、創造農村におけるデザイナー（アマゾン）の役割や、歴史的文化資産を活かした取り組み、そして、包摂型社会に向けた実践などを踏まえて、終章では文化経済学の始祖であり本年生誕200年を迎えるジョン・ラスキンらの理論に立ち返って、「人間の創造性に基調をおく創造社会」の扉をひらく端緒に光を当てるものである。

最後になるが、本書は2014年刊行の『創造農村：過疎をクリエイティブに生きる戦略』の続編として企画されたものであるが、編者代表の佐々木が古稀を迎えることから古稀記念出版としての性格も併せ持つことになった次第である。本書刊行にあたってお世話になった全ての方々、とりわけ出版を快諾していただいた水曜社社長、仙道弘生氏に深甚の感謝を捧げたい。

総監修　佐々木 雅幸

第Ⅰ部　創造都市

第Ⅱ部　創造農村

第Ⅲ部　新領域

序章　創造都市・創造農村の到達点と新地平

ユネスコ創造都市ネットワーク年次総会 2018,（クラクフ）の参加者

佐々木 雅幸

大阪市立大学名誉教授
同志社大学客員教授
文化庁地域文化創生本部主任研究官

はじめに――SDGsと創造都市

2018年6月12日から4日間、ユネスコ世界遺産の街、ポーランド共和国のクラクフとカトヴィツェにおいて、ユネスコ創造都市ネットワーク（UNESCO Creative Cities Network、以下UCCN）の年次総会が開催された。

総会には、世界72か国加盟180都市から350人（50人以上の市長や副市長を含む）が参集し、「創造のクロスロード（交差点）」を共通テーマとして、ネットワークの核である協働精神を讃え、加盟都市の国際的地域的な行動を推進し、認定7分野と地域の違いを越えて革新的な協働を促進することが語り合われた。なかでも国際連合（UN）の「持続可能な発展目標SDGs」の実現に向けて、創造都市がどのように貢献することができるのかが主要テーマとなり、特にその11番目の達成目標である「包摂的で、安全で、レジリエント（回復力の高い）で、持続可能な都市形成」において文化と創造性が果たす役割が確認されて、共通の取り組みとするための政策的戦略的な討論が交わされた。この点、日本の創造都市は以下にみるように、芸術文化政策を通じてSDGsに積極的に貢献しており、先駆的な取り組みを積み上げて新地平を拓いてきているように思われる。また、2日目には「公共空間、住宅・経済再活性化: 都市再生の創造的ビジョン」のセッションにおいては、篠山市から日本独自の「創造農村」の取り組み事例が発表されて、参加者の強い関心を集めた。

創造都市論が登場して四半世紀が経過し、欧米都市の再生戦略に具体化されるところから始まり、アジアや途上国など全世界に広がりを見せ、創造都市は今まさにグローバルネットワークの時代を迎えている。

1　創造経済の到来と創造都市

20世紀末より金融と経済を中心として急速に進んだ新自由主義的グローバリゼーションは、世界をマネーゲームに没頭させ、グローバルな都市間競争を巻き起こし、弱肉強食の生存競争の中で社会的地域的格差の拡大をもたらしてきた。トマ・ピケティの著書*Le Capital au* XXIe *siècle*が実証的に明らかにしているようにグローバルな格差の拡大が深刻な社会問題になり（Piketty 2013）、国連のSDGsはこれを反映して地球環境問題のみならず貧困と格差の解消が大きな課題として含まれるようになっている。

その一方で、世界的な金融不安の大波とナショナリズムの台頭が世界システムの脆弱性を高めることによって、人々に反省の機会を与え、市場原理主義からの決別と「金融を中心としたグローバリゼーション」からの離脱の必要性を認識させ始めたように思われる。近年、反グローバリズムの潮流は、英国のEU離脱の選択、米国のアメリカファーストへの政策転換など、排外主義を伴う右翼的潮流とも重なり合って強まりを見せている。

こうしたなかで、グローバル社会は既存の社会経済システムの見直しとそれからの転換が迫られ、都市論においても、21世紀初頭にかけて登場したグローバル都市、創造都市、そしてサステイナブル都市などの再検討が焦眉の課題になってきた。

振り返ってみると前世紀末から21世紀初頭にかけて、最初に注目されたグローバル都市は、金融経済の頂点に位置して世界中から富や創造的人材を集め、21世紀の都市文明をリードするものと期待され、多くの都市がグローバル金融都市を目標にした競争に巻き込まれた。しかしながら、金融部門と高度専門サービス業（国際的な法務会計事務所、広告代理店など）を成長エンジンとするグローバル都市ニューヨークは、2001年秋に9・11事件の標的となり、さらに2008年に9・15リーマンショックを引き金とする大恐慌の暴風に翻弄され、世界経済全体を現在に至るまで不安定な状態に陥れ、「市場原理主義的なグローバリゼーション」に対する反省の契機を生み出した。

一方、これに替わって「互いに多様性を認め合う調和のとれたグローバリゼーション」への模索がはじまり、世界の各都市が芸術文化の創造性を高めることで、市民の活力を引き出し、都市経済の再生を多様に競いあう「創造都市の時代」が幕を開けた。

チャールズ・ランドリー　Charles Landry の *The Creative City* とリチャード・フロリダ Richard Florida の *The Rise of the Creative Class*、そして小著『創造都市の経済学』および『創造都市への挑戦』が相次いで上梓され、ランドリーは「創造の場」によって都市が抱える問題の「創造的解決」を提案し、フロリダは「ハイテクとアートの創造階級が集う寛容性の高いコミュニティ」を重視し、筆者は「市民一人ひとりが創造的に働き、暮らし、活動する都市」を目標に掲げてきた。これらの書籍によって創造都市ムーブメントは2000年以降に強まるが、ユネスコが創造都市ネットワークを提唱した2004年は国内外において歴史的画期となったといえよう。（Landry 2000；Florida 2002；佐々木 1997, 2001）

新自由主義的グローバリゼーションに代えて多様性を認め合うグローバリゼーションを提唱したのは2004年５月から４か月にわたってバルセロナで開催された世界文化フォーラム Universal Forum of Cultures 2004 であり、9・11以降高まる国際的テロや各種の衝突を回避するうえで芸術文化の果たす役割を多方面から語り合おうと企画された新たな世界的イベントであった。その内容は芸術・人権・発展・環境・ガヴァナンスなどの多様なテーマにまたがる国際的な対話とアーツイベントを組み合わせた画期的なものであり、独裁者フランコの没後、文化的自治を掲げて民主化運動の先頭に立ってきた市民の盛り上がりを背景に創造都市バルセロナが世界に呼び掛けた「21世紀を象徴する文化博覧会」であり、以後３年ごとにメキシコシティなど世界の都市で継続的に開催されている。

このなかで行われた「文化権と人間発達」cultural rights and human development を主題とするシンポジウムには筆者も基調講演者の１人として招待された。この国際会議は、バルセロナに拠点をおく芸術 NPO、インテルアーツ財団 Ineterarts Foundation が、ユネスコの協力を得て企画したものであり、「人間発達」という概念を「文化権」とのかかわりで正面から論じようという意欲的な企画であった。ここにはノーベル賞受賞者で、インド生まれの経済学者であるアマルティア・セン Amartya Sen の提唱する「ケイパビリティ」capability という概念がその基底にある。富や貧困の指標は従来のように1人あたりGDPの大きさで測るのではなく、人々が人生のさまざまな局面において「意義ある選択」が可能な社会となっているかを指標とするべきであり、一人ひとりにとって発達可能性や潜在能力などに多様な選択肢の拓かれている社会ほど豊かであるという考え方である（Sen 2006）。それは国連が毎年発行する『人間発達報告書』の指導理念になり、女性の社会参加やマイノリティの発言権などさまざまな権利と結びつき、そのような人間の基本的権利、人権を発達可能性の視点から捉えたとき、その基底には豊かな文化を創造し享受する権利、つまり「文化権」が重要であるという認識に基づいており、創造都市論の基底に据えるべき理念だと考えられる。

さらにセンは、文化は人々や地域のアイデンティティを強固なものとするが、これをアプリオリに肯定することはできないとし、アイデンティティが相対立する場合に、互いの違いを認め合うマルティプルアイデンティティこそ重要であると述べている。21世紀初頭には、金融・経済にとどまらず文化の分野においても新自由主義的グローバリゼーションが急速に進行し、富と貧困への両極分解を世界的に押し広げ地球環境の悪化をもたらす一方で、文化の大きな要素となる宗教と言語にも深い影響を与え、宗教的価値観の対立や文明の衝突を激化させて、とくに途上国では砂漠化や農地の減少とともに少数民族の言語の消滅が顕著となった。

ユネスコはこれに大きな警鐘を鳴らして、「生物的多様性」概念を援用して「文化的多様性」を提唱し、「文化的多様性に関する世界宣言」（2001）と「文化的表現の多様性の保護および促進に関する条約」（2005）を推進し、ユネスコ創造都市ネットワークを世界に提唱したのである。つまり、新自由主義的グローバリゼーションの影響下で「文化帝国主義」の如き現象によって、一方的に少数の人々の「文化権」が損なわれることがないように文化的弱者を包摂する立場から「文化的多様性」を重視しているのである。

「文化的多様性を重視したグローバリゼーション」への方向性を探るための創造的な対話の機会を提供したのがバルセロナの世界文化フォーラムの意義であり、同年ユネスコは創造都市ネットワークを全世界に向けて提唱し、アメリカのユネスコ離脱などいくつかの困難を乗り越えて文字通り都市のグローバルアライアンスに発展してきたことは冒頭に見たとおりである。

グローバル都市に代わって21世紀都市の中心に躍り出た創造都市は、製造業をベースにしたフォーディズム（大量生産型工業）都市の衰退を時代的背景として、知識情報経済をベースとして発展した創造経済時代にふさわしい都市類型であるといえよう。

「20世紀の工業経済から21世紀型の創造経済への移行」について、以下の表のようにまとめることができる。

すなわち、生産・消費・流通の各システムが大規模集中型から、分散的ネットワーク型に転換し、市場に個性的文化的消費を担う「文化創造型生活者」が多数登場してくると、都市発展の要因も資本・土地・エネルギーから、知識と文化、創造的人的資本に代わり、その結果、目標とする都市の姿も「産業都市から創造都市」に転換するのである。

表1 工業経済から創造経済への移行

	20世紀の工業経済	21世紀の創造経済
生産システム	大規模生産 トップダウン	フレキシブル生産 ボトムアップ
消費システム	非個性的大量消費	個性的文化的消費
流通・メディアシステム	大量流通 マスメディア	ネットワーク ソーシャルメディア
都市の優位性	資本・土地・エネルギー	クリエイティブ人材 知識・知恵・文化
都市・農村の形	産業都市・食料基地	創造都市・創造農村
ツーリズム	マスツーリズム	クリエイティブツーリズム

筆者作成

したがって、創造都市論が時代の注目を集めてきた理由は、単に衰退都市の再生やまちづくりの方法論としてだけではなく、「世界的な創造経済の到来」を背景として、ビッグデータと人工知能AIとが本格化する創造社会にふさわしい都市モデルとしても期待されるからである。20世紀のアメリカ社会をリードしたフォーディズム都市の代表であるデトロイトが財政破産後、方向転換してユネスコ創造都市ネットワークに加盟してデザイン都市をめざしているのはまさにこうした時代潮流を背景としているものといえよう。

このように、創造都市は、「文化と創造性による都市再生」の成功事例に基づいて、あたらしい創造経済と創造社会へのパラダイム転換の中で概念化されてきたものであり、創造産業、そして創造階級など関連領域への広がりと多様性を伴って、全世界に瞬く間に流行することになった。だが、とりわけ、新自由主義の影響が強いアメリカでは「創造階級」creative class の誘致に主眼を置くフロリダ型の創造都市政策によって都市間競争に拍車がかかり、社会的地域的格差を拡大する引き金になったのも事実である。(Florida 2016)

しかもフロリダが述べるように、創造階級を誘致すれば自動的に創造都市になるわけではなく、創造都市の経済的エンジンとなる創造産業の発展のためには、都市の文化資本や文化資源の固有価値 intrinsic value を活かすことが不可欠であり、クリエイターやアーティストの創造性や自発性に基づくネットワークやクリエイティブクラスターの形成がなければ、都市経済の持続的な発展は望めない。また、創造階級の誘致にのみ都市政策の関心が向けられることになれば、社会的緊張を高めることにもなるであろう。

そもそも創造都市という新しい都市概念は欧州連合ＥＵが 1985 年から推進してきた「欧州文化首都」European Capital of Culture の経験から生まれたものであり、文化と創造性を新産業や雇用の創出に役立て、ホームレスや環境問題の解決に生かし、都市を経済的のみならず、社会的・文化的にも再生させる試みであった。

長引く世界不況が引き起こす生活困難の状況下で、障害者や老人、ホームレスピープルを社会的に排除するのでなく、知識情報社会において発生する格差の克服や急速なグローバル化が引き起こす難民問題の解決など「社会的包摂」social inclusion という課題が創造都市論に対して提起されている。このため筆者はユネスコ創造都市のリーダーであるイタリアのボローニャにおける社会的協同組合の取組にヒントを得て、編著『創造都市と社会包摂』などにおいて「包摂型創造都市」を提起して、「アーティストのみならず、すべての市民の創造性を高めること」を政策の基本におき、フロリダの提唱する競争型創造都市に対置してきた経緯がある。(佐々木 2009)

2 重層的な創造都市ネットワークの形成

すでに述べたように、2004年にはユネスコによって「創造都市ネットワーク」が提唱されたが、何故、ユネスコが「都市」に注目するのか？その理由としては、以下の３点があげられる。

第１に、都市には創造産業を担う文化的活動が集約されており、創造的財とサービスの生産、流通、消費という一連の行動が都市の中で起こること、

第２に、都市は創造の場を提供することで、創造活動を行う人同士を結びつける潜在的な可能性を持っており、また、都市と都市が結びつくことにより、より世界的な規模での連携の可能性がうまれること、

第３に、都市は国民国家に比べて、その内部の創造産業に影響を与えるには程よい規模であり、また、国際的流通の窓口になるには十分な大きさの規模を持つこと。

このように、ユネスコ創造都市ネットワークはグローバル化による文化的画一化に対抗して、国家単位ではなく都市を軸にして文化的多様性と多極化の推進を企図したものであり、UCCNの提唱以降に、「都市間競争から都市ネットワークへ」の新たな展開がグローバル・リージョナル・ナショナルの各レベルにおいてみられるようになった。

具体的にユネスコの創造都市ネットワークは、文学、音楽、デザイン、

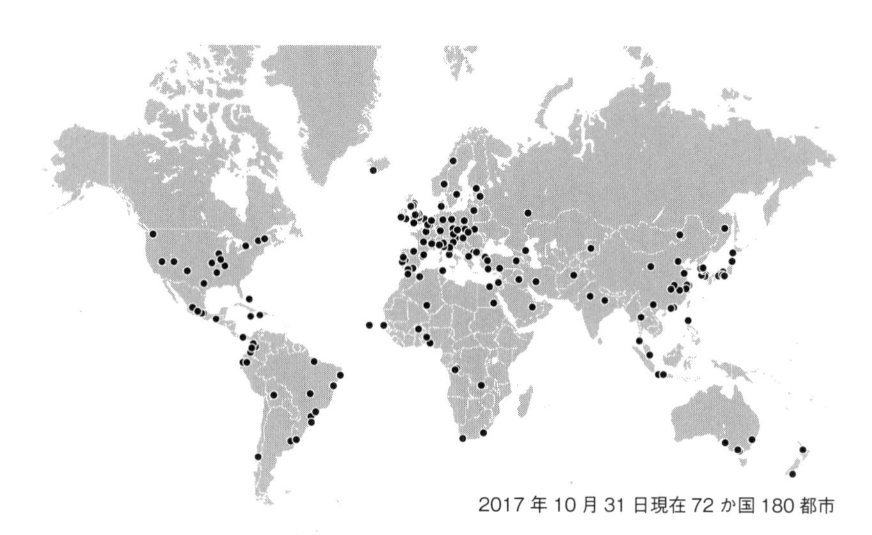

図1 ユネスコ創造都市ネットワーク

メディアアーツ、映画、食文化に加えて、クラフツ＆フォークアートの７つの創造的文化産業群の中から、１分野を選択して、パリのユネスコ文化局に申請するのである。現在までに認定を受けた都市に、バルセロナ（文学）、ボローニャ（音楽）、モントリオール（デザイン）、成都（食文化）、サンタフェ（フォークアート）、メルボルン（文学）、リンツ（メディアアーツ）など72か国180都市があり、引き続き新規の募集が継続されている。（図１参照）

日本においては、2008年10月に神戸市と名古屋市がデザイン分野で、金沢市が2009年にクラフツ＆フォークアート分野で、札幌市が2013年にメディアアーツ分野で、2014年に浜松市が音楽分野、鶴岡市が食文化分野で、さらに2015年には篠山市がクラフツ＆フォークアート分野、2017年には山形市が映画分野の合計６分野で８都市が認定され、人口200万以上の大都市から４万人の農村まで多様な構成となっていることが特徴的で、国内やアジア規模での連携が始まっている。

国民国家レベルのネットワークとしてはカナダの創造都市ネットワークCCNC（Creative City Network of Canada）が1997年に任意団体として発足し、

2002年にNPOとなり約130の自治体が加盟して毎年クリエイティブシティサミットを開催し、文化政策関連の教材刊行や研修を行うなど活発な活動を展開してきた。CCNCの運動の目的は、編隊を組む鳥の姿を喩にした次のような諺に要約される。

If you want to go fast, go alone; If you want to go far, go together.

つまり、大きな都市と小さな都市がネットワークを組み、互いに先頭を交代しながらゆっくりと、しかも、遠くまで進んでゆくことを目的としているのである。

CCNCに学んで、日本では2013年1月に横浜市創造都市センターに全国22自治体の代表とアートNPOや市民が集って、創造都市ネットワーク日本（Creative City Network of Japan=CCNJ）が設立された。この契機となったものは文化庁が2007年度より新設した文化庁長官表彰［文化芸術創造都市部門］であり、毎年度4都市程度を表彰し、被表彰都市間のネットワーク化を支援してきた。CCNJの特徴は大都市、中小都市、農山漁村と人口規模や地域特性の上で際立った多様性をもっていることであり、これらが自発的に連携してプラットフォームを形成することで、文化多様性に根ざした創造的な都市と農村間の協力関係の発展をめざしている。発足以来、文化庁の支援を受けて、年次総会や創造都市政策セミナー、創造農村ワークショップなどの全国規模での研修活動を展開して、互いの事業とベストプラクティスの交流や、ユネスコネットワークや海外の創造都市との交流をすすめてきた。現在111自治体が加盟しており、東京オリンピックパラリンピックが開催される2020年までに全国の自治体の1割にあたる170の加盟を目標にしている。（図2参照）

初代代表都市は横浜市が務め、次いで金沢市、新潟市、浜松市が2年ごとに担当している。CCNJ加盟都市アンケートによれば、先行している都市では創造都市推進の拠点施設を設置し、条例や計画、ビジョンを作り、経済界や文化団体と協力し、行政内部では複数の部課の協力体制によって事業をすすめている自治体が多いが、予算や人材面での不足が課題となっていることが示されている。

CCNJの今後の課題としては、1）国内外の創造都市間の連携・交流を促進するため、創造都市に関するあらゆる情報・知見を収集し、経験交流を行い、2）各地域における創造都市実現に向けた計画作成と具体的な施策展開のアドバイスを行い、3）自治体職員やアートNPO、学生、市民などの研修を中心に政策能力の向上を図ることが緊急に求められており、「創造都市政策センター」の新設が課題となっている。

さらに、東アジア地域において「欧州文化首都」に学んで日本・中国・韓国の3国間で2014年より「東アジア文化都市 East Asian City of Culture」事業が開始されることになったが、その目的は次の3つである。

第1に、東アジア域内の相互理解と連帯感の形成の促進

第2に、東アジアの多様な文化の国際発信力の強化

第3に、都市の文化的特徴を活かして、文化芸術・創造（クリエイティブ）産業・観光の振興を図ることによる都市の持続的発展

この事業は2012年1月奈良市で開催された日中韓三国文化大臣会合において日本側から提案されたものであり、都市間の文化交流の促進と、文化創造産業による都市経済の持続的発展とによって東アジアの平和と共生をめざしており、ともすれば歴史問題や領土問題で国家間の軋轢が高まっている中で、都市と都市との文化交流を通じたネットワーク形成が国境の壁や障壁を乗り越えることができるのか、大きなチャレンジが始まっている。2014年当時、緊張感が高まっていた国際関係の中で、初代開催都市を引き受けた横浜市は泉州市、光州広域市とともに円滑なスタートを切ることに尽力し、2015年には新潟市、青島市、清洲市、2016年には奈良市、寧波市、済州特別自治道、2017年には京都市、長沙市、大邱広域市、2018年には金沢市、ハルピン市、釜山市、2019年には豊島区（東京都）、西安市、仁川広域市が選ばれて1年間に亘って芸術文化事業に取り組み、相互に文化交流事業を行っている（詳しくは本書11章を参照）。引き続き、毎年3都市が選ばれる予定で、それらの都市のネットワーク化とアジア全域へ

の拡大、欧州文化首都との連携が課題に挙がっている。
東アジア文化都市で開催された学術シンポジウムの中では、アジアにおける都市文化の特徴とは何か？　東アジアの文化的共通性として、人間による自然の克服という哲学よりは、むしろ自然と人間との一体感が強調され、自然自体の創造性から学ぶ芸術のあり方が討論されており、都市文化の多様性に新たな光を投げかけることが期待されている。
このように、創造都市と文化都市のネットワークがグローバル、リージョナル、ナショナルの３つのレベルで広がってゆくことが「大国の世紀」であった20世紀に代わって21世紀にふさわしい「都市の世紀」を準備していくものと思われる。

3　日本における創造都市の新たな展開

日本における創造都市の嚆矢は2001年に民間から取り組みを開始した金沢であり、金沢経済同友会の40周年記念事業として創造都市会議を立ち上げ、約20年の積み上げがある。ついで、2004年４月には横浜市がバブル経済崩壊後、挫折していた臨海部の再生に創造都市戦略を採用して自治体として最初に文化芸術都市創造事業本部を立ち上げて創造都市推進課を発足させた。さらに同年、震災復興10年の節目を迎える神戸市が「文化創生都市」宣言を行ってこれに続き、９月には金沢21世紀美術館がオープンし、金沢市の創造都市事業の象徴的な施設が生まれることになり、日本における「創造都市元年」となった。
次いで2006年には、札幌市が「創造都市宣言」を行い、京都市は「文化芸術都市創生条例」を制定するなど、相次いで創造都市、文化芸術都市を目標に掲げるようになり、政令市、中核市などから始まった創造都市のムーブメントは農山漁村のより小規模自治体に広がりを見せている。本書第１部は全国各地の特徴的な取り組みを取り上げて分析しているが、ここでは金沢市、横浜市、神戸市の最近の取り組みの特徴を概観しておこう。

世界工芸文化首都をめざす創造都市金沢

ユネスコ創造都市にクラフト分野が新設された際、世界最初に当該分野で認定された金沢市は人口45万人の中核市であり、伝統的な町並みや伝統芸能・工芸を育む生活文化の営み、市内を流れる２つの清流と緑濃い周辺の山々とに囲まれた豊かな自然環境に恵まれるとともに、独自の経済基盤を保持しており、経済発展と文化・環境とのバランスの取れたヒューマンスケールの中規模都市として、生物多様性と文化多様性の両面から高く評価されてきた。

国連はSDGs導入に先立ち、都市における生物多様性と文化多様性の保持を重視してきたが、金沢市における「生物文化多様性」を保持してきたものは、美術工芸品を生み出す職人の手仕事への尊敬、すなわち「文化的職人的生産」と日常生活に工芸品を取り入れる市民の「文化的消費」の存在とそれを支援する行政の取組が巧みに組み合わされた結果だと考えられる。すなわち、近代化による大量生産＝消費の波及のなかでも「文化的生産消費システム」が歴史的に持続して展開されてきた結果だといえよう。

金沢市の伝統工芸品は江戸時代にこの地を治めた加賀前田家が代々奨励して、日本中から優れた職人を招いて滞在制作にあたらせたものであり、現代におけるアーティストインレジデンスの先駆けといえよう。加賀友禅、金沢漆器、金沢箔、金沢仏壇、九谷焼などの国が伝統的工芸品に指定する５業種をはじめ、大樋焼、加賀象嵌、加賀縫など合計23業種に上り、国内では京都に次ぐ質と量を誇っている。そして、伝統工芸品の多くは、その素材やデザイン、そして生産工程において多種類の動植物や、清浄な空気と水を必要としており、例えば、友禅染のデザインは庭に咲く草花、絵筆は狸の腹の毛、そして、描画の際に米から作った糊を使い、仕上げ工程で行われる清流浅野川での友禅流しには流れ落ちる糊を食べに鮎が群がって泳ぎ回る独自の文化景観を創出している。このため金沢市は工芸振興にとどまらず、文化景観と環境保全に早くから取り組み、全国に先駆けて半

図2 創造都市ネットワーク日本 参加団体一覧

■自治体　　　　　　　　　　　　　　　　　　　　（111 自治体：2019 年 4 月 26 日現在）

地域	自治体
北海道・東北（19）	【北海道】札幌市、美唄市、東川町、美瑛町、剣淵町【青森県】八戸市【岩手県】盛岡市【宮城県】仙台市、多賀城市、加美町【秋田県】仙北市【山形県】山形市、鶴岡市、新庄市、長井市、【福島県】いわき市、白河市、喜多方市、伊達市
関東・甲信越（21）	【茨城県】取手市【栃木県】足利市【群馬県】前橋市、中之条町【埼玉県】さいたま市、川越市、草加市、富士見市【千葉県】松戸市、佐倉市、浦安市、【東京都】品川区、豊島区【神奈川県】横浜市、小田原市、茅ケ崎市、【新潟県】新潟市、三条市、十日町市、津南町【長野県】木曽町
北陸・東海・近畿（30）	【富山県】高岡市、氷見市、南砺市【石川県】金沢市、珠洲市【岐阜県】大垣市、可児市【静岡県】静岡市、浜松市、三島市【愛知県】名古屋市、瀬戸市、碧南市【滋賀県】長浜市、草津市、守山市、甲賀市、【京都府】京都市、舞鶴市、南丹市、与謝野町【大阪府】大阪市、堺市、豊中市【兵庫県】神戸市、姫路市、豊岡市、篠山市【奈良県】奈良市、明日香村
中国・四国（15）	【島根県】出雲市、【岡山県】岡山市、真庭市、美作市【広島県】広島市、尾道市【山口県】宇部市、山口市、岩国市、【徳島県】神山町、【香川県】高松市、丸亀市、【愛媛県】松山市、内子町【高知県】高知市
九州・沖縄（11）	【福岡県】北九州市、久留米市、宗像市【熊本県】熊本市、多良木町【大分県】大分市、別府市、竹田市【沖縄県】那覇市、石垣市、中城村
都道府県（15）	岩手県、群馬県、埼玉県、神奈川県、滋賀県、京都府、大阪府、兵庫県、鳥取県、岡山県、香川県、徳島県、佐賀県、大分県、宮崎県

■自治体以外の団体　（41 団体：2019 年 4 月 26 日現在）

一般財団法人アーツエイド東北／NPO 法人アート NPO リンク／NPO 法人いわてアートサポートセンター／宇都宮市創造都市研究センター／一般社団法人エーシーオー沖縄／公益財団法人大垣市文化事業団／公益社団法 人岡山県文化連盟／公益財団法人岡山シンフォニーホール／公益財団法人沖縄県文化振興会／公益財団法人音 楽文化創造／公益財団法人関西・大阪 21 世紀協会／NPO 法人キッズファン／一般社団法人クラボ沖縄／公益財団 法人京都市音楽芸術文化振興財団／公益財団法人京都市芸術文化協会／NPO 法人 Creative Association／一般社団 法人クリエイティブクラスター／NPO 法人グリーンバレー／NPO 法人黄金町エリアマネジメントセンター／NPO 法 人さをりひろば／滋賀次世代文化芸術センター／NPO 法人駿河地域経営支援研究所／大道芸ワールドカップ実 行委員会／NPO 法人 DANCE BOX／株式会社地域計画建築研究所／一般社団法人創造都市研究所／NPO 法人鳥の劇 場／公益財団法人新潟市芸術文化振興財団／株式会社ニッセイ基礎研究所／公益社団法人日本オーケストラ連 盟／一般財団法人日本ファッション協会／一般社団法人ノオト／公益財団法人東松山文化まちづくり公社／公益 財団法人兵庫県芸術文化協会／株式会社バウハウス／公益財団法人びわ湖芸術文化財団／福岡県文化団体連合／NPO 法人 BEPPU PROJECT／NPO 法人山形国際ドキュメンタリー映画祭／公益財団法人山本能楽堂／公益財団法人横 浜市芸術文化振興財団

■創造都市ネットワーク日本（CCNJ）幹事団体

（自治体コード順）

札幌市、八戸市、鶴岡市、松戸市、豊島区、横浜市、新潟市、高岡市、金沢市、可児市、浜松市（代表）、京都市、神戸市、篠山市、宇部市、高松市、北九州市、大分市
CCNJ 事務局（浜松市市民部創造都市・文化振興課）
TEL:053-457-2301 URL: http://ccn-j.net/

世紀前の1968年に「伝統環境保存条例」を制定し伝統的町並みの保存の全国的なリーダーとなった。（山出 2014）このように、先進的な景観保全政策が地域の生物文化多様性を支えて持続させてきたといっても良いであろう。

金沢経済の内発的発展は、外来型の大規模工業開発を抑制し産業構造や都市構造の急激な転換を回避してきたため、江戸時代以来の独特の伝統産業とともに伝統的な町並みや周辺の自然環境などを守り、アメニティが豊かに保存された都市美を誇っており、最近はグリーンインフラのモデルとも評価され、独自の都市経済構造が地域内で生み出された所得の域外への「漏出」を防ぎ、地元中堅企業の絶えざるイノベーションや文化的投資を可能にしてきた。

現在、金沢市内の伝統工芸品に関する事業所は577、従業者は2,095人で、生産額は104億円となっており、きわめて小規模な事業所や、工房の形をとり、店先で展示販売することも多く、都心部に位置する旧金沢城から半径5Kmには140名の工芸作家の工房とショップ70店舗が集積して、まさに、街の中に点在する工芸クラスターを形成している。

第2次大戦後いち早く市立金沢美術工芸大学を設立し、地元の友禅や蒔絵などの人間国宝を指導者に迎えて伝統を継承する人材養成に努めるとともに、外部から柳宗理などインダストリアルデザイン分野の著名な教授を迎えてバウハウス方式の導入によってデザインや工芸の近代化を担う創造人材養成に乗り出した。伝統工芸品は現代日本の生活では徐々に使われる場面が少なくなり、販売額が減少し、従業者が減少する傾向が続いている。このため、金沢市はクラフトデザイン創造機構を設置して、近年には地域発のニューメディアイベントであるeAT KANAZAWAのメディアアートとの融合や、前衛的デザイナーとのコラボレーションによって、斬新な作品を生み出す「生活工芸プロジェクト」を開始して、創造産業としての再構築を急いでいる。（山出 2018）

2013年には、「工業デザインで培った先端3Dデジタル技術を基盤に、工芸における伝統技術を掛け合わせた独自の製造技法を開発し新たなものづくりの可能性をカタチにする」クリエイティブ集団secca が登場している。これは2010年に東京から金沢に移住したクリエイティブディレクターの宮田人司が著名なIT事業家の協力を得て設立した金沢初のビジョナリー（先進的なアイデアの実現により、社会的インパクトを生み出す人材）の育成と創業支援を目的とする一般社団法人GEUDAが核となり、金沢美術工芸大学製品デザイン学科卒の２人に金沢へのＩターンを働きかけて生まれた会社である。学生時代を金沢で過ごしたのちに、就職を機に上京し、ともに家電やカメラメーカーのインハウスデザイナーとして活躍していたが、職歴を重ねていくなかで浮かんできた「ひとつの想い」が金沢Ｉターンへのきっかけになったという彼等は、従来にない造形の器と伝統的な漆塗りの技法が組み合わされた作品などを次々と生み出して国内外で高い評価を得ており、「工芸の創造産業化」の先端を走っている。（佐々木2014）

また一方で、工芸を現代アートとして再評価する企図を持って、2012年には21世紀美術館前館長秋元雄史のキュレーションにより「工芸未来派」展が開催された。これは、明治維新以降「芸術」と「工芸」に分離し固定化してきた「日本の伝統」そのものを問い直し、グローバルに展開する現代アートの視点から「工芸」を再構築しようという試みであり興味深い。現代アートを専門とする美術館で「工芸」を正面から取り上げて、「日本的伝統」に問いを投げかけるという館長自らの挑戦的企画は話題となり、会期中に114,000人以上が訪れた。（秋元2016）

このように、創造都市金沢では、「伝統工芸を創造産業として再生する」ことをめざして、現代の消費者の生活に即した「生活工芸」の道と、現代アートとしてあらたな芸術的価値を探る道の２つの方向が鮮明になってきている。さらに、工芸を文化財としても重視し工芸工房などに活用される歴史的な町家と町並みを文化景観として整備する都市計画を推進する一方、近年は21世紀美術館が中心となり多数の美術館・博物館のネットワーク化をすすめており、都市計画と文化政策が連携してミュージアムクラスターを形成してきたといえよう。こうした取り組みが高く評価されて2015年には日本初のユネスコ創造都市年次総会が金沢で成功裏に開催されたのである。年次総会でUCCN市長サミットを主催した山野之義市長は、創造7分野を超えた地域毎の交流の促進を提案してリーダーシップを発揮した。
2017年のUCCN年次総会において金沢市はクリエイティブワルツ（若手工芸作家海外研修支援事業）や世界工芸トリエンナーレの開催などによる人材育成や伝統の保存継承面、さらには認定後に海外からの観光客が3倍になったことなどを理由に最高ランクの評価を受けた。
2018年には東アジア文化都市に選定されて、得意とする工芸を軸に、霊性、建築、食文化、茶道などとの生活文化全般の事業展開を成功させ、金沢創造都市会議が10年越しに提言してきた江戸城北の丸公園にある国立近代美術館工芸館の金沢への移転が2016年に決まり、2020年には国立工芸館として兼六園横にオープンする運びで名実ともに日本の工芸首都の地歩を固め、世界工芸文化首都への飛躍を目指している。
このようにユネスコ創造都市としての評価が高まる一方で、2015年の北陸新幹線の開通以来、海外からの観光客が急増してオーバーツーリズムによる弊害も表面化しており、市民生活の質を維持向上させるための対応が喫緊の課題となっている。

創造界隈の形成と包摂型事業の展開を狙うクリエイティブシティ・ヨコハマ

古都のイメージが色濃く漂う金沢と対照的に横浜は開港150年余の歴史と人口360万人を擁する近代的大都市である。90年代バブル経済の時期に大規模なウォーターフロント開発「みなとみらい・横浜」によって重工業都市からの脱却を図ろうとした横浜市は直後のバブル経済崩壊と東京都心でのオフィスビル建設ラッシュで2重の打撃を受けたが、2004年1月都市再生ビジョン「文化芸術創造都市—クリエイティブシティ・ヨコハマの形成に向けて」を打ち出した。その内容として①アーティスト・クリエイターが住みたくなる創造環境の実現、②創造産業クラスターの形成による経済活性化、③魅力ある地域資源の活用、④市民が主導する文化芸術創造都市づくりの4点を掲げた。
同年4月には文化芸術都市創造事業本部を新設して、クリエイティブシティ・ヨコハマへの取り組みを全庁的にスタートさせ、なかでも注目されたのは、「クリエイティブコア－創造界隈形成の取り組み」であり、1929年世界大恐慌の最中に建設され文化財としての価値もある旧富士銀行馬車道支店と旧第一銀行横浜支店、さらには臨海部の日本郵船の倉庫・空きオフィスを活用してこれらをアーティスト・クリエイターと市民の「創造の場」に変えようという企図で始まった実験事業、BankART1929である。

BankART1929はコンペで選ばれたNPOが、現代アートを中心とする各種の展示、パフォーマンス、ワークショップ、シンポジウムなどイベントを展開して、東京都心と結ぶ、みなとみらい線の開通ともあいまって大きな話題を集めた。旧富士銀行馬車道支店には東京藝術大学大学院映像研究科が誘致され「映像文化都市」の拠点となり、旧第一銀行横浜支店が創造都市センターと姿を変えた後には、日本郵船の倉庫跡がBankARTの拠点となった。現代アートの国際展として2001年から開始された横浜トリエンナーレはこのBankARTや横浜港の遊休化した埠頭などを活用して３年ごとに開催され、2011年からは横浜美術館も会場に加わり創造都市のシンボル事業に育った。さらに、2007年には経済界を巻き込んだ官民共同の「創造都市横浜推進協議会」が設立されて、開港150周年を迎えた2009年度には世界創造都市会議の開催により、アジアにおける創造都市のネットワーク化を志向し、アジアにおける創造都市の成功事例としての評価を高めた。

クリエイティブシティ・ヨコハマの特徴は臨海部における創造界隈形成にあり、遊休施設の暫定利用によってアーティスト、クリエイターの集積を進めた北仲BRICK & WHITE（2005年6月から2006年10月まで）、その閉鎖後には、旧大蔵省関東財務局事務所を活用して設置した創造拠点、ZAIM（2006年5月より2010年3月末まで）、さらには港湾運送事業者である（株）八楠が所有する本町ビル・シゴカイ（2006年10月より2010年9月まで）などがあり、BankARTがコーディネーターを務めるなど居住者による自主運営によって「創造的な雰囲気」を醸し出すことに成功した。

創造界隈形成に向けて、アーティスト・クリエイター、学校、企業、市民などが活動しやすい環境づくりのため、2005年度から「映像コンテンツ制作企業等立地促進助成制度」と「クリエイター等立地促進助成制度」が新設され、2007年に財団法人横浜市芸術文化振興財団に中間支援型の「アーツコミッション・ヨコハマ」を立ち上げ相談業務を担うことで「創造的な雰囲気」づくりを促進した。そして次世代のアーティストを育成し支援する「クリエイティブ・チルドレン・フェローシップ」、パラトリエンナーレなど包摂的な社会を目指す「クリエイティブ・インクルージョン活動助成」などアーティスト・クリエイター等への支援を行ってきた。こうした積極的な支援政策の結果、創造界隈には150組以上のデザインオフィスやアトリエ、ギャラリーなどが集積することになり、デザイン分野、映画・映像・写真分野、コンピュータ・ソフトウェア分野では事業所数並びに従業者数ともに増加率が高まった。(上野・鈴木 2014)

さらに2016年度から文化庁補助事業「文化芸術創造活用プラットフォーム形成事業」を活用し、アーティスト・クリエイターをはじめ文化芸術施設や創造界隈拠点、企業、NPO、大学等の関係者が参加するプラットフォームの構築を始めた。これは多様なネットワークを構築することで、新たな事業やビジネスチャンスの創出、文化芸術の創造性を生かした魅力あるまちづくりの展開などを目的としており、プラットフォームのコアメンバーによる企画会議や、多様な関係者が出会い交流し相乗効果を生み出す場となる「プラットフォーム・ミーティング」を開催している。引き続きクリエイター等による実験的なプロジェクトを進めており、BankART NYKの閉鎖後、2019年3月にはBankART1929の新拠点、BankART Stationが私鉄の新高島駅構内にオープンしており、早速25組のアーティストが活動している。

臨海部以外で注目されるのは芸術文化を活用した社会的包摂の試みであり、「横浜トリエンナーレ2008」にあわせて2008年秋に実験的イベント「黄金町バザール」が開始され、翌年に立ち上がったNPO法人黄金町エリアマネジメントセンターが主催して毎年「アートによるまちづくり」が継続的に展開されてきた。戦後の混乱期から特殊風俗店250軒が集中していた初黄・日ノ出地区において、地元住民と大学・行政・アーティストなど専門家からなる実行委員会が主体になって、初音スタディオや黄金スタディオなど私鉄の高架下や空き店舗を活用したアートイベントが毎年展開されて、現代アートと陶器展を中心とするMZartsなど個性派ギャラリーも生まれ、住民を巻き込んだ草の根からの包摂的なまちづくりが成功を収めつつある。

また、2014年度からはトリエンナーレに合わせて、象の鼻テラスを会場に「パラトリエンナーレ」が開始され、障がい者とアーティスト、市民が協働する新しいタイプのアート事業を目指している。これは栗栖良依が代表を務めるNPO法人SLOW LABELが横浜市の支援を受けて立ち上げた事業で、2017年10月に開催された「不思議の森の大夜会」の幻想的な作品が成功を収めるなど高く評価され、彼女は東京2020開会式・閉会式4式典総合プランニングチームのメンバーにも抜擢されることになった。

横浜のケースで注目されるのは、1960年代から始まる都市デザイン政策の先駆的な実績の上に、芸術文化の創造性を都市再生に生かす目的で、従来は縦割りであった文化政策、産業政策、まちづくりに関わる行政のセクションを横断的に再編する新組織である文化芸術都市創造事業本部と創造都市推進課を設置し、これを中核的推進組織として推進してきたことや、NPOなどの市民の政策過程への参画を推進してきた点であり、近年は積極的に社会包摂型事業にも展開を始めている。

2011年度以降に事業本部制から文化観光局創造都市推進部に移行するなかで、横浜のシンボル事業として新たにダンスと音楽の事業が加わり創造都市の第2ステップに入った。2014年にはアーティスティック・ディレクターに森村泰昌を迎えて、第5回ヨコハマトリエンナーレが8月1日～11月3日まで「華氏451の芸術：世界の中心には忘却の海がある」をテーマに開催され、国内外で活躍するアーティストの作品展示のほか、包摂型アートプロジェクトとして大阪の釜ヶ崎芸術大学も大スペースで紹介して最新の現代アートの動向を提示した。こうして、3年ごとに開催される前衛的なトリエンナーレの間に新たにダンスと音楽のより大衆的な事業も加

写真1 CCNJ設立総会で挨拶する近藤文化庁長官（当時）　2013年1月13日撮影

わり、「文化芸術による賑わい」を定着させ、横浜経済の活性化を図っている。

すでにみたように、横浜市はCCNJ設立に当たっても主導的な役割を演じて、2013年1月13日には創造都市センターに近藤誠一文化庁長官（当時）を迎えて設立総会を開いて林文子市長が代表に就き、ネットワークの発展の基礎を造った。

2014年には第1回東アジア文化都市に選定されて、初代都市としての歴史的な重責を担い、横浜トリエンナーレ2014をそのコア事業として位置づけた取り組みが展開されて、アジアにおける創造都市のリーダーとしてその役割を果している。

レジリエントな創造都市をめざす神戸市

今世紀に入り、地球環境の急速な悪化や、大規模な津波や洪水、地震などの災害の頻発は都市の持続的発展に大きな障害となっており、グローバル社会の持続可能な発展とレジリエントな創造都市がますます重要なテーマとなっており、SDGsの目標11にも「包摂的で、安全で、レジリエント

（回復力の高い）で持続可能な都市形成」として掲げられるに至っている。

1995年の大震災により多数の市民が犠牲となった神戸市では、長期にわたり都市機能がマヒする深刻な危機に陥った。震災復興の過程で、単に物理的復旧にとどまらず、傷ついた心を癒し、他人への思いやりや勇気を与える芸術文化の力を多くの市民が実体験したことにより、「芸術文化による都市再生と人間復興」の機運が次第に広がった。こうして、まちの歴史や記憶を踏まえ、震災10年を機に「神戸文化創生都市宣言」を行い、「芸術文化を活かしていきいきと進化する創造都市づくり」をめざすことになった。

2007年から芸術文化の祭典「神戸ビエンナーレ」を開催し、現代アートだけでなく、パフォーマンス、伝統芸術、デザイン、ファッションなど多種多様な芸術文化を取り上げるとともに、まちの資源の再活用、賑わいづくりや活性化に努めており、文化が被災者に生きる勇気を与えるのみならず、復興を支援するボランティアや環境保護運動などとの結びつきをもたらして、新しいコミュニティの絆を都市にもたらしたのである。（2019年からは新たな芸術祭「アート・プロジェクト：TRANS-」に引き継がれる）

また2007年10月には神戸商工会議所の提言を受けて、市民、大学、経済界、行政などで組織される「デザイン都市神戸推進会議」（事務局：神戸商工会議所）が設置され、めざすべき都市像を「創造力あふれる人々が住み集い、文化や産業における創造的な活動が活発に展開されることにより、都市の活性化や市民のくらしの質の豊かさを実現する都市」とした。「まちのデザイン、くらしのデザイン、ものづくりのデザイン」を総合的に進める独自のデザイン都市・神戸は2008年10月16日には経済界の支援もあって、ユネスコが提唱する創造都市ネットワークのデザイン分野へ名古屋市とともに認定された。

UCCN加盟都市のリーダーやアーティストを招いて世界創造都市フォーラムを開催する中で、モントリオール、ベルリンなどデザイン分野の加盟都市による初の共同事業、国際ポスターコンペティションを実現させるなど、グローバルな視野と草の根に根差したローカルな視点での活動を推進している。2010年には、遊休施設であった旧神戸生糸検査所を活用して、アーティスト、デザイナーや市民が自由に提案を持ち寄り、コンテンポラリー・ダンスや現代アートの作品展示、デザインイベントなど多様な創造的活動を展開した。この建物は2012年夏に創造都市の拠点施設「KIITOデザイン・クリエイティブセンターKOBE」として開設し、「ちびっこうべ」など子どもの創造性をはぐくむユニークな事業や高齢者向けのデザイン事業など減災と包摂型社会に向けた取り組みが成果を挙げている。

阪神大震災から20年となる2015年には仙台市で活躍する画家、加川広重の東日本大震災をテーマとする巨大絵画をKIITOと東北の被災地とで展示することにより、神戸市民をはじめ震災を体験した人々がまざまざと当時の記憶を呼び起こし、東北の被災地で困難な状況にある人たちへの思いを真剣に共有できる場をつくるプロジェクトが展開され、多くの市民が訪れた。

UCCN加盟10周年事業として2018年には東京以外では初となるGOOD DESIGN AWARD神戸展をポートアイランドで開催するなど各種のデザイン産業向けの取り組みもあいまって神戸市内にデザイナー・アーティスト・映像作製者などの集積が進み、2015年までの15年間にその数が1.5倍増加している。

2017年のUCCN年次総会において神戸市は、デザインを活用した市民参加型事業やデザインを他分野につなげる活動、子どもから高齢者まであらゆる年齢層を対象にしたデザイン事業などの展開が評価されて金沢市とともに全項目（報告書の内容、将来計画、市民参加、UCCNへの貢献、地域イベント）で最高評価を得ており、レジリエント創造都市としての道を歩んでいる。

以上のように金沢、横浜、神戸では冒頭に述べたSDGsへの取り組みをすでに先行的端緒的に進めてきたといえよう。

本書第1部では文化庁の移転を目前に控えて文化政策をまちづくりの中心に据えている京都市、美術館建設に向かう大阪市、県と市と民間が創造的地域づくりをすすめる大分、アーツカウンシルを軸に芸術文化によるまちづくりを進める新潟市など注目される取り組みを取り上げている。

4　創造農村の幕開けと伝統的な暮らし文化の再評価

創造都市が横浜市や金沢市のような近代的または伝統的文化都市から開始されて全国に広がっていくなかで、過疎地域では創造農村という取り組みが始まってきた。

その発端は、長野県木曽町の田中勝巳前町長から「創造都市という考え方は素晴らしい。これは農村にも適用できるのではないか」というメッセージを受け取ったことに始まる。以来、創造農村を共通にめざす自治体が集まる場として創造農村ワークショップが継続的に開催されて次第にその内容が明確化されてきた。

2011年1月に神戸市で開催された創造都市ネットワーク会議に参加した木曽町、中之条町、篠山市、仙北市など小規模自治体の首長らから「相互に経験を交流し、情報を共有できるプラットフォームが必要だ」という声が上がったことを受けて、2011年10月には第1回創造農村ワークショップが秋田県仙北市の劇団わらび座の本拠地であるたざわこ芸術村（現、あきた芸術村）で開催された。当日はあいにくの悪天候にも関わらず13自治体の職員等、約100人が参加した。

その半年前に東北地域を襲った地震と津波による災害被災地の参加者からは防潮堤のかさ上げや高台への集落移転など物理的な復旧のみではなく、伝統芸能や祭りが被災した人々の生きる希望やコミュニティの絆を強めることによって、社会のレジリエンス（復元力）が高まることが報告されて、伝統文化の再評価が始まった。

第2回創造農村ワークショップは2012年10月に地元で「創造農村」を掲げて活動する一般社団法人NOTEが企画して篠山市で開催され、徳島県神山町、岡山県西粟倉村、東京都利島の農山漁村から代表者が集まり、過疎地における創造的地域づくりの取り組みを互いに披瀝し、集落丸山を借り切って夜を徹して今後の方向を語り合った。

篠山市における創造農村への契機となったのは平成の大合併がもたらし

た財政危機であり、そこからの脱却のため2009年に築城400年を迎える篠山城跡と城下町の伝統的建築群からなる文化景観と波々伯部（ほほかべ）神社祇園祭やデカンショ祭りなどの文化財を活用したまちづくり事業への転換に踏み出したのである。2008年度から文化庁の「文化財総合的把握モデル事業」によって地道に古民家や街並みなど「歴史文化まちづくり資産」を調査して「歴史文化基本構想」を策定するとともに、有志がNOTEを立ち上げてモデル地区として集落丸山プロジェクトを開始した。丸山地区は篠山城址から北東に黒岡川を遡る細長い谷奥に位置し、最盛期より戸数も住民も半減以下の5戸19人となった限界集落であったが、住民とNOTEメンバーが何度も話し合いを重ねて、空き家となった築150年ほどの古民家3棟を保存的修復によって農家のくらしを体験できる宿泊施設に再生するとともに、蕎麦の名店とフレンチレストランを誘致して、訪れたツーリストに日本の暮らしの原風景をゆったりと体験できるオーベルジュを集落住民で運営するというクリエイティブツーリズムの篠山モデルを産み出した。その評判は国内外に広がり、地区の耕作放棄地には移住者も加わって有機農法によるコメ野菜づくりが始まり、居住者も増大に転じた。

続いて、NOTEは篠山城跡を取り巻く旧城下町の重要伝統的建造物群保存地区にある古民家をお洒落なカフェやレストラン、ギャラリーに再生させて歴史地区全体を「城下町ホテル」とする構想をすすめている。住民参加型の古民家再生事業が評判となり、全国の過疎地から相談や依頼が殺到する状況が生まれている。

NOTEは2013年から2017年までCCNJの事務局を務めて創造都市と創造農村を全国的に連携する重要な役割も演じつつ、2015年には城下町ホテルNIPPONIAの開業にも漕ぎつけている。一方、UCCNへの加盟申請にチャレンジしてきた丹波篠山市は同年12月にクラフツ・フォークアート分野で認定を勝ち取っているが、その際に、小規模自治体ではあっても創造農村として世界に独自の貢献をする決意を高く評価されたのである。

創造農村ワークショップは第3回以降、30年以上継続開催している夏の音楽祭と木工芸で有名な木曽町（長野県）、国際写真フェスティバルを20

年続ける東川町（北海道）、大地の芸術祭を7回開催してきた十日町（新潟県）、「創造的過疎」を掲げるアートとICTの神山町（徳島県）、八重山ミュージックでUCCN加盟をめざす石垣市（沖縄県）と多様な地域で開催され、2019年度は国際演劇祭の開催と演劇観光専門職大学（学長予定者：平田オリザ）の開校をめざす豊岡市（兵庫県）で開催が予定されている。

こうした取り組みのなかで創造農村の概念は以下のように豊富化されてきた。

「創造農村」とは「住民の自治と創意に基づいて、豊かな自然を保存する中で固有の文化を育み、新たな芸術・科学・技術を導入し、職人的ものづくりと農林業の結合による自律的循環的な地域経済を備え、グローバルな環境問題や、あるいはローカルな地域社会の課題に対して、創造的問題解決を行えるような『創造の場』に富んだ農村である」（佐々木・川井田・萩原 2014）

本書第2部では農資源の創造的利用や奄美大島、鳥取県鹿野町、奥能登の珠洲市、神山町など創造農村に関して注目される取り組みを紹介し分析しており、第3部では東アジア文化都市や、文化財の創造的活用、創造農村のためのデザイナーの役割、さらには包摂型社会に向けた取り組みなど新しい重要領域を検討している。

おわりに――新地平を拓く創造都市と創造農村

以上、日本における創造都市と創造農村の新動向を概観してきたが、以下のことが確認できるであろう。

1. 都市や農村が直面する困難を乗り越えるために創造性をキーワードとする大胆な構想を持って推進を始めた。
2. 創造都市のみならず創造農村という日本独自の取り組みを開始したことで、全国的な取り組みに広がっていった。
3. 従来、地域づくりにかかわりの薄かった芸術家、文化人が加わり、経済人、文化団体、市民の協力の下で事業計画が立てられた。

4. 創造性を軸にすることで、創造産業振興や創造人材育成、創造的コミュニティづくりなど従来の文化政策の枠を超えた広がりがあり、創造的地域づくりをめざす行政内部の横断的融合的な展開が課題になっている。
5. UCCNやCCNJなど国際的全国的な経験交流を通じて取り組みが拡大している。

これまでみてきたように、それぞれの地域で文化芸術の創造性を活かして「包摂的で、安全で、レジリエント（回復力の高い）で、持続可能な地域形成」が端緒的に取り組まれており、SDGsに向けた本格的取り組みとともに創造都市や創造農村の新地平は拓かれていくように思われるのである。

参考文献

秋元雄史『工芸未来派――アート化する新しい工芸』六耀社、2016年

Florida R., *The Rise of the Creative Class*, Basic Books, 2002（井口典夫訳『クリエイティブ資本論』ダイヤモンド社、2008年）

Florida R., *The New Urban Crisis*, One World, 2016

Landry, C., *The Creative City: A Toolkit for Urban Innovators*, London: Comedia, 2000（後藤和子監訳『創造的都市』日本評論社、2003年）

Piketty T., *Le Capital au* XXIe *siècle*, Seuil, 2013（山形浩生他訳『21世紀の資本』みすず書房、2014年）

佐々木雅幸『創造都市の経済学』勁草書房、1997年

佐々木雅幸・水内俊雄編著『創造都市と社会包摂』水曜社、2009年

佐々木雅幸『創造都市への挑戦』岩波現代文庫、2012年

佐々木雅幸・川井田祥子・萩原雅也編著『創造農村：過疎をクリエイティブに生きる戦略』学芸出版社、2014年

佐々木雅幸「伝統工芸と創造都市」『地域開発』602号、pp. 18-24、2014年

Sen A., *Identity and Violence: the Illusion and Destiny*, W.W.Norton, 2006

上野正也・鈴木伸治「横浜市における創造都市政策と創造産業の立地動向に関する研究」『都市計画論文集』公益社団法人日本都市計画学会49巻1号、pp. 11-18、2014年

山出保『金沢を歩く』岩波新書、2014年

山出保『まちづくり都市 金沢』岩波新書、2018年

第Ⅰ部

創造都市

第1章

文化資源としての廃校と創造都市形成

——京都市の事例から

元立誠小学校のリノベーション工事に伴い仮設建物1階に設置された「立誠図書館」：2018年12月 筆者撮影

萩原 雅也
大阪樟蔭女子大学学芸学部教授

1 文化資源と創造

これまでの創造都市形成における事例をみていくと、新しい施設の建設やゼロベースからの開発ではなく、使われなくなった施設のリノベーション、旧市街地や条件不利地域の再開発などが、しばしば重要なターニングポイントとなる。なぜなのだろうか。その理由は、このような場所には文化資源が埋め込まれており、新たなアプローチによって、その発掘が行われたことで創造の場が生み出されたことによるのではないかと筆者は考察してきた[1]。

文化資源は、景観、建築、生産物、美術工芸、祭礼、芸能、生活様式、暮らしへの意識、地域に漂う雰囲気までさまざまなものやこととして存在している。形や大きさ、有り様もまったく異なる振幅を持つこれらの諸要素は、複雑に関係し、折り重なって都市や地域に所蔵されている。一度失われてしまうと復元することが極めて難しい、この文化資源が集積された場所が、旧市街地であり老朽化し放置されてきた施設なのである。

このような、その土地の現象や事物から人やコミュニティに内存する心性や規範までを含む文化資源は、暗黙知を含んでおり、その価値を見つけ出すためには、視覚、聴覚をはじめとする五感、想像や思惟などの人の持つ感性、能力を研ぎ澄まし、働かさなければならない。

マイケル・ポランニーは、明示的な知識として知るという次元を超えて、ものごとを暗黙的に知ることは、近位項の中に「棲み込む（dwell in）」ことに媒介されると論じている。暗闇の洞窟探検において探り杖を使うとき、杖に意識を集中させてしまうと、杖の先に伝わる衝撃や感触だけしか認識することができず、洞窟の形や進むべき方向という遠位項を見失ってしまう。探り杖をあたかも自分の手の一部として知覚するように、手に触れる杖＝近位項を自分の腕、身体として外縁化する（棲み込む）ようになってはじめて遠位項を認識し、「包括的存在（comprehensive entity）」というこれまで未知の洞窟そのものを知覚できるようになるという（Polanyi 1966）。

石井淳蔵は、この「棲み込む」ことを新たなビジネスモデルを発見し見通す契機とし、「棲み込む」ことのできるものとして人と事物と知識をあげている。その人の気持ちや立場になりきったり、事物に対する固定的な見方を脱して新たな意味や可能性をみつけたり、知識をそれが生み出された時にまでさかのぼるように深く理解することで、創造性がもたらされるとしている。しかしこのようなビジネスインサイトの瞬間はめったにあるものではなく、それをもたらす機制や方法も形式知として簡単に学ぶことはできない（石井 2009）。

役割を終えた施設や人が住み暮らしてきた場所は、使われ続けてきた歴史と生活の記憶、親しみやすさやなつかしさなど他の場所が持ち得ない特有の価値を有している。それらを保持しながら、交流、対話を行うことができる創造の場へと再生されると、それらと遠い位置に暮らしてきた人が新奇な文化資源に「棲み込む」機会が得られ、既知の事物、人や知識を超えてその先にある「包括的存在」、つまりは「新しさ」をつかむ可能性も拡張されると考えられるのである。

本章では、このような文化資源が集積している場所として廃校をとらえ、京都市に焦点を当て考えてみたい。

2　京都市の学校統廃合と跡地活用

小学校の統廃合と跡地活用の経緯

国勢調査によると、1947年に100万人弱であった京都市の人口は、1980年には147万人に増え、以降は大きく変わっていない。しかし、区ごとの変動をみると、都心から周辺部への人口流出は早くからはじまっており、1960年代以降、都心部の上京・中京・下京区においては人口減少と少子化が進んだ。1980年代後半には、３区の児童数は最盛期からみると４分の１にまで減り、小学校の大半が学級数11以下の小規模校となり、入学から卒業まで１度もクラス替えができない学校も生まれてくるなどの課題が顕在化した。

これに対応して、1988年以降、京都市教育委員会は小規模校の弊害を訴え、さらにそれを解決するために学校統廃合を進めていった。その結果、統合校が次々と開設され、京都市内に68校あった小中学校は2014年には17校に減少している。しかし、それとひきかえに多くの学校跡地が生まれ、その活用が問題となっていった。

統廃合の対象となった都心部の小学校の多くは明治初年に開校した番組小学校からの伝統を有し、長年にわたって住民や自治連合会（自治連）によって支えられ、学区[2]とともに歩んできた歴史を持っている。小学校の統廃合においても、行政内部で決定するのではなく、地元代表者と学校当局者で構成された小規模校問題検討委員会（検討委）が通学区単位に設置され、密度の濃い話し合いを繰り返しながら進められた。この議論のなかでは、廃校をどのように活用するのかも話題となったが、統廃合と同時に進めようとすると議論が錯綜してしまう。このため、統廃合と跡地活用の２つを切り離していくことが検討委での共通理解となり、前者は教育委員会が中心となり、後者は市長部局が担当して幅広い活用方法を前提に検討を進めることとなった。

1992年に統廃合によって６つの小学校跡地が生まれ、市はその管理と使用に関する要綱を制定した。この要綱では廃校校舎・学校跡地の用途が確定するまでは、教育委員会が管理を行い、自治連がコミュニティ活動に使う場合等を除く使用は原則として認めなかった。1993年12月には、市民・市議会代表・学識経験者などによる「京都市都心部小学校跡地活用審議会」が設置され、翌年８月市長への答申を提出した。これを受けて、定められたのが「都心部における小学校跡地の活用についての基本方針」であった。

この基本方針では、「広域的なまちづくり・身近なくらし・将来の需要に備えるため」という３つの用途が定められ、20の学校跡地のうち、将来の需要に備えるための７つと西陣・教業・立誠小学校跡地を除き、具体的活用が模索されていった。そして、1998年11月開館の京都市学校歴史博物館（元開智小）をはじめ、京都市子育て支援総合センター・こどもみらい館（元竹間小）、京都芸術センター（元明倫小）、京都国際マンガミュージアム（元龍池小）などが次々と設置され、10の学校跡地では活用が実現した。

2010年代になると、20年近く活用が進まない学校跡地が残されていたうえに、東山区などでの統廃合が急速に進展し、新たな学校跡地も生まれてきた。また、すでに廃校となっていた学区には、人口減少が続くところがある一方で、新築マンションの建設ラッシュによって児童生徒数が急増するところも生まれてきた。さらに観光客の増加によって、都心の学校跡地に対しては民間事業者からの熱い視線も送られるようになっていた。

この状況の変化に対応し、2011年11月に市は新たな「学校跡地活用の今後の進め方の方針」を策定した。この新活用方針では、市事業を優先するが、市の政策課題への対応や地域の活性化を図れるよう、活用手法の選択肢を広げるため、公益団体・民間事業についても対象とされ、これまでなかった民間の事業への活用に初めて門戸を開いた。また、事業選定にあたっては、原則として売却せずに定期借地、長期短期貸付を含め多様な手法により有効活用を図るとした。

2015年4月には、市は学校跡地の所管を教育委員会から行財政局資産活用推進室に移管した。同年6月に市は活用対象となる学校跡地の概要を公開し、「事業者登録制度」を創設した。事業者が活用を希望する学校跡地に対して提案事業の登録申請書と関係書類などを提出するものである。市は、民間資金によってハード整備も進め、活用が進まなかった大きな要因である財政上の制約を乗り越え、跡地活用が進展することを企図したのである。

学校跡地と学区コミュニティ

統廃合と同様に、跡地活用を進めるプロセスにおいて重要な役割を果たすのが、小学校を拠点とする自治活動などの積み重ねによって形成されてきた住民相互のネットワーク、ソーシャルキャピタルである。この地域の関係性資産が、「事業者登録制度」による民間事業者からの提案を受けた学校跡地活用に対する地元からの要望のとりまとめ、円滑な事業候補者の選定や事前協議において不可欠のものとなっている。

しかし、人口の高齢化や減少、マンション建設による移住者の増加、簡易宿所やホテル建設ラッシュなどによって学区コミュニティの多くも変容している。それまでの卒業生が親子３代にわたるというような小学校との強い結びつきや「区内の学校」という意識は薄れつつあるのである。また、学校跡地が活用されても、「マンガ」など学区との結びつきが薄いテーマを持つ施設への違和感や疎外感を感じるという住民の声も聞かれる。一方では、廃校となった小学校、廃校プロセスでの住民活動から、自分たちの学区の現状や歴史を見直し、新住民や外部者との連携のもとで新たな地域アイデンティティを構築しようとする動きも現れている（サコ 2011）。

廃校は、教育施設としての機能を失ったとしても、学区の人びとにとって子どもの時からの人間関係の結節点であり住民の生活や記憶と結びついた地域の拠り所であった歴史を失うわけではない。このような廃校の有する文化資源としての価値を再発見し、それを大切にして跡地を活用することは、地域アイデンティティの再構築の契機をもたらし、住民に新たな紐帯を創り出す可能性もある。

では、実際に学校跡地活用がどのように進められてきたのか、跡地活用の課題は何なのか、事例をとおして考察しよう。

3　立誠小学校の統廃合と立誠学区の取り組み

元立誠小学校は、高瀬川越しに木屋町通に面しており、1870 年 11 月開校の下京第六番組小学校に淵源を持っている。1950 年代、立誠小学校には 800 人を超える在籍児童数があったが、1990 年には 80 人を切るまでに減少した。この状況を受けて、立誠学区にも検討委が設置され、統合に向けた話し合いが行われた。結果として、御池通南地域にある小学校５校が段階的に統合されることとなり、1993年３月末をもって立誠小学校は124年の歴史を閉じた。

廃校によってそのまま残された３階建ての校舎は、ロマネスク様式を基調とし、1928年に竣工した市内に残る最古の鉄筋コンクリート造の小学校校舎であり（川島 2015、写真１）、耐震改修等の抜本的な補修は成されておらず、一部では老朽化が進んでいる状況にあった。廃校となって以降、京都市教育委員会から委嘱された管理者が日中常駐し、元のプールと校舎北側に市の自転車専用駐輪場が設置された。

中京区南東部に位置する立誠学区は、東は鴨川、西は寺町通、南は四条通、北は三条通に囲まれた地域である（図１）。学区は京都有数の繁華街にあたり、卸売業・小売業、宿泊業・飲食サービス業の集積地域であるが、南北に走る先斗（ぽんと）町通、木屋町通、河原町通、新京極通、寺町通によってまちの性格が異なる。元立誠小学校が接する木屋町通一帯は飲食店街であるが、派手な看板の設置や強引な客引きが問題となるなど環境悪化も懸念されている。国勢調査によると、中京区の人口は1995年を底として増えて

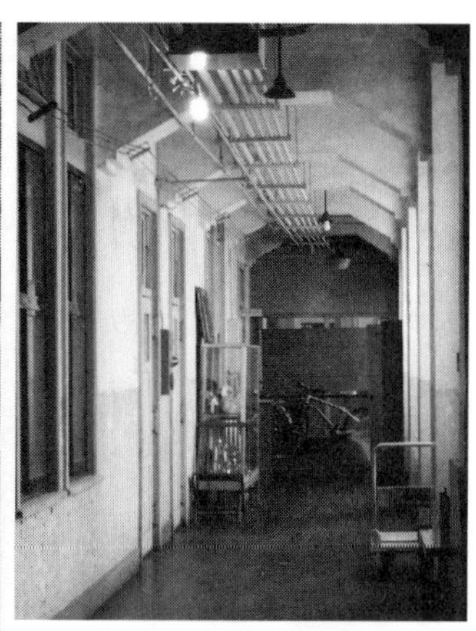

写真１ 元立誠小学校：校舎玄関と廊下
2016年２月筆者撮影

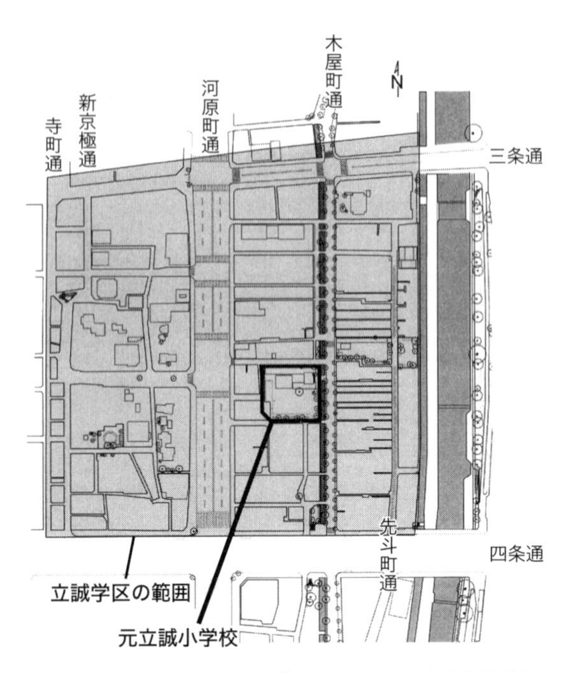

立誠自治連合会『要望書』2015：45（一部筆者加筆）

図1 立誠学区と元立誠小学校の位置

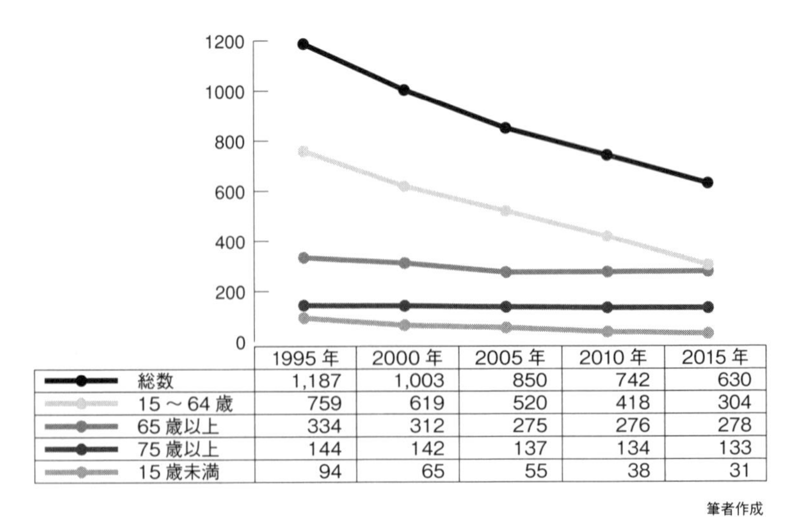

	1995 年	2000 年	2005 年	2010 年	2015 年
総数	1,187	1,003	850	742	630
15 ～ 64 歳	759	619	520	418	304
65 歳以上	334	312	275	276	278
75 歳以上	144	142	137	134	133
15 歳未満	94	65	55	38	31

筆者作成

図2 国勢調査による立誠学区の年齢別人口

写真2 元立誠小学校で開催された文化事業
「一般社団法人 文まち」提供

いるが、立誠学区の居住人口は廃校以降も減少を続けており、少子高齢化も著しく、2015年には人口630人、世帯数307、高齢化率は44.1%となっている（図2）。ここ数年は学区内でのホテルの建設も続いている。

学区内24の町会で組織された立誠自治連合会は、1996年から独自に「元立誠小学校跡地検討委員会（前述の検討委とは別組織）」を設置して住民へのアンケートを実施するなど、主体的に跡地の活用を検討し、1997年12月に京都市長あての要望書を提出した。この要望書のなかでは、校舎の近代建築的価値にも言及し、その活用による多様な文化・芸術活動を希求している。

要望書の提出後、立誠自治連合会は、文化的活用を進める独自の活動を継続し、2007年度には、市の「京都文化芸術都市創生計画」のテーマに沿ったプロジェクト委員会を立ち上げ、市と協働で「立誠学区における文化芸術によるまちづくりモデル事業」に2010年3月まで取り組んだ。同年4月には、立誠自治連合会は、プロジェクト委員会を「立誠・文化のまち運営委員会」として正規の下部組織に編入し、市とのモデル事業を引き継ぐ形で元立誠小学校を活用した舞台公演やコンサート、美術作品展などを開催し、芸術・文化によるまちづくりを主体的に進めた（写真2）。2014〜15年度の3年間に開催された各種文化事業・イベントの実施数は248、来場者総数は8万9,215人に上っている。2014年11月には、この運営委員会を「一般社団法人 文まち」へと発展させている。

2013年には、元立誠小学校の校地が日本で最初に映画が映写されたといわれている場所でもあることに因み、京都府内の映画製作配給会社や京都市等との共催事業として「立誠シネマプロジェクト」を立ち上げ、教室を改装したミニシアターを開設し、自彊室（じきょうしつ）（3階の60畳和室）などを使った映画塾ワークショップを実施した。さらに、職員室を転用したカフェの開業にも取り組み、文化・芸術をとおした賑わい創出や交流によるまちづくりを精力的に進めた。また、立誠自治連合会をはじめ、まちづくり委員会、社会福祉協議会、消防団等の28に上る下部組織団体も、元立誠小学校を利用して会合を開いている。

また、立誠自治連合会、学区住民が危惧してきたことは、廃校によって規制がなくなったため急速に進んだ周辺への風俗店の進出である。1997年の市長あて要望書でも風俗店の法的規制の根拠となる教育施設の設置が訴求され、2005年には高倉小学校第二施設の設置が実現している。

2015年11月には、立誠自治連合会は今後の跡地利用に関する新たな要望書を市長に提出した。これまでの取り組みと現存校舎の歴史的背景をもとに、文化的拠点としての取り組みの継続実施、現存校舎の近代建築として価値の認定と維持保全、風俗店の規制の拠点となることの3点を要望内容として明記していた。このような立誠自治連合会の動きと歩調を合わせて、市の「事業者登録制度」が設けられ、民間事業者からの提案を受けた学校跡地活用が進められていたのである。

4 廃校の文化資源
——元立誠小学校でのアンケート調査から

元立誠小学校の跡地活用の方向性が次第に形になりつつあった2016年初頭、立誠自治連合会の協力を得て、文化芸術イベント、カフェ利用などに元立誠小学校を訪れる来校者に対してアンケート調査を実施した[3]。アンケート質問項目と集計結果は表1に示している。限られた調査ではあったが、その結果を分析すると廃校の持つ文化資源に対する来校者の意識に関連していくつかの重要な示唆が得られた[4]。

表1 元立誠小学校来場者アンケートの概要

［1］元立誠小学校の利用について

1）平成27年1月1日から現在までに元・立誠小学校をどのくらい利用されましたか。

回答	①利用してない	②1回	③2～9回	④10回以上	⑤定期的利用
回答数	42	23	55	15	31

［2］元立誠小学校と校舎について

1）元立誠小学校の校舎とその空間についてどのように思われますか。

回答	①母校であり懐かしいと思う	②母校ではないが懐かしさを感じる	③母校だが懐かしいとは思わない	④母校でなく懐かしさも感じない	(未記入・不明)
回答数	22	133	－	10	1

2）1）で①・②に○をされた方は、どこに懐かしさを感じられますか。自由にお書き下さい。

記入数：123
(主な記入内容)・古い建物（建築）・昔のままの雰囲気　・木造の廊下や教室・廊下や教室のワックスのにおい　・昭和の雰囲気　・まちに溶け込んでいる風情

3）元立誠小学校は現在の学区にとってシンボルとなっていると思われますか。

回答	①シンボルとなっていると思う	②シンボルではないが必要であると思う	③シンボルではないし必要もないと思う	④その他	(未記入・不明)
回答数	95	52	3	8	8

[3] 今後の元立誠小学校の跡地活用について

1）これから元立誠小学校の跡地活用を進めるためには次の項目の何を重視すべきでしょうか。

想定項目＼回答	①重視すべき	②やや重視すべき	③あまり重視すべきでない	④重視すべきでない	(未記入・不明)
a 学区住民の集いの場	95	47	11	13	―
b 自治会等の活動場所	84	50	19	13	―
c 地域防災の拠点	90	39	19	18	―
d 芸術・文化活動の拠点	127	31	2	6	―
e 校舎の保存や再活用	120	23	10	13	―
f 地域の歴史や伝統	102	36	10	17	1
g 教育施設としての再生	36	62	38	29	1
h 経済の活性化	32	54	49	31	―
i 観光やにぎわい	55	53	29	28	1
j 地域福祉の拠点	36	66	38	26	―
k 行政サービスの施設	30	51	55	28	2

2）これから元立誠小学校の跡地活用についてご意見があれば、自由にお書き下さい。

記入数：63
(主な意見)・現在の校舎を保存・耐震補強・リノベーション・文化施設としての活用・劇場
・地域活動の拠点・取り壊しには反対

[4] ご自身のことについて教えて下さい

1）現在の年齢

回答	① 10 ～ 20 歳代	② 30 ～ 50 歳代	③ 60 ～ 70 歳代	④ 80 歳以上	(未記入・不明)
回答数	51	51	39	―	25

2）性別

回答	①男性	②女性	(未記入・不明)
回答数	79	59	28

3）お住まい

回答	①立誠学区内	②京都市内	③京都市外	(未記入・不明)
回答数	16	77	46	27

4）日頃何か文化・芸術活動をされていますか。

回答	①している	②していない	(未記入・不明)
回答数	61	71	34

5）日頃自治会・町内会活動に参加されていますか。

回答	①参加している	②参加していない	(未記入・不明)
回答数	50	85	31

筆者作成

調査項目［2］現存校舎に関する質問項目について

調査項目［2］は、1）と3）で現存校舎についての2つの質問をしている。その回答間の相関を分析したのが図3のモザイク図である。元立誠小学校を母校とし、かつての学舎であった現存校舎に懐かしさを感じる人が多いのは当たり前といえるが、「母校ではないが懐かしさを感じる」と回答した人の中で72人（57%）が「シンボルになっている」を選択し、45人（36%）の人が「シンボルではないが必要であると思う」を選んでいる。元立誠小学校に通った経験の有無には関わりなく、現存校舎に懐かしさを感じる人は、それがコミュニティの中心としての役割を持ち続けていることを認めているのである。

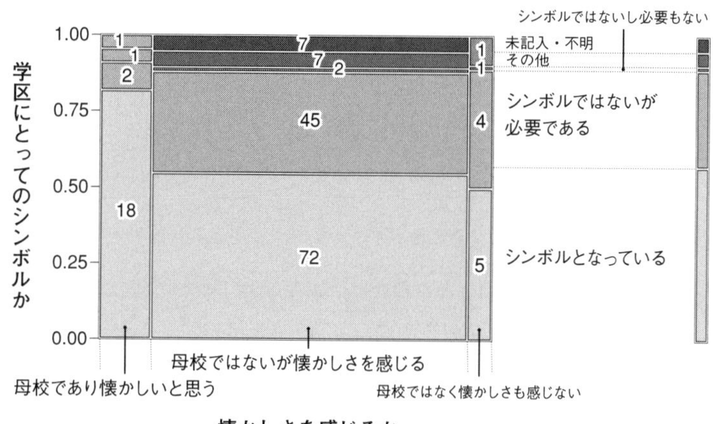

筆者作成

図3 調査項目［2］元立誠小学校と校舎についての回答項目間の相関モザイク図

調査項目［3］今後の跡地活用での重視項目について

調査項目［3］今後の元立誠小学校の跡地活用について重視すべきものとしてあげた11の項目間の関係性をみるために、相互の相関係数を算出したものが表2である 。

この結果からもっとも注目すべきことは、項目dがほとんどの項目と相

表2 調査項目［3］今後の元立誠小学校の跡地活用についての重視項目間の相関行列

	a 学区住民の集いの場	b 自治会等の活動場所	c 地域防災の拠点	d 芸術・文化活動の拠点	e 校舎の保存や再活用	f 地域の歴史や伝統	g 教育施設としての再生	h 経済の活性化	i 観光やにぎわい	j 地域福祉の拠点	k 行政サービスの施設
a 学区住民の集いの場	1	0.7505	0.5482	0.1614	0.4664	0.6009	0.4523	0.3201	0.2380	0.4767	0.2872
b 自治会等の活動場所	0.7505	1	0.5516	0.2321	0.5908	0.5756	0.4467	0.2916	0.2705	0.4883	0.3760
c 地域防災の拠点	0.5482	0.5516	1	0.2103	0.2525	0.4396	0.4242	0.3617	0.4006	0.4936	0.4274
d 芸術・文化活動の拠点	0.1614	0.2321	0.2103	1	0.4254	0.3940	0.2188	0.1398	0.2461	0.2603	0.2417
e 校舎の保存や再活用	0.4664	0.5908	0.2525	0.4254	1	0.6897	0.3475	0.2681	0.3075	0.4032	0.3148
f 地域の歴史や伝統	0.6009	0.5756	0.4396	0.3940	0.6897	1	0.4929	0.3904	0.3018	0.5048	0.3552
g 教育施設としての再生	0.4523	0.4467	0.4242	0.2188	0.3475	0.4929	1	0.4370	0.3660	0.5868	0.5433
h 経済の活性化	0.3201	0.2916	0.3617	0.1398	0.2681	0.3904	0.4370	1	0.6210	0.5876	0.5033
i 観光やにぎわい	0.2380	0.2705	0.4006	0.2461	0.3075	0.3018	0.3360	0.6210	1	0.4874	0.5456
j 地域福祉の拠点	0.4767	0.4883	0.4936	0.2603	0.4032	0.5048	0.5868	0.5876	0.4874	1	0.6683
k 行政サービスの施設	0.2872	0.3760	0.4274	0.2417	0.3148	0.3552	0.5433	0.5033	0.5456	0.6683	1

筆者作成

表3 調査項目［3］回答d・e・fと要因項目のロジスティックス回帰分析

要因項目	パラメータ数	自由度	d 芸術・文化活動の拠点		e 校舎の保存や活用		d 地域の歴史や伝統	
			尤度比カイ２乗	p 値 (Prob>ChiSq)	尤度比カイ２乗	p 値 (Prob>ChiSq)	尤度比カイ２乗	p 値 (Prob>ChiSq)
［1］1) 利用回数	4	4	1.69903088	0.7909	3.75216888	0.4406	0.79168094	0.9396
［2］1) 懐かしさを感じるか	3	3	3.9578518	0.2661	4.59877054	0.2036	2.87926316	0.4106
［2］3) 学区にとってのシンボルかどうか	4	4	9.58318649	0.0481*	31.269924	<.0001*	21.9289491	0.0002*
［4］1) 記入者の年齢	3	3	6.02635458	0.1103	1.01131353	0.7985	2.22191797	0.5276
［4］2) 記入者の性別	2	2	2.82569166	0.2434	2.14192286	0.3427	0.58588255	0.7461
［4］3) 記入者の居住地域	3	3	5.57756383	0.1341	1.45839871	0.6919	0.51256166	0.9161
［4］5) 文化・芸術活動としているか	2	2	4.38012428	0.1119	2.3430488	0.3099	3.0621335	0.2163
［4］6) 自治会活動への参加しているか	2	2	1.85153415	0.3962	0.17350432	0.9169	2.63695423	0.2675

筆者作成

関係数が小さく、独立しているといえることである。とりわけ項目ｈおよびａとの間の相関係数は小さく、跡地活用として芸術・文化活動の拠点を重視すべきとする回答者には、学区のコミュニティ機能や経済活動に重きをおくべきという意見を持つ人が少ない。項目ｄとｅおよびｆとの間の相関係数は相対的に大きく、跡地活用の方向性として、校舎保存・再生、地域の歴史・伝統の重視と芸術・文化活動の拠点と親和性があるといえよう。

逆に、表２中でもっとも相関係数が大きいのが、ａとｂの間であり、地域コミュニティの拠点として、住民の集いと自治会活動の場は同じように重要視されていることがわかる。次に相関係数の数値が大きいのがｅとｆの間である。地域の歴史や伝統は元校舎と分かちがたく結びついており、歴史的価値を大切にすることと校舎の保存・再活用を切り離さずに考えている回答者が多いのではないか。項目ｊとｋの間の相関係数も大きいが、これは地域福祉を念頭に行政サービス施設を考える回答者が多いことを示していると思われる。ｈとｉの間の係数も大きく、経済の活性化と観光やにぎわいを共に重視すべきとの意見を持つ回答者がいることがわかる。

調査項目［3］d・e・fと他項目の相関関係について

今後の跡地活用についての調査項目［3］の選択肢の中で、文化資源としての価値を重視するｄ・ｅ・ｆと他の調査項目との関連をみるために、目的変数にこの３項目を置き、他の調査項目を要因項目としてロジスティックス回帰分析を行い、尤度比検定を行った（表3）。その有意確率（p値）をみると、調査項目［3］の「ｄ 芸術・文化活動の拠点、ｅ校舎の保存や再活用、ｆ地域の歴史や伝統」のいずれに対しても、調査項目［2］３）の値が有意水準0.05より小さく、関連があることがわかる。ここでは提示しないが、それぞれの関係をモザイク図にしてもそのことは確認される。

このことは何を意味しているのだろうか。調査項目［2］３）「元立誠小学校は現在の学区にとってシンボルとなっていると思われますか」という質問には、元立誠小学校が施設として有用なのではなく、学区住民にとって、現在でもコミュニティを統合する心情的な拠り所であるという含意がある。校舎が跡形もなく取り壊されたり、住民活動から完全に切り離されて再利用されたりするようなことは、これまで積み上げられ、認知されるようになったシンボルとしての存在を消去することにつながりかねない。元立誠小学校がいまだに有しているコミュニティのシンボルとしての必要性への認識と、跡地活用に対して芸術・文化活動の拠点、校舎の保存・活用あるいは地域の歴史・伝統という要素を重要視するという意見は分かちがたいものであると考えられる。逆の視座からみれば、元立誠小学校の跡地活用に関して文化や歴史に重きをおくべきという意見に通底する価値観を、「シンボル」ということばがあぶり出したということもできるだろう[5]。

調査全体のまとめ

跡地活用に際しては、現存校舎を保存し、芸術・文化活動の拠点となるように、地域の歴史・伝統を重視して進められるべきという意見に集約できるだろう。このことからも明らかなように、来校者の多くが元立誠小学校に潜在してきた文化資源の価値に気づいているといえる。さらに、このような認識は、廃校となった校舎に立ち入り、そのたたずまいを感じ、現在も地域のシンボルや中心として存在していることを意識できることと深く関連している。

元立誠小学校が持つ文化資源としての価値を認知し、訴え続けてきた立誠自治連合会が中心となって校舎を活用する継続的な活動を展開してきたことによって、外部者にもその価値に対する認識をひろげているのである。

5 元立誠小学校の跡地活用の進展 ――2016年以降

元立誠小学校では、先述したように学区コミュニティによって自発的な取り組みは進んだものの、閉校以来25年以上にわたって市による跡地活用が実現しなかった。しかし、「事業者登録制度」が設けられ、その対象として元立誠小学校があげられると、その立地や環境から民間事業者の事業ニーズは高く、同制度による最初の跡地活用として進められることとなった。2016年9月には、立誠自治連合会代表や学識経験者からなる契約候補事業者選定委員会が設置され、10月には事業提案の「募集要項」を定めた。これによって、活用を行う事業者は、「文化的拠点を柱に、にぎわいとコミュニティの再生」に寄与する事業提案を行い、土地の定期借地権契約による賃貸料を市に支払い、現存校舎の耐震改修、保存整備も行うとされた。さらに、現存校舎について、その歴史的価値（近代建築物として貴重、さらには土佐藩邸跡の立地）、景観的価値（高瀬川を中心とする景観形成）、地域のシンボル的価値（地域住民のまちづくりの拠点）を「創造する施設として整備」することも求められた。具体的項目として、文化芸術による地域のまちづくり活動の継続・発展のために舞台付き多目的スペースを整備し、地域住民と事業者による「文化事業運営委員会（仮称）」を設置して事業運営を行うべきこと、歴史的資産を引き継ぎ発信するための図書館を整備することなどが明示された。

この「募集要項」に沿って事前登録業者から提出された事業提案について選定作業が進められ、2017年3月にヒューリック株式会社が候補事業者として選定された。その事業提案は、木屋町通に面した現存校舎の東側を商業・自治会活動スペースとして保存・再生するとともに、老朽化の著しい西側を取り壊した後に現存校舎のデザインを活かしたホテルを新たに建設するものである。文化や歴史的価値を発信するためのホールと図書館、多目的オープンスペースも確保されている。その後、跡地活用計画の合意に関する覚書、定期借地権契約が交わされ、2018年12月現在、校舎の解体工事が進められている。また、高瀬川沿いにはプレハブ建築が新たにつくられ、工事中の暫定的な住民活動のスペース、カフェと「立誠図書館」（扉写真）が開設されている。

立誠学区コミュニティの地道な活動が実を結び、元立誠小学校にあった文化資源の価値が認められ、今後の跡地活用にも活かされていくことになるだろう。

6 学校跡地活用の課題
――創造都市形成のために

京都市の「事業者登録制度」による学校跡地活用においては、その決定プロセスに学区コミュニティが関わることで、廃校に埋め込まれている文化資源が保持され活用されることが担保されているといえるだろう。しかし、課題も多い。

まずあげられるのが、跡地への事業者ニーズの格差である。元立誠小学校は京都有数の繁華街にあり、交通アクセスにも恵まれている。他に跡地活用が具体化している元清水小学校、元白川小学校も同様である。しかし、残された学校跡地は、都心から離れていたり、接近道路が狭いなど活用上の制約があるところも多く、事業者ニーズが低いことが予想される。また、学校跡地というまとまったスペースを再開発し、定期借地権料を支払いながら運用できる事業はホテル以外に見出しがたいこともあって、京都市内のホテルが過剰になるのではないかという予測も今後の事業者ニーズに影響を与えるかもしれない。民間資金に頼る学校跡地の活用は、事業者が現れなければ、元校舎は保全や改修もなされずに放置され、朽ち果てていくことになってしまう。これは、この制度自体が内包する問題であり、課題である。

しかし、より重要な課題は、廃校後に元小学校と学区コミュニティの関係が持続できるのかどうかということにあるのではないか。開校以来、小学校と学区が強い結びつきを保ってきた京都においても、廃校となって歳月が経過していくと、次第に元小学校と学区コミュニティとの関わりは薄れ、どうしても元小学校への愛着や関心は弱くなっていくだろう。長い歴史を持つ学校の校舎や校地は、文化資源として何らかの価値を有している。しかし、実際に学校を使い身近に接してきた学区住民が、まずそのかけがえのなさに気づき、伝えることができなければ、その価値は見過ごされ、失われてしまう可能性が高い。廃校以来20年以上にわたって学区コミュニティによって使われ続け、住民が主体的に文化資源としての価値を認め、それを外へ拡張してきた元立誠小学校の事例は、この元小学校と学区コミュニティの関係の持続を考える点でも注目すべきであると思われる。

廃校となった小学校は、教育施設としての機能を失っても、地域の人びとの子ども時代からの記憶を結びつけるキーストーンであり、住民の生活やローカルな歴史と結びついた固有の文化資源として潜在的な価値を有している。この廃校に埋め込まれている文化資源を再発見し活用することは、住民に新たな紐帯を形成し地域社会の活性化に貢献するとともに、外部者に「棲み込み」の機会を与え、創造的営為を誘発することが期待できる。創造都市を形成するためには、廃校を固有の文化資源が保存され、まちの履歴が染み込んだところとして遇し、跡地活用に際しては、その見えていない価値が発見されるまで保持し続けることができる持続性と許容性が求められる。

謝辞

元立誠小学校でのアンケート調査実施に際しては、諸井誠一会長をはじめ、立誠自治連合会の皆様、山本國三会長をはじめ、「立誠・文化のまち運営委員会」の皆様に絶大なる支援をいただいた。とくに「立誠・文化のまち運営委員会・一般社団法人文まち」事務局の柏敏行氏、普照大督氏には、アンケート用紙の配付回収をはじめ、調査のあらゆる段階でご尽力をいただいた。末尾ながらあらためて感謝申し上げたい。

注

1 萩原雅也 2014 参照

2 京都市の通学区域は慣例的に学区と呼ばれることが多い。京都市においては人口増減、住宅地の変動、学校の新設・統廃合によって、通学区域は度々変更されている。この結果、番組小学校以来の伝統を持ち、明治期の小学校名を冠した漢字名で表記される戦前からの学区は現在の小学校の通学区とは一致しなくなっている。学区の範囲を正式に定めた規定等はないが、慣習的には定められており、現在でも自治連合会等の住民自治の単位としては広く用いられている。なお、市の住民基本台帳人口では、「元学区」ごとの数値が作成されているが、これは6桁の住所コードにもとづくものであり、慣習的な自治の単位である学区と同じではない。さらに、小地域として人口推移の単位となっている国勢統計区は、1970年時点での通学区を参考に定められ、その多くは番組小学校に起源を持つ学区名が使われているが、現在の国勢統計区は1970年以降の住居表示変動や小学校新設等による区域変更を含むため、こちらも慣習的な学区、住民基本台帳上の「元学区」とは厳密には一致しない。このように住民自治組織の単位である学区の統計データは得られないために、学区の人口等については、国勢統計区のデータを用いている。

3 調査方法として、調査用紙をカフェ入口と校舎玄関に置き、回収用のボックスを玄関に設置して回収した。配付、回収期間は2016年1月25日から5月18日まで、配付総数300、回収数188、有効回答数166となっている。

4 分析には統計解析ソフトウエアJMP Pro12を用いている。

5 調査用紙の原案では、この「元立誠小学校は現在の学区にとってシンボルとなっていると思われますか」というアンケートの質問項目はなかったが、実施に際しての打ち合わせの中で、「立誠・文化のまち運営委員会」の山本國三会長からの提案を受け、設けることとなった。

参考文献

鯵坂学「『都心回帰』時代の京都市中京区の学区コミュニティ――明倫学区と城巽学区の調査より」『社会科学』第45巻第4号、pp. 219-242、2016年

萩原雅也『創造の場から創造のまちへ――クリエイティブシティのクオリア』水曜社、2014年

萩原雅也「京都市都心部小学校の廃校と校区の状況に関する研究」『大阪樟蔭女子大学紀要』第6巻、pp. 109-120、2016年

萩原雅也「廃校の活用と校区コミュニティの研究 京都都心部の元小学校・学区の事例から」『大阪樟蔭女子大学紀要』第8巻、pp. 125-136、2018年

Halbwachs, M., *La mémoire collective*, Paris：Presses Universitaires de France, 1950.（小関藤一郎訳『集合的記憶』行路社、1989年）

石井淳蔵『ビジネス・インサイト――創造の知とは何か』岩波新書、2009年

川島智生『近代京都における小学校建築 1869～1941』ミネルヴァ書房、2015年

京都市「元立誠小学校跡地に係る契約候補事業者選定のための募集要項」京都市役所、2016年

京都市行財政局「学校跡地活用に係る事業登録者制度の創設について」京都市行財政局（広報資料)、2015年

能勢温「京都市における廃校小学校跡地利用策定プロセスに関する研究」『日本建築学会計画系論文集』第73巻第626号、pp. 913-918、2008年

Polanyi, M., *The Tacit Dimension*, London, Routledge & Kegan Paul Ltd., 1966（佐藤敬三訳『暗黙知の次元――言語から非言語へ』紀伊國屋書店、1980年）

立誠自治連合会『要望書 元立誠小学校での跡地利用の取り組みを踏まえた上での今後の跡地活用に関しての要望書』立誠自治連合会、2015年

サコ，ウスビ「廃校になった小学校の活用と共同体の変容・再生について――京都の事例研究に基づいて」『京都精華大学紀要』第38号、pp. 148-177、2011年

佐藤智子『学習するコミュニティのガバナンス――社会教育が創る社会関係資本とシティズンシップ』明石書店、2014年

辻ミチ子『町組と小学校』角川書店、1977年

第2章

都市とメディアとミュージアム

――大阪の美術館をめぐる考察

完成直後のあべのハルカスから大阪の街を望む：筆者撮影

高市 純行

毎日新聞東京本社美術事業部長

1 創造都市
―― 都市の核としての美術館

創造都市とは、都市が抱える諸問題を文化・芸術の力を借りて解決していく取り組みである。創造都市において美術館の果たす役割は大きい。美術館が持つ集客力に加えて、美術館の存在自体が創造人材を惹きつけ、新しい産業や文化を喚起した事例は枚挙にいとまがない。スペイン・ビルバオのグッゲンハイム美術館や、金沢の金沢21世紀美術館、ルーブル美術館を誘致したアブダビなどは好例といえるだろう。都市の核としての役割を担う美術館の可能性について論じたい。

大阪の美術館

日本第2の都市として長らく経済的繁栄の中心地として栄えた大阪。本章では、その中心地である大阪市の美術館に焦点を当てる。大阪は長らく文化不毛の地と呼ばれてきた。特に美術館施設に限ってみれば、大阪市には県立クラスの美術館がない。人口10万人当たりの美術館数でも全国最下位レベルになるという。

しかし美術館活動が他の大都市に比べて低調だったかというと決してそんなことはない。1980年代以降、多くの民間企業が美術館を設置し、積極的に美術展活動を行ってきた。1980年、大阪・梅田の商業施設・ナビオ阪急のオープンと同時にナビオ美術館が開館した。立地の良さを生かし、「より多くの人々が親しめる美術・文化の発信基地」として年間10本以上の多彩な展覧会を開催してきたが、1998年、商業ビルの売上減少に伴い、閉館した。大丸百貨店が1983年に梅田に進出するにあたり、地元商店街との軋轢を緩和するため、店舗面積の一部を地元商店にテナントとして割く一方、店舗内に多目的ホールをつくって文化事業を行い、地元に貢献することを発表した。大丸梅田店の12階に設置された大丸ミュージアム梅田は、関西地区における百貨店美術館の嚆矢として数多くの美術展を開催してきた。しかし経営環境の変化に伴い、現在は美術展活動はほぼ休止している。

キリンが1987年に大阪のミナミに開設したKPOキリンプラザは現代美術の揺籃の地として知られる。主催するアワードからヤノベケンジや束芋といった現代を代表する美術作家を発掘し注目を浴びたが、2007年に閉館した。同じく酒造メーカーのサントリーが創業90周年の記念として天保山に1994年に設置したサントリーミュージアム〔天保山〕は、数多くの良質の展覧会を開催してきたが、惜しまれながら、2010年に閉館した。1988年に実業家の萬野裕昭氏が西心斎橋に開いた萬野美術館は、国宝3点、重要文化財34点を含む貴重な日本美術のコレクションが美術ファンに愛されたが、2004年に閉館した。出光美術館（大阪）は、1989年、心斎橋からほど近い長堀橋の出光ナガホリビルに東京、福岡に次ぐ3番目の出光コレクションの公開・展示の場としてオープンした。年5～6回の企画展を行って古美術ファンを楽しませてきたが、2003年に閉館した。

行政に目を移すと、大阪府が1990年に創設した大阪トリエンナーレ事業は、多くの現代美術作家を発掘・育成してきたが、府の財政事情により、2001年に廃止となった。1983年に大阪の中之島に近代美術館を建てることが大阪市議会で決議されたが、なかなか着工には至らなかった。紆余曲折を経て、35年かかってようやく建設計画が本格化したばかりだ。

総じてみると、民間企業の取り組みは、その時々の経済や経営の状況に影響されるのはやむを得ないとしても、場当たり的な感は拭えない。バブル経済の流行に左右された挙句、ブームが去ってしまうと閉館するといった事例が多い。行政が手掛ける事業は長続きせず、迅速性に欠けると言わざるを得ない。大阪における文化政策は、官民ともに継続性、一貫性に欠けるきらいがあり、そのことが「大阪は文化不毛の地」というイメージを与えてしまっているのではないかと思う。「週刊ダイヤモンド」が行った「嫌いな都道府県ランキング」のアンケート調査では、大阪が1位（横綱）に選ばれた（「週刊ダイヤモンド」2016年5月6日号）。「とにかくずうずうしくてせこい」という大阪人の気質や喧騒が他の都道府県の住民から嫌悪されたと同誌は推測している。「文化不毛の地」という汚名と「ガツガツしていて余裕がない」という大阪人のイメージには、なにか通底するものがある。

展覧会

美術館の展示には、主に収蔵作品を中心に見せる常設展と、他から借りてきた作品を中心に一定のテーマやコンセプトに従って構成した特別展（企画展）の２種類がある。パリのルーブル美術館やロンドンのナショナル・ギャラリー、ニューヨークのメトロポリタン美術館など、欧米の著名美術館は、豊富なコレクションを売り物にした常設展が多数の来場者を集めている。日本の美術館の場合、入場者数の大部分を特別展への来場者が占めている。日本の美術館においては、西洋美術のコレクションが豊富にあるわけではなく、東洋や日本の美術作品が収蔵の中心となる。和紙や絹に描かれた絵画や漆などの工芸品は、温湿度や照度といった環境の変化に極めて脆弱である。これらの美術作品は長期間の展示には不向きなため、常設展示の目玉として常に公開することができない。上記の理由から、日本の美術館では、特別展に頼った運営が行われている。

美術館の華としての特別展について、取り上げてみたい。2013 〜 15 年に全国で開かれた美術系展覧会の入場者数の年間ベスト 20 をあげた資料（「新美術新聞」発表分）を見ると、関西圏で開かれた美術展のうちランキング入りしたのは、60 本中 14 本（全体の 23%）である。その内訳は、京都で開催されたものが７本、神戸が４本、奈良が２本で大阪は１本（「ボストン美術館 日本美術の至宝」2013 年）のみとなっている。

大阪のランキングはなぜ低いのか？　これらの美術展のほぼすべてが在阪の新聞社やテレビ局といったメディアが主催している。大阪に本拠を置くメディア各社から、大阪は「美術展の開催場所としてふさわしくない」と思われているのだろうか？

恒富の不満

1936 年、大阪・天王寺に大阪市立美術館ができた。大阪市議会は 1920 年に美術館建設を決議した。だが、関東大震災や世界恐慌で建設が遅れ、完成までに16年かかっている。お隣の京都市には、先行して1933年に京都市美術館が開館した。遅れること3年、大阪市民待望の美術館がようやく開館の日の目をみたのである。大阪在住の日本画家・北野恒富は、大阪市立美術館の開館を祝う「大大阪」特集号（1936年4月発行）紙上において、「大阪人に美術の観念が乏しい」ことを嘆いている。大阪で暮らす作家の立場から、大阪人の美術に対する無関心、無理解に憤っている。諦めに近い感情を抱きながらも、新しい美術館の開館によって、その状況が改善されることを期待しているのである。果たして80年余りが過ぎた今、大阪画壇の大家が抱いた不満や懸念は払しょくされたのだろうか？

2　大阪人の展覧会受容

国宝展

2017年秋に、京都国立博物館で開催した特別展覧会「国宝」には、全国から62万人を超える来場者があった。京都国立博物館の開館120年を記念した特別展であったが、同時に「古社寺保存法」成立120年という節目の年でもあった。明治の開国以降、洋風化が進み、廃仏毀釈の名のもとに多くの文化財が廃棄され、海外へ流出した。1897年、京都国立博物館の開館と古社寺保存法が成立した。博物館というハードと法律というソフトの両面でかけがえのない文化財を保護しようとしたのである。それから120年の節目を記念した「国宝」展は、関西では実に41年ぶりの「国宝」展となった。国宝に指定されている美術工芸品885件（2017年9月時点）のうち、約4分の1の210件が展示されるという豪華な内容だった。入場者数62万4,493人は、2017年に国内で開催されたすべての展覧会のなかで2位となり、1日あたりの平均入場者数1万3,010人は全国1位となった。

会場でとったアンケートから来場者の内訳を都道府県別にみると、1位は大阪から来ていることが分かった。大阪からの観覧客が全体の19%を占め、以下２位の京都が15％、３位の兵庫が11％と続く。同様の傾向は、同じ年の春に京都国立博物館で開催した特別展覧会「海北友松」（入場者16万4,900人）でも見られた。大阪からの来場客が23％でトップに位置し、以下、京都17％、兵庫12％と続いた。同様の傾向は他府県で開催された展覧会でも見受けられる。兵庫や奈良で開催された展覧会においても大阪からの来館者が常に上位を占めているのである。実に大阪人は「美術好き」で、よい展覧会があると聞くと、気軽にどこへでも出かけていく。関西で開催される展覧会の一番の消費者は、大阪人であるといえるだろう。

美術作品が初めて広く一般大衆に享受されたのは、江戸時代である。主にそれらは、滑稽本や浮世絵などの出版・印刷物として庶民の目を楽しませた。18世紀前半、「鳥羽絵」と呼ばれる軽妙な筆致の戯画が大坂で流行した。天下の台所と称された大坂の経済的な繁栄と、鳥羽絵の面白さを享受する能力を持つ庶民が、その流行を支えたのである。大坂の版元から出版された鳥羽絵本は、出版文化の隆盛とともに全国へ広がった。今日の展覧会同様に美術作品が大衆に消費されたのである。やがて鳥羽絵本は、100年後の葛飾北斎、歌川国芳といった江戸の浮世絵師にも大きな影響を与えることになる。

フェルメール展

大阪市の美術館行政にとってエポックメーキングとなった展覧会を１つあげておきたい。2000年春に大阪市立美術館で行われた「フェルメールとその時代」展（共催のメディアは毎日新聞社・毎日放送）である。この展覧会は、日蘭交流400周年記念事業として企画されたアジアで初めてのフェルメール展であった。

「フェルメール展」の計画が持ち上がった当時、大阪市は2008年のオリンピック開催都市に立候補していた。18世紀オランダを代表する光の魔術師・フェルメールの展覧会を開くことは、文化芸術都市としての大阪を世界にアピールする絶好の機会と考えられた。「青いターバンの少女（真珠の耳飾りの少女）」（オランダ・マウリッツハイス王立美術館所蔵）をはじめ、アメリカ、ドイツなどから計５点のフェルメール作品が集まり、大きな話題を呼んだ。結果的に、オリンピック招致レースは北京に敗れたが、「フェルメール展」は59万人余りを動員し、その年の全国の美術展ランキングで２位となり、大阪市立美術館の入場者数歴代１位の記録をつくった。

当然のことながら、この展覧会でも最も多く来場したのは、大阪市および府下の住民であったことはいうまでもない。来場者アンケートの結果、全体の５割を超える入場者が大阪府民であることが判明した。大阪は、美術展の会場として全国規模のポテンシャルがあり、市民の意識も享受能力も十分に高いということが立証されたケースである。

それまで、東洋美術の殿堂として知られていた大阪市立美術館は、どちらかと言えば、日本の古美術や仏教美術を鑑賞する場として認知されていた。出資する側の共催のメディアにとっても本格的な西洋美術展は京都か神戸で開催するものと考えられていた。しかし、「フェルメール展」の成功によって、各メディアが西洋美術展を大阪に持ち込むようになった。「クールベ展」(2003年、毎日放送·毎日新聞社)、「ミラノ展」(2005年、読売新聞社·NHK大阪放送局)、「魅惑の17～19世紀フランス絵画展」(2005年、読売新聞社·読売テレビ)、「プラド美術館展」(2006年、読売新聞社・読売テレビ)、「こども展―名画にみるこどもと画家の絆」(2014年、読売テレビ・読売新聞社)、「デトロイト美術館展」(2016年、関西テレビ・産経新聞社)、「ルーブル美術館展」(2018年、読売テレビ·読売新聞社)といった本格的な西洋美術展が大阪市立美術館を舞台に開催されていくのである(カッコ内は共催のメディア名)。2019年２月から５月にかけ、２度目の「フェルメール展」(産経新聞社・関西テレビ主催)が大阪市立美術館で開かれた。最大の西洋美術展が天王寺にやってきたのである。

3 メディアと展覧会事業

メディア主催の美術展のはじまり

全国で開催される美術展のうち、入場者数ランキングの上位を占めているのは、マスコミとの共催展がほぼすべてと言っても過言ではない。では、一体、マスコミはいつから美術展を開催するようになったのだろうか？

マスコミ主催の最初の展覧会は、朝日新聞社が1920（大正10）年10月に大阪本社講堂で「フランス近代絵画彫塑展覧会」を開催したのが始まりとされる。ルノワール、ドガ、ピサロ、セザンヌなどの印象派の絵画に、ロダンの彫刻と素描を加えた約100点のフランス美術を中之島の本社で展示したところ、わずか6日間の会期中に1万数千人の観客が訪れ、大好評を博した。メディア主催の美術展の始まりは、大阪だったのである。当時、朝日新聞社と毎日新聞社は熾烈な部数競争を繰り広げていた。朝日に美術展で先を越された毎日は、1922年11月、毎日新聞社の前身で関東の拠点であった東京日日新聞社の新館が完成したのを記念して「泰西名画展」を大阪と東京の両社屋で開いた。翌1923～24年にかけては、毎日新聞社と東京日日新聞社が、京都、大阪、東京で大規模な「日本美術展覧会」を開催している。東京では、関東大震災（1923年9月）後初の本格的な展覧会として人気を博し、1日平均1万2,000人の入場者を集めた。

1925年には大阪市の人口が203万人となり、東京を抜いて全国1位となった。「大大阪」時代の到来である。鉄道網の発達、近代市民社会の成立がメディア産業の成長に寄与した。大正末から戦前にかけて、美術館や百貨店を会場に、新聞社が美術展を主催する現在の形が出来上がっていった。新聞社の美術展事業を文化的消費者として支えたのが、増加した都市の住民であった。1940年には、紀元2600年を記念した大きな展覧会が開かれている。朝日新聞社は、「紀元2600年奉祝日本美術展」を、毎日新聞社は「紀元2600年奉祝日本画展」を主催した。戦後は、民主的、平和的、文化的な社会の建設を具体的に推進するイベントの代表として、美術展が積極的かつ頻繁に開催されるようになっていくのである。

メディアが展覧会を開催する理由

上述のようにメディアが主催者として開催する展覧会事業は、およそ100年の歴史を持つ。では、なぜ新聞社をはじめとするメディア各社は、美術展覧会を積極的に開催するのだろうか？

概ね、次のような理由があげられる。

1. 社のイメージアップ：ブランド・イメージの確立と補強。
2. イベント開催による利益：営業収益の増加。
3. 企業理念の実現：社員のインセンティブ向上、企業の存在価値、リクルート効果。
4. 読者サービス：読者の囲い込みと販売促進。
5. 利益の社会的還元：芸術文化の普及、啓発活動、メセナ的役割

――である。

1、2、3は、メディア自身の企業価値を高める目的があり、結果として4の顧客価値を高めることにつながり、最終的には、5の社会的価値の向上に寄与しているのである。

しかしながら、この目的および重点はイベントによって変わるのも事実である。毎日新聞社が主催している事業を例にあげると、選抜高校野球大会や高校駅伝、高校ラグビーといったアマチュアスポーツは、利益の社会的還元や当該スポーツの普及といった社会的価値に重点を置いている。

また、時代による変遷もある。美術展事業においても、毎日新聞社がかつて開催していた「安井賞展」や「現代日本美術展」などの公募展は、新人作家の発掘・育成、美術振興・普及に力点が置かれていた。新聞社が大々的に開催する特別展も、かつては社の威信をかけたイメージアップ戦略の一環であり、広報・宣伝的な意味合いが強かった。現代では、個々のイベントの収益がより厳しく問われるため、イメージアップよりも、イベント自体による収益の増加が重視されるようになってきているのである。

メディアが主催する功罪

次にメディアが展覧会を主催することの功罪について述べたい。メディア各社は、自ら金を出して、企画をつくって、宣伝も担っている。そのこと自体は悪いことではないが、長い目で見れば、美術館が貸し会場化し、美術館自体の主体性を奪っていくことになる。また、「特別展はメディアの金でやる」ということが定着しているため、国公立館は自ら予算を獲得する努力をしなくても済む。そのことが、ただでさえ少ない国公立館の予算をさらに縮小・弱体化させる原因となっている。

メディアと美術館が共同で美術展をつくりあげるシステムは、日本独自の形態だといわれている。主催メディアのコーディネートにより、企画・運営、展示・施工、輸送、印刷、広報・宣伝、グッズおよびオーディオガイドの製作・販売といった美術館業務の外注化が行われている。すべての活動が内部スタッフによって行われる欧米の美術館では、ありえないことで、海外からは驚きの目で見られることが多い。

日本では上述したほとんどすべての業務が、メディアが中心となって外部に発注される。学芸部門の研究職は別にして、総務部門においては２～３年で人事異動が行われるため、美術展運営のコアの部分に携わる専門人材が育たないという結果になる。

上述したのは、メディアが展覧会を主催することの負の側面だが、裏から見れば、美術館業務をアウトソーシングすることによって、展覧会業界のマーケットが成立し、独自の経済が循環しているともいえる。欧米の美術館と比較して、圧倒的に少ないスタッフで美術館業務が回っているのは、メディアが美術展の運営を肩代わりしていることと外注化による効果が大きい。日本の美術館は、メディアと共催することによって、実に効率的な運営をしているといえるだろう。

4　大阪のミュージアムを取り巻く状況

大阪市のミュージアム群

大阪市が直営および関係する財団法人が運営する美術館・博物館群は、5館ある。設立年順にあげると、大阪市立美術館（1936年）、大阪市立科学館（1937年）、大阪市立自然史博物館（1950年）、大阪歴史博物館（1960年）、大阪市立東洋陶磁美術館（1982年）となる。これに新しく中之島に2021年度中に開館を予定している大阪中之島美術館が加わる。

2015年度には、5館合わせて年間207万人の入場者があった。全体で167万点の収蔵品を持ち、職員数は121人である。国立博物館などを運営する国立文化財機構（332人）には及ばないが、国立美術館5館を配下に持つ国立美術館機構（131人）に匹敵する組織といえよう。それぞれの館の強みに言及すれば、大阪市立美術館は、東京、京都に次いで国内で3番目にできた公立の美術館である。東京、京都、奈良の国立博物館に次ぐ国宝・重要文化財の収蔵数を誇っている。大阪歴史博物館は、12万点を超える所蔵品があり、大阪市立科学博物館は、東洋初のプラネタリウムを設置した歴史を誇る。大阪市立自然史博物館には、新種の基準となる模式標本が3,000点あり、大阪市立東洋陶磁美術館の中国、朝鮮陶磁は世界屈指のコレクションとして名高い。全体で67人の専門学芸員を擁し、すべての館が半径5キロ以内に点在している近接性も魅力だ。

大阪市ミュージアム・ビジョン

2016年、大阪市のミュージアム群の将来像を定める大阪市ミュージアム・ビジョンが策定された。策定に当たっては、外部の有識者を集めた大阪市ミュージアム・ビジョン推進会議が設置された。ミュージアム運営や評価の専門家として、佐々木亨・北海道大学教授が座長を務め、筆者も委員の1人として加わった。

同会議において大阪市のミュージアムがめざす姿を「都市のコアとして

のミュージアム」に定めた。「大阪の知を拓き発信することで、人々が集い賑わう都市を実現し、大阪を担う市民と歩むミュージアムへ」を目標とし、

1. 大阪の知を拓く。

2. 大阪を元気に。

3. 学びと活動の拠点へ。

——の３つのスローガンを掲げた。

１については、「ミュージアムは、大阪が有する自然や歴史、文化・芸術、科学の伝統の素晴らしさをさまざまな博物館活動を通じて発掘し、戦略的に発信することで、都市格の向上に寄与する」ことを目標とした。２は「ミュージアムは、都市大阪に立地する特徴を活かし、内外から幅広い利用者を獲得するとともに、周辺エリアや多様なパートナーとの連携を図ることで、都市の活性化と発展に貢献する」ことをめざしている。３は「ミュージアムは、人々が探究心を抱き、感受性や創造性を育み、多様なニーズに応える学びや活動の拠点となることで、大阪を担う市民力の向上に貢献する」ことを目的としている。

上記の目標の達成のために、それぞれ３つずつ合計９つの戦略プランが立てられた。さらにそれぞれの戦略を実行するために25のアクションプランが付け加えられた。アクションプランを達成する要件として、①事業における継続性や専門人材の安定的確保ができ、戦略的投資ができること。②事業の効果的実施に必要な機動性、柔軟性、自主性が確保・発揮できること。③経営と運営の一元化が図られ、中長期的視点を備えた事業展開ができる体制であること―の３点があげられた。従来の指定管理者制度の弊害として、指定管理料が十分ではないため長期的・先行的な投資が行われない。事業の継続性に問題がある。中長期的な視点に立った収集・保管・研究を目的とした専門職員の育成ができない―といった問題点が指摘された。これらの問題点を克服し、所期の目標を達成するためには、大阪市のミュージアム群（既存の５館と新しくできる１館）を一体的・一元的に運営するのが最適な方法であると判断し、経営の形態として地方独立行政法人化が

ふさわしいと提言した。

この方針に則り、大阪市は2019年4月より、地方独立行政法人「大阪市博物館機構」を発足、スタートさせた。同機構の初代理事長には、JR西日本の真鍋精志会長が就任した。

大阪新美術館の建設

1983年に市政100周年記念の目玉事業として、近代美術館としての機能を持った新美術館の建設が計画された。最初の5年間で、佐伯祐三など9点を6億2,000万円で購入している。1989年には、エコール・ド・パリを代表する画家、モディリアーニの「横たわる裸婦」を19億3,000万円で購入し、大きな話題となった。当時は「高い買い物」と批判されたが、2015年のクリスティーズのオークションで、類似のモディリアーニ作品が210億円で落札されたのを機に、非難の声は聞かれなくなった。これまでに153億円の市費で1,016点を購入した。佐伯祐三作品を中心とした山本發次郎コレクションなど約3,800点の寄贈作品も合わせると5,000点近い近現代美術の収蔵品がある。海外でも評価の高い具体美術協会の作品も豊富だ。国内トップクラスのコレクションといえるだろう。2017年2月、基本設計がコンペで決まり、ようやく建設計画が本格化した。施設整備費約130億円をかけて、延べ床面積1万5,000㎡（うちコレクション展示室が2,200㎡、企画展示室が1,200㎡）の建物を建てる。一般市民からのネーミング公募により「大阪中之島美術館」と名づけられることになった。現在、2021年度内の開館をめざして準備が進められている。

大阪市立美術館の改修

1936年に開館した天王寺の大阪市立美術館は、開館から80年余りを経て老朽化が目立ってきた。今後、耐震化工事を行うとともに抜本的な改修を施して、機能向上を図る予定だ。近隣では、京都市美術館が2017年から、神戸市立博物館が2018年から、それぞれ改修工事に入っている。2018年から19年にかけて「ルーブル美術館展」や「フェルメール展」が大阪市立美術館で開催できたのは、京都・神戸に会場がなかったからという事情もある。今後、大規模な展覧会の誘致において、京都と神戸という強力なライバル都市に打ち克つためには、大阪市立美術館の魅力と機能を向上させる必要があるだろう。隣接する日本庭園「慶沢園」の有効活用や、レストランや喫茶などの飲食サービス、ミュージアムショップの充実など利用者サービスの機能強化が期待される。現時点では、2022～24年にかけて改修工事を行い、25年の開館をめざす予定だ。美術館の魅力向上、集客力向上、来館者満足の向上が改修のキーワードとなる。

5　今後の大阪の美術館

中之島と天王寺――2つの拠点

2020年代の初めには、大阪市の美術館群は大阪市立美術館（天王寺）、東洋陶磁美術館（中之島）、大阪中之島美術館（中之島）の3館体制となる。天王寺地区には、2014年にあべのハルカス美術館が開館している。大阪の北部・吹田市の万博公園内にあった国立国際美術館は、2004年に都心回帰で中之島へ移転してきた。加えて2018年には、朝日新聞社が運営する中之島フェスティバルタワー・ウエストに中之島香雪美術館が開館した。大阪市北部の中之島と南部の天王寺に美術館群の拠点ができることになる。

今後はそれぞれの美術館の得意分野を活かした棲み分けが行われるだろう。コレクションの特性から、大阪市立美術館と中之島香雪美術館は古美術や仏教美術に、大阪中之島美術館と国立国際美術館は近現代の美術に注力した展覧会を行っていくと思われる。大阪市立東洋陶磁美術館は、世界最高峰の中国・朝鮮陶磁器のコレクションをメーンとした陶芸専門館の持ち味を発揮し、一方ほとんど収蔵品を持たないあべのハルカス美術館は、オールマイティーな美術館として多彩な分野の展覧会活動を繰り広げるだろう。国公立および私立の美術館群が個性豊かな活動を展開してくれれば、大阪の美術シーンは一層豊かになる。

外国人観光客

大阪を訪れる外国人観光客が増加している。米国マスターカードの調査によると、2009～16年の7年間に大阪を訪問する外国人客は4.5倍に増えた。年平均24%の増加率で、世界で最も外国人旅行者の増加率が大きい都市となった。2017年は、日本への訪問客が2,800万人を突破した。そのうち1,100万人以上が大阪を訪れた。2018年1～3月期の調査では、日本で訪問した都市のランキング1位は大阪だった。全体の約4割を大阪が占め、以下、東京、千葉、京都と続く。大阪の人気の秘密は、WiFi環境や多言語化対応などのインバウンド対策の充実、ナイトライフエコノミーの開拓、日本食などグルメの街としてのネームバリューがあげられる。商業都市としてのショッピングの魅力や京都・奈良観光のベース基地として大阪が宿泊地に選ばれている。大阪で人気の観光地は、1位が道頓堀、2位が大阪城、3位がUSJとなっている。4位に海遊館が入っているが、美術館、博物館はランク入りしていない。2020年の東京五輪、2025年の大阪万博を控え、大阪を訪問する外国人旅行者はますます増えることが予想される。今後、訪日外国人客にいかに美術館に足を運んでもらうか、どのように美術鑑賞の需要を喚起するかが大きな課題だ。

おわりに

1980年代から90年代初頭には、市政100周年の記念事業として各地で公立美術館の開館が相次いだ。さらにバブル経済に乗って、百貨店美術館や企業が設立した私立美術館が全国に誕生した。それらの多くが2000年前後に廃館に追い込まれた。公立美術館でも財政難から効率化の名の下に休館や廃館の憂き目にあったり、より指定管理料が安い管理者に委託されるところが出た。「美術館冬の時代」の到来である。2000年代の後半から、美術館を核に都市再生を果たした国内外の事例が報告され始めた。地方を舞台にしたアートフェスティバルや都心でのビエンナーレ、トリエンナーレ事業も花盛りで、各地で多くの来場者を集めている。美術館やアートを呼び水にした観光開発や地域振興、まちおこしが盛んになった。

大阪市は、1936年の大阪市立美術館の設置以来、80年余りをかけて、1都市としては傑出した博物館群を築き上げた。今年4月に美術系の博物館3館に歴史、自然史、科学を加えた6館を、他都市に先駆けて地方独立行政法人化する。これまでの指定管理者による管理代行から一元的な経営と運営への転換だ。大阪市は地方独立法人化によるサービス向上、利用者増と経営改善を目論む。今後10年間の地域経済への波及効果を54億円と試算した（ミュージアム群の収入増加13億円、交通産業の活性化7億円、飲食産業の活性化21億円、宿泊産業の活性化13億円）。さらに年間48人の新たな雇用が創出されると見込んでいる。

地方独立行政法人化を決めた2016年10月の大阪市の戦略会議において、吉村洋文市長（当時）は「地方独立行政法人化し、経営責任をもって長い目で戦略的にミュージアムを見てもらう、運営をしていくことが大事である」と述べている。市民が愛し、誇りに思う美術館群になってほしいと心の底から願う。

参考文献

岩渕潤子『美術館の誕生――美は誰のものか』中公新書、1995年

暮沢剛巳『美術館の政治学』青弓社、2007年

川崎賢一・佐々木雅幸・河島伸子『アーツ・マネージメント』放送大学教育振興会、2002年

毎日新聞社「毎日新聞百年史」毎日新聞社、1972年

蓑豊『超・美術館革命――金沢21世紀美術館の挑戦』角川oneテーマ21、2007年

蓑豊『超〈集客力〉革命――人気美術館が知っているお客の呼び方』角川書店、2012年

根木昭他『美術館政策論』晃洋書房、1998年

大阪市経済戦略局「大阪市ミュージアム・ビジョン」2016年

大阪美術市民会議「大阪新美術館特集」大阪美術市民会議機関紙=VOL. 9、NPO法人大阪美術市民会議、2017年

佐々木雅幸『創造都市への挑戦――産業と文化の息づく街へ』岩波書店、2001／2012年（岩波現代文庫）

佐々木雅幸『創造都市と日本社会の再生』公人の友社、2004年

佐々木雅幸他『価値を創る都市へ――文化戦略と創造都市』NTT出版、2008年

関秀夫『博物館の誕生――町田久成と東京帝室博物館』岩波新書、2005 年
高市純行「企業と文化の対話：百貨店美術館の実態と展望――大丸ミュージアムの事例から」神戸大学経営学研究科、1999 年
高市純行「大型美術展におけるマスコミの役割と事業運営」（「ミュージアム・マネージメント・トゥディ」所収）財団法人日本博物館協会、2007 年
高市純行「博物館でタイガース――新規ミュージアム顧客開拓への挑戦」日本ミュージアム・マネージメント学会研究紀要第 10 号、2006 年
高市純行「現代美術のアウトからインへ――社会福祉施設アトリエインカーブの挑戦」日本ミュージアム・マネージメント学会研究紀要第 13 号、2009 年
高階秀爾・蓑豊編『ミュージアム・パワー』慶應義塾大学出版会、2006 年
津金澤聡広編『近代日本のメディア・イベント』同文舘出版、1996 年
上山信一・稲葉郁子『ミュージアムが都市を再生する――経営と評価の実践』日本経済新聞社、2003 年
山本武利・西沢保編『百貨店の文化史――日本の消費革命』世界思想社、1999 年
吉見俊哉『博覧会の政治学――まなざしの近代』中公新書、1992 年
吉見俊哉『万博幻想――戦後政治の呪縛』ちくま新書、2005 年

第3章 アートプロジェクトと文化創造地域政策

――大分県の事例を中心に

in BEPPU 2017 油屋ホテル，西野達：著者撮影

田代 洋久
北九州市立大学法学部政策科学科教授

はじめに

人口減少、地域経済の衰退、地域格差の拡大など地域経済社会を取り巻く環境は厳しい。地方創生が目標とする「しごとの創生（雇用創出）」「ひとの創生（自然増＋社会増）」「まちの創生（地域活性化）」の実現に向けて、国レベルの政策はもとより、地域レベルにおいても地域力を高める内発的な取り組みと地域戦略の構築が不可欠となる。

こうしたなか、歴史、食、景観といった文化的資源の活用や創作活動を通して地域の魅力を高め、地域活性化を図る文化まちづくりが注目されている。例えば、地域再生をテーマとしたアートプロジェクトでは、限界集落や離島、衰退した中心市街地などにおいて、サイトスペシフィックと呼ばれる場所性を重視した創作手法が用いられ、埋もれた地域資源を発掘して作品化することで新たな地域の魅力を創造し、地域イメージを高めている。

メディアなどを通して発信されるアートと結合した地域イメージは、多くの人々にポジティブな印象を与え、来訪を促す契機となる。地域内に分散配置された展示作品を巡り歩く行動は、観光地でのまちあるきと同一であり、地域経済活性化への寄与が期待されるだけでなく、アーティスト、ボランティア、地域住民間の交流を通して地域への愛着や誇りやシビックプライドを喚起する社会的効果、新たな文化的資源の蓄積、文化芸術活動への市民参加、教育・医療・福祉分野への貢献など幅の広い分野における政策効果が期待されている[1]。

アートプロジェクトは、2000年に新潟県越後妻有地域で始まった「大地の芸術祭」を嚆矢に、地域活性化の政策手段として注目されるようになった。都道府県域をまたぐ大規模なものから商店街などのコミュニティレベルのものまで、目下、百花繚乱状態といえるだろう。しかし、地域活性化を標榜するアートプロジェクトが林立するなか、いかにして特色を創出し、予定した政策効果を発揮させるのか課題も多い。そもそも、目的志向的なアートに対する懐疑的な見方も存在する。

本章では、広域型アートプロジェクトである瀬戸内国際芸術祭と大分県内におけるアートプロジェクトを事例として対比的に検証し、文化創造による地域活性化の政策的意義と、文化まちづくりが広域で統合することで新たな価値創造を図る文化創造地域の可能性に関する論考を試みたい。

1　多彩なアートプロジェクトの展開

広域型アートプロジェクト「瀬戸内国際芸術祭」

「瀬戸内国際芸術祭」は、直島（香川県直島町）を中心に、瀬戸内海の12の離島と沿岸部の2つの港湾において、廃校舎、空き家、自然空間などを活用して現代アート作品を制作配置し、地域住民・ボランティア・アーティスト間との交流と、分散配置された作品を巡るまちあるきを通して地域活性化をめざす広域型アートプロジェクトで、2010年より3年に1度開催されている。開催趣旨は、瀬戸内の島に活力を取り戻し、「瀬戸内海がすべての地域の『希望の海』となることをめざす」としており、瀬戸内海全域での価値創出が企図されている。主催は、香川県を中心に、国、関係市町、産業経済団体、大学、地域団体など47団体から構成される瀬戸内国際芸術祭実行委員会で、総合プロデューサーは公益財団法人福武財団理事長である福武總一郎氏、総合ディレクターは北川フラム氏が務めている。

図1に瀬戸内国際芸術祭2016の開催地別来場者数を示すが、作品設置状況のほか文化施設の集積、政策的位置づけ、文化関連事業者の存在、地域社会の受け入れ体制等の反映が示唆される。直島、小豆島における展開状況は拙稿を参照されたい（田代2014）。

大分県における文化創造によるまちづくり

大分県では、近年、県内各市において、文化創造によるまちづくりが進められている。たとえば、「別府現代芸術フェスティバル『混浴温泉世界』」（別府市2009～2015年）、「ベップ・アート・マンス」（別府市2010年～）、

表1 事例で取り扱うアートプロジェクトの概要

名　称	開催地域	開催期間（来場者数）総事業費
瀬戸内国際芸術祭 2016	瀬戸内海島嶼部、沿岸港湾（12 島 2 港湾）（香川県高松市、土庄町、小豆島町、直島町、岡山県玉野市 他）	2016 年 3 月 20 日～ 4 月 17 日、7 月 18 日～ 9 月 4 日、10 月 8 日～ 11 月 6 日 108 日間 （1,040,050 人） 1,238 百万円
混浴温泉世界 2015	大分県別府市（中心市街地）	2015 年 7 月 18 日～ 9 月 27 日 72 日間 （107,299 人） 79 百万円
ベップ・アート・マンス 2015		
in BEPPU 2016 ＋ベップ・アート・マンス 2016	大分県別府市（別府市役所）	2016 年 11 月 5 日～ 12 月 2 日 28 日間※ （1,122 人＋ 13,225 人） 69 百万円
in BEPPU 2017 ＋ベップ・アート・マンス 2017	大分県別府市（中心市街地）	2017 年 10 月 28 日～ 12 月 24 日 58 日間※ （13,391 人＋ 10,005 人） 75 百万円
国東半島芸術祭 2014	大分県国東市、豊後高田市（国東半島北部、市内各所）	2014 年 10 月 4 日～ 11 月 30 日 50 日間 （60,028 人） 165 百万円
おおいたトイレンナーレ 2015	大分県大分市（大分駅周辺のトイレー中心市街地）	2015 年 7 月 18 日～ 9 月 23 日 68 日間 （180,000 人） 91 百万円

※「in BEPPU」の開催期間

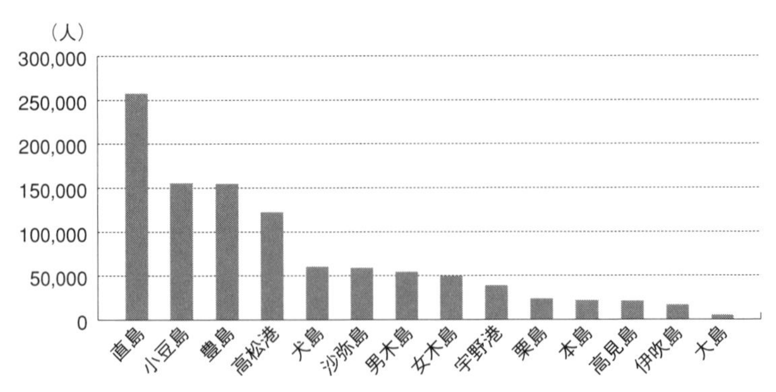

図1 瀬戸内国際芸術祭2016の開催地別来場者数

主催組織／事務局	テーマ・特徴	政策目的
瀬戸内国際芸術祭実行委員会 (47 団体) ／瀬戸内国際芸術祭実行委員会 事務局	『海の復権』 アジア・世界との交流×瀬戸内の「食」×地域文化の発信	・経済波及効果 ・地域社会活性化 ・知名度、イメージアップ
「混浴温泉世界」実行委員会 (21 団体) ／ NPO 法人 BEPPU PROJECT	『世界は不思議に満ちている』 場所性、ツアー形式、質の追求	・アートによる温泉地の魅力向上 ・中心市街地活性化 ・担い手の育成
	市民参加型	・小規模文化団体の育成支援 ・市民参画・芸術文化の振興
「混浴温泉世界」実行委員会 (19 団体) ／ NPO 法人 BEPPU PROJECT	場所性、個展形式、作品の質の追求	・アートによる日常性の変容 ・社会的インパクト、社会実験
「混浴温泉世界」実行委員会 (20 団体) ／ NPO 法人 BEPPU PROJECT	同上	同上
国東半島芸術祭実行委員会 (4 団体) ／大分県企画振興部芸術文化スポーツ振興課	景観、自然、歴史文化とアートとの融合	・芸術文化振興 ・交流人口の増加・地域活性化
おおいたトイレンナーレ実行委員会 (15 団体) ／大分県商工労政課	『ひらく』トイレを道標に、街のもう一つの歩き方を提唱	・交流人口の増加 ・地域を誇る気持ちの醸成 ・賑わいの創出

各種資料を参考に筆者作成

「Taketa Art Culture」(竹田市 2011 年〜)、「国東半島芸術祭」(豊後高田市、国東市 2012 〜 2014 年)、「おおいたトイレンナーレ」(大分市 2015 年) などがある。

こうした動きを受けて、大分県でも、「芸術文化による創造県おおいたの推進」(大分県長期創造計画 2015 年)、「大分県文化創造戦略」(大分県 2016 年) が策定されたほか、2015 年には「大分県立美術館 (OPAM)」がオープンし、2018 年には文化庁、厚生労働省、県内市町等とともに「国民文化祭・おおいた 2018」「全国障害者芸術・文化祭おおいた大会」[2]が開催されるなど、矢継ぎ早に文化政策が展開されている。

大分県の取り組みの特徴として、第１に、大分経済同友会、株式会社日本政策投資銀行大分事務所をはじめ管内の民間団体や事業者、アートNPOなどとの協働を図っていること、第2に、芸術文化政策の専門組織として「アーツ・コンソーシアム大分」を立ち上げ（2016年6月）[3]、文化芸術に関する調査研究、芸術文化振興施策に関する体系的な評価に取り組んでいること、第3に、「クリエイティブ・プラットフォーム構築事業（CREATIVE PLATFORM OITA）」など「創造性」を産業経済分野に浸透させるための事業など、総合的な展開を図っていることが挙げられる。以下、主要なアートプロジェクトについて概観する。

▶別府現代芸術フェスティバル「混浴温泉世界」「ベップ・アート・マンス」（別府市）

「混浴温泉世界」は、2009年から2015年まで別府市中心市街地等においてトリエンナーレ形式のアートプロジェクトとして実施された。このプロジェクトでは、分散配置された作品を巡って地域間を回遊・散策し、地域の魅力と出会うしかけが随所に施されており、創作活動、観光まちづくり、温泉地めぐり、中心市街地活性化といった複合的な地域づくり効果が発揮できるよう設計された。主催組織は、行政、地域団体、まちづくり団体、大学、企業等によって構成される別府現代芸術フェスティバル「混浴温泉世界」実行委員会で、NPO法人BEPPU PROJECTが事務局を担った[4]。

アートプロジェクトの内容を俯瞰すると[5]、2009年は、中心市街地、別府港、温泉旅館が集積する鉄輪地区で開催された。作品を巡る楽しみに加え、若手スタッフからなるアートNPOが中核組織となって市内の有力団体が参画する実行委員会方式が採られたこと、ボランティアの仕組みが好感を呼び、高い評価を得た。

2010年からは、別府市民の日常の文化活動の発表の場として「ベップ・アート・マンス」がスタートした。「混浴温泉世界」と同時開催することで来場者の層を厚くし、相乗効果を図ることを企図している。

2012年は、リノベーションした旧ストリップ劇場で開催されたパフォーマンス公演が、普段アートになじみのない一般市民にも好評を博したほか、充実した作品群に恵まれ、当アートプロジェクトにおける最大の来場者数を記録した。最終回となる2015年は、まちを劇場に仕立てた「アートゲートクルーズ」と呼ばれるまちなかアートツアーを実施する一方で、予約制を導入し、参加人数を抑制する実験的な試みも行っている。

▶in BEPPU（別府市）

「混浴温泉世界」の終了後、「in BEPPU」というアートプロジェクトが新たに実施されることとなった。運営組織は「混浴温泉世界」実行委員会と基本的に同じである。「in BEPPU」は、「身体性の重視」「量よりも体験の質の重視」「地域性を活かす」など「混浴温泉世界」の特徴を踏襲しながらも簡素化し、1組のアーティストによる個展方式としている[6]。

2016年は、若手アーティストグループ「目」を招聘し、別府市役所内をめぐるツアー形式により開催されたが、事前予約が必要であること、28日間という開催期間の短さ、抽象度の高い作品の難解性もあいまって、参加者人数は1,122名にとどまった。

2017年は、公共空間を変容させる作品を得意とする西野達を招聘した。JR別府駅前に設置された「油屋熊八像」を囲んでホテル空間とした「油屋ホテル」をはじめ、ビジュアル性に富んだ作品群が別府市中心市街地の各所で展開された結果、来場者数は1万3,391名と前年度より大幅に増加した。西野達の作品は、高い観客吸引力によってアートのパワーを示すとともに、芸術祭の新たな地平を切り開いたとして、平成29年度芸術選奨・文部科学大臣賞（美術部門）を受賞した。

▶国東半島芸術祭（豊後高田市、国東市）[7]

「国東半島芸術祭」は、大分県国東半島（国東市、豊後高田市）を舞台に2012年から2014年にかけて実施された。

この芸術祭は、①国東半島の自然や歴史・文化などの地域資源と現代アートを融合させることで、国東半島の魅力を高める、②地域情報を全国に発信し、地域住民をはじめ県内外の人々に質の高い芸術文化に触れる機会を提供する、③芸術文化の振興と新たな来訪者による交流人口の増加、地域活性化を目指すという３つの目的を持っている。2014年は、豊後高田市と国東市内の各所で展開され、来場者数は６万人に達した。同芸術祭の総合ディレクターは、NPO法人BEPPU PROJECTの代表理事である山出淳也氏が務めている。芸術祭会期中は海岸線や山間部集落など国東半島の特徴的なエリアに作品を設置し、トレッキングと融合したガイドツアーやトークイベントなど多彩なプログラムが実施された。

その一方で、作品の設置場所をめぐって地域社会とのコンフリクトが顕在化した。世界的なアーティストであるアントニー・ゴームリーの「Another Time」という作品は、国東半島の巡礼の道を進んだ岩場に裸体の人物像が設置されたが、地元の宗教団体や住民等によって反対意見が寄せられた[8]。公共空間で展開する現代アートがもたらす価値観の相克をどのようにして受容、あるいは乗り越えていくのか、地域社会と制作側の双方に課せられた課題であろう。

▶おおいたトイレンナーレ（大分市）[9]

2015年夏、大分市では「交流人口の増加」「地域を誇る気持ちの醸成」「賑わいの創出」に向けて、中心市街地のトイレを舞台にした「おおいたトイレンナーレ」が開催された。これはトイレ空間のみを会場とする新奇なアートプロジェクトで、「トイレ」という日常空間に新しい価値を創出し、それを市街地内に配置し、まち歩きをしてもらうというねらいである。

このアートプロジェクトには、協力団体として「混浴温泉世界」実行委員会があげられ、国東半島芸術祭と同じく山出淳也氏が総合ディレクターを務めている。開催報告書には、「トイレがアートによって異空間に変身したことに驚きや楽しさを感じた」「これまでトイレに抱いていたイメージ（暗い・汚い）が変わった」「今まで入ったことのない商店や街角の風景に出会えた」などが紹介され、好評だったことがわかる（開催報告書 2016：73）。

まちづくりの観点で見ても、「大分市は従来観光地と認知されてきておらず、市内の文化行事・イベントが県外客の誘致より大分市民をターゲッ

写真1 おおいたトイレンナーレ2015
メルティング・ドリーム（2014年），
西山美なコ・笠原美希・春名祐麻
ふないアクアパーク（大分市府内町2丁目3）

筆者撮影

トにしていた」との記述にもあるとおり、文化芸術による都市型観光の可能性を拓いた点でも高く評価されよう。「おおいたトイレンナーレ」は「日本トイレ大賞　地方創生担当大臣賞」（平成27年 首相官邸）を受賞している。

▶国民文化祭・おおいた2018、全国障害者芸術・文化祭おおいた大会（大分県）

大分県では、2018年10月から11月にかけて、国民文化祭が開催された。1998年に続き2回目の開催となる。テーマは「おおいた大茶会」で、

1. 街にあふれ、道にあふれる、県民総参加のお祭り
2. 新しい出会い、新たな発見―伝統文化と現代アート、異分野コラボ―
3. 地域をつくり、人を育てる

の3つが基本方針としてあげられるとともに、県内を5つにゾーニングし、各エリアで実施される多彩な取り組みをつなぐ「カルチャーツーリズム」と呼ばれる新たな試みがなされた。

各エリアには現代アート作品等からなる「リーディング事業」が配置され、アートプロジェクトの要素が多分に盛り込まれている。公式記録によると、参加者数は237万4,000人に達し、主な成果として、①新しい文化の創造・展開と時代を担う人材の育成、②障がい者への理解と社会参加の促進、③カルチャーツーリズムによる地域活性化があげられている（公式記録 2019）。

公式記録ではカルチャーツーリズムの全体像は明らかではないが、「ツーリズム」と「アートプロジェクト」の展開手法が随所に導入された今回の「国民文化祭おおいた2018」は、従来の国民文化祭の枠組みを超えて、文化芸術と観光、福祉など多元的な分野間のコラボレーションが実現され、文化芸術基本法の精神を体現した文化祭として評価されよう。

2　アートプロジェクトと地域政策

アートプロジェクトの政策活用

アートプロジェクトには多くのステークホルダーが存在し、立場によって重視するポイントが異なる。そのため、アートプロジェクトを来訪者の増加を目的とした集客イベントとして見なす場合、アーティストサイドから反発が起こる。藤田（2016）は、現代アートと地域活性化について論じるなかで、質の評価に関する基準が存在しない状態で、（地域活性化の道具として）なし崩し的に現代アートが巻き込まれる状態を批判している（藤田 2016：23-24）。

しかし、近年、文化芸術が社会的注目を集める理由の1つとして、地域の「総合的な活性化」に貢献できる可能性が見出されたからにほかならない。だからこそ、2017年6月に新たに制定された文化芸術基本法においても、「文化芸術の振興にとどまらず、観光、まちづくり、国際交流、福祉、教育、産業その他の関連分野における施策を法律の範囲に取り込むこと」が強調されるのである。むしろ、文化芸術の持つ本質的価値やパワーを損ねることなく、どのような視点と方法で政策活用を図っていくべきなのかが問われるべきであろう。

そこで、アートプロジェクトににどのような政策効果が期待されているか整理してみよう。

第1は、文化芸術の本質的価値（文化的価値）である。文化芸術の振興の目的である「人の育成」「心豊かな社会の形成」などを踏まえたもので、新たに制定された文化芸術基本法においても確認されている[10]。文化芸術作品の鑑賞や創造活動の奨励、作品発表機会の確保といった伝統的な文化政策がある。

第2は、地域の魅力創出である。大都市への人口移動に歯止めがかからないなか、地域経済社会を維持していくには、住んでもらうにせよ（定住人口）、訪れてもらうにせよ（交流人口）、事業を始めるにせよ（企業誘致、新規起業）、地域の魅力の向上が不可欠である。

地域課題をテーマとしたアートプロジェクトは、空き店舗、空き家、公園などの空間を利用したインスタレーションとして展開されることも多い。そこでは、地域に埋め込まれている資源が創作活動を通して文化的資源へと変容する。このような文化創造によって地域イメージが向上すると、「柔軟な、変化に富んだ、進取のまち」といった地域ブランドが形成されることとなる。

第3は、地域経済の活性化である。アートプロジェクトを観光振興の側面から捉えるもので、来場者数、滞在日数、飲食・宿泊や土産物の購入などの観光消費に伴う経済的効果が評価指標として用いられる。また、産業政策との関連において、アーティストやクリエーターと既存産業とのコラボレーションによる新商品開発やブランド力の向上などが注視される。

第4は、地域社会の活性化である。アートプロジェクトでは、作品を創作するアーティストやクリエーター、アートプロジェクトを企画する主催者やスタッフ、ボランティア、来訪者、メディア関係者など地域外の人々との交流が起こる。価値観が異なる外部者との交流は、刺激と波紋を引き起こし、コンフリクトが生じる場合もあるが、地域のよさを発見する機会ともなる。こうした外部者との交流によって、地域の誇り、地域アイデンティティの形成、シビックプライドの醸成等のポジティブな意識が喚起される。

第5は、教育分野や福祉分野での貢献で、共生型社会の構築を指向するものである。アーティストやクリエーターなどによるアウトリーチ活動として学校教育の現場に出向き、さまざまな体験型学習に供する場合が多い。福祉分野では、創作者としての関わり（障がい者アート）と、鑑賞者としての関わりとがある。近年は、2020年に開催されるオリンピック、パラリンピックと歩調を合わせ、障がい者アートの振興に向けた文化政策が各地で展開されている。

プロジェクト事例における政策目的と期待効果

本章で取り上げた事例のうち、いくつかの政策目的と期待効果を見てみよう。

広域型アートプロジェクトである「瀬戸内国際芸術祭」は、瀬戸内海地域の再生をめざす「海の復権」を共通テーマとして掲げており、総事業費12億3,800万円、開催期間108日間、総来場者数104万人と破格の規模の展開と成果をあげている。しかし、芸術祭としての成功と地域政策としての効果は峻別すべきであろう。実際、開催地によって政策目的や展開手法は異なっている。芸術祭の中核となる直島町は、民間企業が主導する文化事業展開を軸としているのに対し、小豆島町では芸術祭の開催を契機とした総合的な地域活性化をめざしている。いずれも芸術祭終了後は、制作された作品のいくつかを恒久設置し、閉会後も島々をめぐるアートツーリズムが行われており、観光集客の平年化をめざしている。

これに対して、大分県のアートプロジェクトの開催規模や政策目的は多彩である。「混浴温泉世界」は、中心市街地活性化と関連づけながら開始されたが「ベップ・アート・マンス」を併設することで市民の芸術活動への参加を促すなど目的が複合化していく。展開手法も、当初はまちなかに設置された作品群を来場者が自由に巡るという各地でみられる一般的手法を採用したが、開催地の拡大に伴うコスト増等を踏まえ、2015年以降は開催規模を縮小し、ツアー方式を採るなど来場者が通常、容易に立ち入ることのできない世界を知るしかけに変更した。来場者に別府をより深く印象づける手法を採ることで、芸術祭のリピート層の獲得、日常的に別府を支援するディープな支援層の開拓をめざす関係人口の強化に政策目的を再設定したと考えられる。

一方、「国民文化祭おおいた2018」では、県民の文化芸術活動を地域内外に広く発表する機会としての従来の国民文化祭の目的に加え、現代アート作品の展示とまちあるき、ツーリズムを融合させた統合的な内容となっている。さらに、「全国障害者芸術・文化祭おおいた大会」が併せて実施されたことで、障がい者の作品展示が行われるなど、福祉政策と連動した展開が図られたほか、社会教育施設を利用したプログラムや、子どもたちが参画する教育関連プログラムも実施された。このように、近年のアートプロジェクトは、地域活性化のシンボリスティックなイベントとして打ち出され、芸術文化に触れる機会の提供、地域イメージの向上、交流人口の増加、賑わいづくり、地域資源を活用したツーリズム開発、シビックプライドの醸成、福祉分野、教育分野への貢献など多彩な政策目的と期待効果を有していることがわかる。

アートプロジェクトの来場者像

アートプロジェクトでは、どういった属性の来場者がどこから来ているのかを探るため、アンケート調査が実施される場合が多い。ここでは、各プロジェクトのアンケート調査結果に基づいて来場者の比較を行った[11]。

結果を要約すると、いずれのアートプロジェクトも女性の比率が約３分の２となっている。居住地別は、質問紙の設問が異なるため単純比較は困難であるが、「瀬戸内国際芸術祭2016」は、海外比率が約13%、県外比率が約56%と、広域からの来訪傾向が顕著である。一方、大分県の事例を見ると、プロジェクトの目的や内容によって来場者像は異なる。

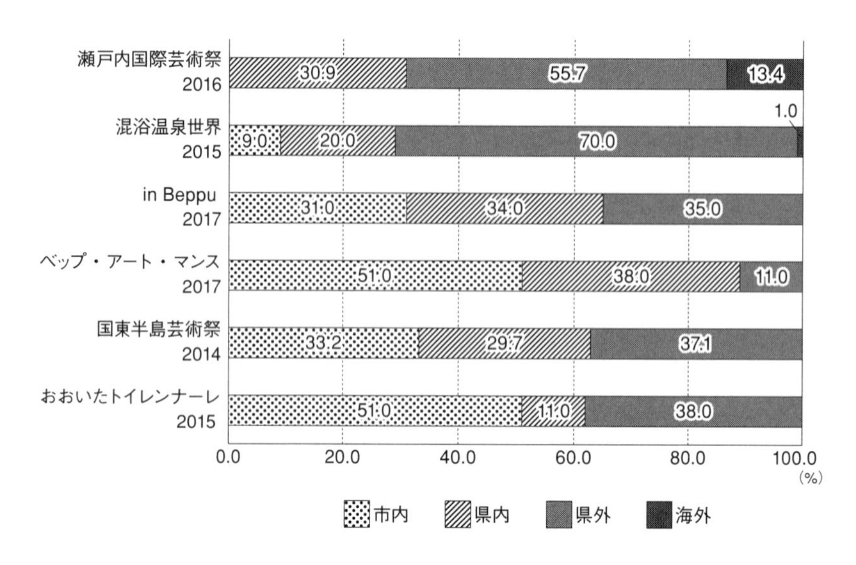

「瀬戸内国際芸術祭総括報告」(2016)、「混浴温泉世界 別府現代芸術フェスティバル 事業報告書」(2015) 他より筆者作成

図2 来場者属性の比較(居住地別)

たとえば、「混浴温泉世界 2015」は、海外比率 1.0%、県外比率が約 70 %となっており、「瀬戸内国際芸術祭 2016」ほどではないにせよ広域からの来訪が多いのに対し、「ベップ・アート・マンス 2017」では市内比率が 51%と高く、市民参加型のイベントであることが裏づけられている(図2)。

年齢層別では、いずれのアートプロジェクトも幅広い年齢層を獲得している。「混浴温泉世界 2015」の自由意見のなかで興味深いのは、「大分中で同じ時期にアート、音楽イベントをワサワサとやってくれると、はるばる遠くからでも行きやすい。開催主体は1つじゃなくてもいい。それらがユルッと繋がって共通で告知していると、幅広く見えるし露出も増える」があげられており、今後の方向性を先取りした指摘といえよう。

このように、アートプロジェクトは実施内容によって来場者層が変化するため、政策目的に照らしてアートプロジェクトをどのようにデザインするかが肝要である。

なお、プロジェクトの成果は、来場者数や経済波及効果といったイベントとしての評価に関心が向きがちであるが、プロジェクトの目的が地域活性化にあるならば、持続的な人口の増加や地域経済にどの程度の寄与できたのかも検証する必要がある。筆者は基礎的分析として、観光、人口、地域経済に関する公的統計資料をもとに、直島町、小豆島町、別府市の地域経済社会の変化を比較検証したので、関心のある方は参照されたい（田代 2017：17-38）。

3 広域型文化まちづくり政策の構想
――文化創造地域の形成

アートプロジェクトの拡がりと政策的意義

アートプロジェクトの近年の動向をみると、大規模化（大地の芸術祭、瀬戸内国際芸術祭）、分野特化（おおいたトイレンナーレ）、地域性の深耕（国東半島芸術祭／国東半島山間部、混浴温泉世界／別府市中心市街地）、クラフト（民芸品、工芸品）との結合（Taketa Art Culture・竹田市）、ミュージアムとの結合（あいちトリエンナーレ）などさまざまな特徴がみられる。開催場所も、大都市から中山間地域、県域を超えるものからコミュニティベースのものまで幅が広い。これらのアートプロジェクトに共通する要素は、何らかの地域政策課題を埋め込んだプランニングがなされている点である。

アートプロジェクトに見られる文化創造の力の政策的な活用に向けて、創造的能力を持った人材を集積させ[12]、新しい創造産業の創出やクリエイターとのコラボレーションによる新商品開発など、イノベーションの創出に向けた取り組みが多くの都市でなされている。

文化創造地域の形成

今、文化創造の政策目的を地域の魅力創出に設定したとしよう。創造的人材の集積によってイノベーションの創出が期待できるのであれば、これをメタスケール化した広域レベルでもイノベーションの創出が発現する可能性がある。文化創造が一定の地域範囲に集中して実施され、それぞれの地域がネットワークで結合されることで外部性が表出している地域を「文化創造地域」と呼んでおこう。

M. Porter は、特定分野における関連企業、専門性の高い供給業者、サービス提供者、関連業界に属する企業、関連機関が地理的に集中し、競争しつつ同時に協力している状態を産業クラスターと呼んだ（M. Porter 1998）。

産業クラスターによる集積の効果について、Porter は①地理的近接性による競争力の強化、②関係主体間の連関、協力関係の構築、③イノベーション創出への期待、④社会的きずなの形成をあげている（山本 2005）。

こうした産業クラスターに関する知見は、文化創造にも援用されるのではないだろうか。事例にあげた別府市、大分市、国東半島（国東市、豊後高田市）地域全体を俯瞰すると、行政、大学、経済団体、NPO、事業者など文化創造に関連する団体が集積していることに加え、文化創造の中核的役割を果たしているアート NPO が介在することで、各地域の関連団体間は緩やかなネットワークで結合された協力関係にあると考えられる。

そのため、開催時期、情報発信、マーケティング等を共同実施することで、圏域全体の地域イメージの向上は可能であろう。また、文化創造の地域的集積を活かして、国民文化祭のように同時期に多地域でアートプロジェクトを開催し、地域巡回型のカルチャーツーリズムを展開することで、瀬戸内国際芸術祭と同様の規模の経済効果も期待されよう。

さらに、文化創造の集積を活かして、アーティストやクリエーターなどの文化芸術関係者と観光、まちづくり、産業など関係団体との関係性の構築の自由度が増え、産業クラスターと同様に平時においても地域をまたぐ価値創出の連鎖が期待される。観光分野ではすでにかかる広域の地域資源を連結する手法の有効性は認識されており、DMO（Destination Management/Marketing Organization）などの組織を編成した地域ブランディング戦略が展開されている[13]。

文化創造が介在する社会的きずなの形成は、多層的な人的ネットワークの加速度的な拡大とともに広がりを見せているが、一方で、現代アートの持つ鋭角性によって、静謐な生活環境の維持を望む地域住民との間でコンフリクトが拡大する懸念もあり、アートプロジェクトの展開には十分な配慮が必要だろう。

文化創造地域の形成に向けては、文化創造集積のメリットを活かせるような地域デザインを描くとともに、市町間をはじめ関係団体間の多層的な連携の構築と強化を図ること、さらに当該地域内の事業を展開できる財源の確保とマネジメント人材の育成、市民や事業者への理解と協力の促進といった戦略的な地域マネジメントが必要となろう。

広域型文化まちづくり政策への期待

本章を終えるにあたり、創造都市論、創造農村論との関係について付言しておきたい。

地域独自の資源と文化芸術の創造力を活用して都市再生をめざす創造都市論や、住民の自治と創意、自然環境との対話など地理的条件を加味した創造農村論は、アートやデザインなどの芸術文化活動を中核要素としながら、地域の魅力創出と地域内アクターの参画を促す制度設計によって地域イメージの向上、地域産業の再生や都市経済システムの革新を図るものであるが、あくまで特定の地域範囲を想定した政策モデルであった。

文化創造地域は、こうした創造性を重視する都市や地域が地理的近接性などによってお互いに有機的に連携、結合することで広域にわたる付加価値を創出する新しい創造的地域モデルとなる可能性がある。いかにして文化まちづくり政策の広域連携を図るかが課題となるが、国民文化祭のような制度的枠組みを使いながらも開催目的を絞り込み、たとえば広域型観光政策とタイアップした展開も考えられよう。

文化創造地域の理論的検討と展開については本章の範囲を超えるので、機会を改めることとしたい。

注

1 アートプロジェクトがもたらす地域活性化効果などの認識と相まって、2017年6月には文化芸術推進基本法が改定され、新たに文化芸術基本法が制定された。さらに、2018年3月に閣議決定された「文化芸術推進基本計画」では、文化芸術の本質的価値に加え、文化芸術が有する社会的・経済的価値を明確化するとともに、文化芸術立国の実現に向けて、文化芸術により生み出される多様な価値を、文化芸術の更なる継承・発展・創造に活用・好循環させることとしている。
2 近年は「障がい者」と表記されることが多く、本文ではそのように表記をしているが、ここでは正式名称の表記に従った。
3 大分県、大分県立芸術文化短期大学、大分県芸術文化スポーツ振興財団による共同事業体組織である。
4 別府現代芸術フェスティバル「混浴温泉世界」の構想について、企画者の立場から著したものとして、芹沢（2017)、山出（2018）がある。
5 以下の記述は「混浴温泉世界・ベップ・アート・マンス2015」実績報告書による。
6 別府現代芸術フェスティバル「混浴温泉世界」実行委員会「平成28年度 事業報告書」(2017年3月31日)「同 平成29年度 事業報告書」に基づく。
7 以下の記述は、国東半島芸術祭実行委員会（2015)「国東半島芸術祭 総括報告」(平成27年3月）による。
8 2015年11月12日付朝日新聞朝刊などで報道。2015年11月16日大分県知事定例会見において、知事はゴームリー像の設置に関して賛否両論があることを認めたうえで、時間をかけて様子を見ようとの立場を示している。
9 以下の記述は、おおいたトイレンナーレ実行委員会（2016)「おおいたトイレンナーレ2015開催報告書」に基づく。
10 文化芸術基本法の前文には、文化芸術の役割に関する以下の記述がある。「文化芸術を創造し，享受し，文化的な環境の中で生きる喜びを見出すことは，人々の変わらない願いである。また，文化芸術は，人々の創造性をはぐくみ，その表現力を高めるとともに，人々の心のつながりや相互に理解し尊重し合う土壌を提供し，多様性を受け入れることができる心豊かな社会を形成するものであり，世界の平和に寄与するものである。」
11 当分析は各アートプロジェクトの来場者の特性を粗く分析することを目的としたもので、各報告書で公開されたデータをそのまま比較している。そのため、アンケート調査の妥当性や結果の比較が統計的に有意なものであるか等の検定は行っていない。また、アンケートの回答傾向にバイアスがなく、来場者像が適切に反映されたものとみなして分析を行っている点に留意されたい。
12 創造的人材の集積の効用は、R. L. Florida（2002）, 井口典夫訳（2008)『クリエイティブ資本論―新たな経済階級の台頭』ダイヤモンド社に詳しい。
13 観光庁では、日本版DMOは、地域の「稼ぐ力」を引き出すとともに地域への誇りと愛着を醸成する「観光地経営」の視点に立った観光地域づくりの舵取り役と位置づけたうえで、基礎的な役割・機能として、①観光地域づくりを関連する関係者の合意形成、②各種データ等の収集・分析、データに基づく戦略の策定、KPIの設定・PDCAサイクルの確立、③観光関連事業と戦略の整合性に関する調整・仕組みづくり、プロモーションをあげている。

参考文献

アーツ・コンソーシアム大分『平成28年度、平成29年度アーツ・コンソーシアム大分構築計画実績報告書』2017・2018年
別府現代芸術フェスティバル実行委員会事務局『混浴温泉世界 別府現代芸術フェスティバル 事業報

告書』2009・2012・2015年
別府現代芸術フェスティバル「混浴温泉世界」実行委員会『平成28年度，平成29年度 事業報告書』2016・2017年
別府市「別府市中心市街地活性化基本計画」（平成20年7月）2008年
文化庁、厚生労働省、大分県、第33回国民文化祭・おおいた2018、第18回全国障害者芸術・文化祭実行委員会(2019「第33回国民文化祭・おおいた2018、第18回全国障害者芸術・文化祭おおいた大会　公式記録」（平成31年3月）2019年
Florida, R.L., *The Rise of the Creative Class and How It's Transforming Work, Leisure, Community and Everyday Life*, Basic Books, 2002（井口典夫訳『クリエイティブ資本論——新たな経済階級の台頭』ダイヤモンド社、2008年）
藤田直哉編『地域アート 美学／制度／日本』堀之内出版、2016年
国東半島芸術祭実行委員会『国東半島芸術祭 総括報告』（平成27年3月）2015年
おおいたトイレンナーレ実行委員会『おおいたトイレンナーレ2015 開催報告書』2016年
Porter, M. E., *On Competition*, Harvard Business School Press, 1998（竹内弘高訳『競争戦略論Ⅱ』ダイヤモンド社、1999年）
佐々木雅幸『創造都市への挑戦』岩波書店、2001／2012年（岩波現代文庫）
瀬戸内国際芸術祭実行委員会『瀬戸内国際芸術祭 総括報告』2010・2013・2016年
芹沢高志「来たるべき計画者のために——アートプロジェクトの現場から」（井口典夫他著『ポスト2020の都市づくり』所収）学芸出版社、2017年
田代洋久「地域性と結合した文化的資源の創造による島の活性化——直島町・小豆島町」（佐々木雅幸・川井田祥子・萩原雅也編著『創造農村』所収）学芸出版社、2014年
田代洋久「地域指向型アートプロジェクトの比較分析と地域活性化効果」『地域戦略研究所紀要』第２号、北九州市立大学、2017年
山出淳也『BEPPU PROJECT 2005-2018』特定非営利活動法人BEPPU PROJECT、2018年
山本健児『産業集積の経済地理学』法政大学出版局、2005年

第4章

大都市における創造農村的取り組みへの展望

——地域社会の課題解決に向けた文化芸術の取り組み

赤塚神楽：赤塚伝統芸能保存会提供

杉浦 幹男

アーツカウンシル新潟プログラムディレクター／
宮崎県みやざき文化力充実アドバイザー

本章では、地域社会の課題解決に向けた文化芸術の取り組みについて、筆者が勤務する公益財団法人新潟市芸術文化振興財団「アーツカウンシル新潟」の試みを通じて、大都市における創造農村的取り組みを展望する。

1　広域合併都市・新潟市

拠点性を失う大都市

新潟市は本州日本海側最大の都市であり、唯一の政令指定都市である。日本海に信濃川および阿賀野川の２つの大河が流れこみ、その周辺には福島潟、鳥屋野潟、佐潟など、多くの水辺空間と自然に恵まれている。中世から江戸時代の日本全国を回る北前船の最大寄港地である新潟港により、歴史的な拠点都市であった。また、函館、横浜、神戸および長崎とともに開港５港の１つに指定された港町であり、1950 年代までは、信濃川左岸の新潟島中心部には堀が張り巡らされ、堀沿いに植えられた柳の並木から「水の都」あるいは「柳都」とも呼ばれてきた。現在でも上越新幹線で東京から約２時間の距離にあるとともに、高速道路網も整備され、水陸の交通の要衝となっている。

市域の大半はほとんど起伏のない越後平野が占めており、米どころとして名高い。収穫時期には、平野は一面、稲穂で黄金色になり、刈り取った稲がハサ架けにされ、懐かしい農村風景が広がる。1950 年代前半までは、その大半が湿田であり、1970 年代にかけて強制排水による干拓・乾田化が進められ、農村部の人々の努力によって現在の広大な水田地帯がつくられている。

2001 年から 2005 年にかけて、旧新潟市と近隣 13 市町村との広域合併を行い、面積は約 231㎢から約 726㎢の大都市となった。しかし、近年、その拠点性に陰りがみられる。新潟市の人口は、合併時の 2005 年が 80 万 6,541 人、その後はほぼ横ばい傾向にあったものの、2012 年の 80 万 7,920

人をピークとして、一転、減少傾向に転じ、翌2013年には合併時の人口を下回り（80万6,425人）、2017年には79万6,670人となっている。自然動態については、全国と同様に少子化の影響から減少傾向にある。

注目すべきは社会動態である。県内市町村間の転入・転出者数の差は転入増を維持しており、新潟県内の拠点性は保っているものの、県外市町村間の転入・転出者数の差は2,000人超の減少となっている。特に首都圏への転出傾向が顕著であり、2016年10月1日から2017年9月30日までの首都圏（1都3県）への転入・転出者数の差は2,234人（転出4,390人、転入6,624人）であり、交通利便性が高いが故に、ストロー効果ともいうべき東京一極集中の影響を強く受ける結果となっている。

また、市内においても、モータリゼーションの進展により中心市街地から離れた郊外の住宅開発が進み、大型商業施設が生まれ、生活圏が多様となる一方、古町をはじめとする中心市街地の衰退が加速度的に進展し、2020年に三越の閉店が決定するなど深刻な都市問題となっている。

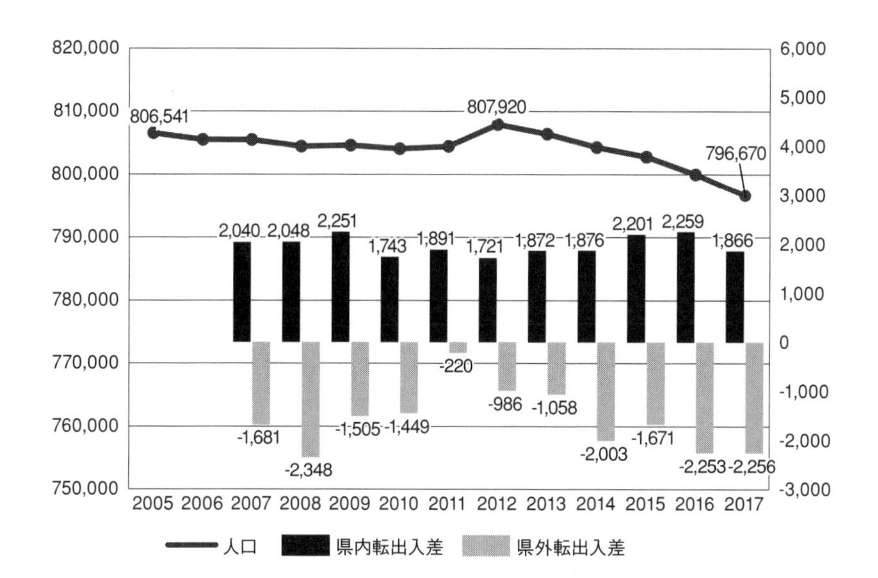

新潟市市民生活課

図1 新潟市の人口および転入出差の推移（単位：人）

平成の広域合併

先述の通り、2001年1月1日に黒崎町、2005年3月21日に新津市、白根市、豊栄市、小須戸町、横越町、亀田町・岩室村・西川町・味方村・潟東村・月潟村・中之口村12市町村と広域合併をし、さらに10月10日に巻町を合わせた計13市町村との合併により、現在の新潟市への全ての合併が完了し、2007年4月1日、本州日本海側で初めての政令指定都市に移行した。市域には北区、東区、中央区、江南区、秋葉区、南区、西区および西蒲区の8行政区が設けられ、市役所をはじめとする市政の中枢機能は中央区に置かれている。

表1 新潟市の行政区の構成

行政区	旧市町村
北区	**豊栄市**、**横越町**十二前、新潟市北
東区	新潟市中、木戸、大形、石山
中央区	新潟市中央、沼垂、南、山潟
江南区	**横越町**十二前以外、新潟市曽野木、両川、大江山、**亀田町**
南区	**白根市**、**味方村**、**月潟村**
秋葉区	**新津市**、**小須戸町**
西区	新潟市西、**黒埼町**、**巻町** 四ッ郷屋
西蒲区	**巻町** 四ッ郷屋以外、**西川町**、**岩室村**、**潟東村**、**中之口村**

新潟市資料

広域合併した新潟市であったが、それまでの新潟市の都市部を担ってきたのは旧新潟市の中央区および東区であり、それ以外の大部分は農村部である。2015年に合併10周年を迎えたものの、各地域のアイデンティティは「新潟市」ではなく、各市町村あるいは各地域のままであった。

区名の決定にも、その影響は表れていた。特に新津市と小須戸町が1つの区を構成することになった秋葉区の合併の経緯と現状がそれを示している。新津市は住民アンケートの結果を受けた市議会での決定により、2004年に1度合併協議会を離脱しており、合併自体も紆余曲折を経ていた。合併後の区名案募集により、現在の秋葉区にあたる5区は旧市名をそのまま用いた「新津区」が第１位となったが、新潟市行政区画審議会（当時）は区の一体感を阻害するという理由から旧市町村名を除外することとなった。なお、区名募集の応募総数１万 4,965 通のうち、旧新津市および旧小須戸町からの応募数が 9,666 通と全体の６割強を占め、同区住民の関心が極めて高かった、つまり旧市町名へのこだわりが高かったことを示している。幾多の議論や新津地域の反対署名も経て、結論として区名は現在の「秋葉区」となった。名前の由来は、過去「だしの風」と呼ばれる強風によりたびたび大火に見舞われたことから秋葉神社が祀られた秋葉山からとられている。

こうした区名を巡る論争は、市域全域に及ぶ。それは、単なる名称だけでなく、その地域が育んできた歴史文化的背景を受け継いでいく争いであり、地域のアイデンティティを巡る対立を示しており、その後も住民意識の溝となって残っていく。現在でも、旧新津市民は“新津”、旧小須戸町民は“小須戸”、旧白根市民は“白根”など、市内全域で依然としてかつての地名が地域のアイデンティティとなっている。

2 新潟市の文化政策

水と土の芸術祭

こうした合併に伴って、多様な地域アイデンティティが共存することになった広域合併都市・新潟市。市内の各地域には、旧市町村それぞれの歴史文化に育まれた地域文化があり、前節で述べた通り、“新潟市”としての一体的なアイデンティティ形成に向けた取り組みが文化政策の大きな課題の１つであった。

古町の芸妓文化に代表される、みなとまち気質によって形成されてきた都市文化は、旧新潟市、それも新潟島を中心とする中心部の文化として他の地域の住民には理解されている。

写真1 水と油の芸術祭　小須戸コミュニティ協議会提供

新潟市全体では、市域の真ん中を信濃川と阿賀野川が流れ、日本海に注ぎ出る「水の都」であり、2つの大河によりもたらされた「水」と「土」により農耕など人々の暮らしが営まれ、多様な伝統芸能も育まれてきた。この2つの共通した特徴を新たな新潟市のアイデンティティとするため、2009年より「水と土の芸術祭」が開催された。芸術祭は、“水と土の暮らし文化”をアートを通じて再発見し、さらに魅力を高めることを目的としている。

その後、3年毎のトリエンナーレ形式で、2012年、2015年、そして2018年7月14日から10月8日までの間、第4回目となる芸術祭が開催され、潟を中心にさまざまなプログラムを展開が予定された。芸術祭は、現代アート作品を展示する「アートプロジェクト」、学校と連携した「子どもプロジェクト」および市民の提案による「市民プロジェクト」が実施される。2018年の芸術祭の来場者数は、71万7,406人[1]であった。市民プロジェクトでは各区で「地域拠点プロジェクト」が公募、選定され、8区全区で文化芸術の拠点形成に向けた取り組みが実施されたが、一過性の、あるいは、十分な効果をあげていないという意見もある。

いくつかの取り組みのなかで、注目すべき地域拠点プロジェクトが、秋葉区小須戸で実施された市民プロジェクト「水と油の芸術祭」である。このプロジェクトは、現代アート作家・深澤孝史が地域住民とともに文化資源を再発見する試みである。「水」と「油」とは、近世に川湊として発展した旧小須戸町と、油田採掘からわが国の近代化に貢献してきた旧新津市の2つの地域を示している。先述の通り、秋葉区内の2つの地域は、合併、そして区名決定に際して論争のあった地域であり、現在もそれぞれの異なった歴史文化的背景から必ずしも一体感ができているとは言えない。地域住民は、依然として旧地域への帰属意識が高く、誇りを持っている。同プロジェクトは、現代アートの手法をもって両地域を１つにするのではなく、それぞれを理解する機会を持つとともに共に歩んでいくきっかけとなる交流の場を創出する取り組みであった。

アーツカウンシル新潟の設立

こうしたなか、2016年９月26日、公益財団法人新潟市芸術文化振興財団内に「アーツカウンシル新潟[2]」が設立された。アーツカウンシルとは、文化芸術に対する助成を基軸に、政府・行政組織と一定の距離を保ちながら、文化政策の執行を担う専門家による中間支援組織であり、1946年に英国で設立されて以降、現在では欧米諸国やシンガポール、韓国など世界各国で設置されている。わが国では、横浜市、東京都、沖縄県、大阪府市および大分県に続き、新潟市は６番目の設置であり、文化庁の支援事業[3]の最初の採択自治体の１つであった。

設置の目的は、東京2020オリンピック・パラリンピック競技大会に向けた文化プログラムに全市一体で取り組み、市民の文化芸術活動の活性化を図るとともに、国際観光の振興や経済活動の推進につなげ、大会終了後もその成果を継承し、持続的な文化創造交流都市の推進体制を構築することである。

アーツカウンシル新潟の機能は、①市民の文化芸術活動の支援、②調査・研究、③情報発信および④企画・立案がある。このうち①および④がアーツカウンシル新潟の活動の２本柱となっている。前者は市民に対して文化芸術活動に対するアドバイスや相談、マッチングなどの活動支援に取り組んでおり、後者は行政に対して文化芸術事業に対する、助言や提案、企画運営支援および提言を行っている。

設立されて間もないアーツカウンシルではあるが、わが国における地域アーツカウンシルの先駆けとして、そのあり方が問われている。

3 伝統芸能による新たな試み

新潟市内の伝統芸能の現状と課題

新潟市内には、古くから保存・継承されてきた数多くの伝統芸能がある。市内の神社数は630社[4]あり、その多くで奉納神事としての神楽や獅子舞などの伝統芸能が伝えられてきたと考えられる。こうした伝統芸能は、特に農村部においては田植えや収穫などの農耕行事と密接に結びつき、同時に地域住民の結束と交流を育んできたものである。旧新潟市においても、新潟市伝承芸能保存会が年に1度「郷土芸能公演」を30年以上にわたって開催し、保存・継承に向けた意識啓発に取り組んできた。

新潟市では、合併後、こうした伝統芸能を含む地域の文化遺産を「新潟市民遺産」として公募し、継続的な保存・継承の必要性や、地域の活性化への効果などを認定調査評価委員会で検討し、地域の文化的遺産として218件を認定した。認定の目的は、「従来の文化財保護制度とは異なり、市民の思い出や生活の一風景などに関する地域の文化芸術活動を認定し、地域の文化的な遺産の認知度向上と後世へ継承する活動を支援することで、地域の活性化を図るため、新潟市によって定められたもの」としている。

認定された遺産のうち、地域の伝統芸能は表2の通りである。

この認定以外、従来の文化財保護行政における市指定の無形文化財は、「日本舞踊市山流」(2003年7月16日指定)のみである。また、無形民俗文化財の指定状況をみると、表2の文化財以外に、北区で1件、西蒲区で10件が指定されているが、これらは新潟市民遺産には認定されていない。加えて、市指定の民俗文化財は全て旧新潟市以外の合併前の市町村で指定されたものとなっており、合併後、統一した文化財保護行政の取り組みが課題となっていることが明らかとなった。

指定の有無にかかわらず、こうした地域の伝統芸能のほとんどは継承者の高齢化、後継者の不足という課題を抱えており、近年、すでに継承が困難となっているものもある。伝統芸能は1度失われると再生が難しく、地

表2 市内各区の伝統芸能（「新潟市民文化遺産」より抜粋）

区	伝統芸能	所在地
北区	内島見の神楽	北区内島見
北区	内沼の獅子舞	北区内沼
北区	大瀬柳の神楽	北区大瀬柳
北区	嘉山の神楽	北区葛塚地区
北区	木崎の神楽	北区木崎
北区	新崎伊佐弥神楽	北区新崎
北区	新崎甚句	北区新崎
北区	新崎樽ばやし	北区新崎
北区	高森の神楽	北区高森
北区	竹の通り神楽	北区長浦地区
北区	太子堂の神楽	北区太子堂
北区	他門の神楽	北区葛塚地区
北区	葛塚盆踊り	北区葛塚地区
北区	ざりがち唄・踊り	北区葛塚地区
北区	豊栄おどり	北区葛塚地区
北区	長場の神楽	北区長場
北区	松浜太鼓	北区松浜地区
北区	松浜盆踊り太鼓	北区松浜
東区	大形神社太々神楽	東区寺山
東区	石山節	東区石山地区
東区	山の下木遣り	東区神明宮
中央区	永島流新潟樽砧	中央区
中央区	沼垂まつり 献額灯篭	中央区沼垂東
中央区	鳥屋野六階節	中央区鳥屋野地区
中央区	長潟藻たぐり甚句	中央区長潟地域
江南区	酒屋太々神楽	江南区酒屋町
江南区	桟俵神楽	江南区木津
江南区	須賀神社の獅子舞	江南区川根町
秋葉区	諏訪神社奉納神楽太鼓	秋葉区小須戸地内
秋葉区	喧嘩祭りねりこみ囃子	秋葉区小須戸地内
秋葉区	小須戸甚句	秋葉区小須戸本町
秋葉区	小須戸音頭	秋葉区小須戸本町
秋葉区	小須戸小唄	秋葉区小須戸本町
秋葉区	新津松坂	秋葉区新津本町
秋葉区	小戸下組獅子舞	秋葉区小戸下組
秋葉区	満願寺獅子舞	秋葉区満願寺
南区	茨曽根太々神楽	南区茨曽根
南区	狸の婿入り行列	南区臼井地区
南区	角兵衛獅子	南区月潟
南区	白根の獅子舞	南区白根魚町
南区	白根小唄・白根凧音頭	南区白根
南区	西白根神楽舞	南区西白根
南区	新飯田祭り 大名行列	南区新飯田
南区	小川連中	南区新飯田無番地
西区	木場の棒踊り	西区木場地内
西区	赤塚太々神楽	西区赤塚
西区	大野甚句	西区大野町
西蒲区	和納大祭	西蒲区和納三社神社

備考：白抜き文字は、市指定無形民俗文化財でもあることを示している。　新潟市文化政策課

域住民にとってその維持が喫緊の課題となっている。

新潟市農村文化協議会の設立

アーツカウンシル新潟では、伝統芸能の保存・継承、そして振興に向けた取り組みを模索し、北方文化博物館と連携、新設された助成金である文化芸術基盤整備促進支援事業[5]を活用し、「新潟市農村文化協議会」を設立、

写真2 横越でんでん祭り「木津桟俵神楽」 赤塚伝統芸能保存会提供

全市的な広がりへの取り組みを開始した。

北方文化博物館は、新潟市江南区沢海にあり、江戸時代からの豪農伊藤文吉の邸宅を博物館として整備したものである。主要建物は1882年から89年に建立され、2000年4月28日、主屋をはじめとした計26件について、国の登録有形文化財に登録されている。同館では、毎年9月、稲作文化から生まれた伝統芸能である神楽を地域の子どもたちや若い担い手に伝え、その背景にある物語とともに未来へ残していくことを目的として「横越でんでん祭り」を開催してきた。祭りでは、地域内の各集落に残された多様な神楽が一堂に集い、舞い比べを行っている。

こうした地域での民間主体の取り組みを、市全域に広げるとともに、各地域、集落で持つ課題と解決策を共有する受け皿として、2018年3月21日、北方文化博物館において設立フォーラムが開催され、新潟市農村文化協議会が設立された。

2017年6月の文化芸術基本法の制定、施行に伴い、文化芸術の役割が文化芸術そのものの振興に加え、観光・まちづくり・国際交流・福祉・教育・産業等文化芸術に関連する分野の施策についても法律に組み込まれたことによって、より多様な役割を担うことが期待されている。

同協議会では、こうした期待を受けて、伝統芸能それ自体の保存・継承、そして振興ともに、農村に根差した農村文化を対象とすることを通して地域や集落間の連携および人的交流の仕組みづくりを行い、その活動をもって地域の課題の解決に寄与することを目的としている。

地域社会および伝統芸能をめぐる課題を図２に示す。新潟市内には、少子・高齢化や農業従業者の減少、神事としての伝統芸能の保存・継承を担う神職従事者の減少などの全国の農村部が共通して抱える課題を持つ一方、根強い農村文化や一定割合の三世代同居といった、かつての仕組みも残されていた。今なお残る地域特性を活かして地域扶助が機能を再構築し、新しい包摂型コミュニティを創出することをめざしている。

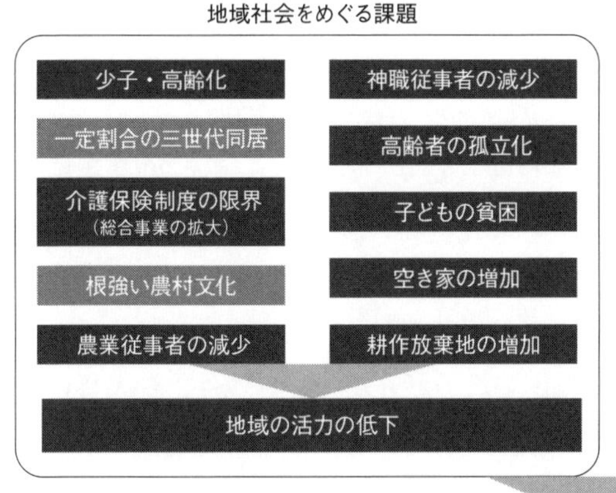

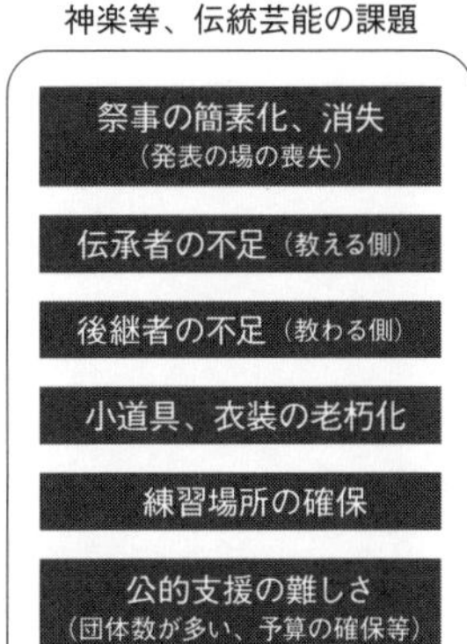

筆者作成

図2 新潟市農村文化協議会設立の背景

4 文化芸術による新しい地域づくり

ここまで新潟市における水と土の芸術祭および新潟市農村文化協議会の２つの取り組みをみてきた。文化芸術による地域社会の課題解決への期待が高まっていくなかで、文化芸術の持つ多様な機能に着目するとともに、これまでの文化政策を見直す必要があろう。

文化芸術による人と人との“つながり”の創出

新潟市農村文化協議会の中心メンバーの１人であり、新潟市西区赤塚地区に伝わる赤塚太々神楽[6]をはじめとした伝統芸能の継承に力を入れられている赤塚伝統芸能保存会代表の山川潤氏は、活動の目的は伝統芸能を保存することだけではなく「祭りをきっかけに人と人が出会うこと」と語る。

同地区では、古くから保存・継承してきた集落だけではなく、近隣の集落の子どもたちも参加している。子どもたちへの声かけのきっかけとなったのは、地元の小学校の校長先生と地域住民である。伝統行事であるが故に平日に多く開催される祭りへの参加は、教育上の問題もあり、1990年頃に１度途絶えたが、小学校が後押ししてくれたおかげで2009年に復活した。以来、小学校と地域住民が連携して、保存・継承の取り組みを進めている。指導者は山川氏をはじめとする若手５人と高齢者１人の過去の経験者である。

設立フォーラムで稚児舞を披露した子どもたちの母親は、神楽舞に参加したことで、地域の歴史文化を知ることができ、集落の活動にも参加しやすくなったという。

東日本大震災の復興に向けた取り組みのなかで、コミュニティを再生したきっかけとして伝統芸能が注目された。伝統芸能が、離散を余儀なくされた被災者に、人と人との“つながり”とアイデンティティを思い出させ、再び地域に呼び戻すきっかけとなったのである。

水と油の芸術祭で現代アートが秋葉区民にもたらそうとしたのは、新津

写真3 赤塚太々神楽　　赤塚伝統芸能保存会提供

と小須戸の両地域の住民に共に同じ地域で暮らしているという事実とそれぞれの歴史文化の相互理解、そして未来に向けた人と人との“つながり”とアイデンティティであった。

住民と共有する包摂型コミュニティ

新潟市での新潟市農村文化協議会の事例から、文化芸術による地域社会の課題に向けた包摂型コミュニティとは何かという疑問が湧いてくる。それを考えるためには、人々が共有できる歴史文化への意識の範囲を考える必要があるだろう。

赤塚地区でみるように少子高齢化による人口減少のなかで、既存の集落単位だけでは伝統芸能の方が保存・継承もおぼつかない。従来の取り決めに固執するのではなく、伝統芸能を将来につないでいくための適正な単位を柔軟にとらえていく必要があるだろう。

一方、広域合併都市である新潟市が取り組んできた全市の一体感を創出するような大規模イベントを中心とした取り組みも意義があると考えるが、合併から10年以上が経過した現状を鑑みると、旧市町村の持つ歴史文化的な背景を考慮した文化政策が求められているのではないだろうか。水と土の芸術祭において、異なる地域の住民の対話のきっかけと意識の共有をめざした秋葉区でのプロジェクトが、そのことを示している。

都道府県の文化政策にも同様のことが伺える。広域自治体において、歴史文化的背景は必ずしも1つだけではない。とりわけ江戸時代の藩制は、それぞれの藩で独自の歴史文化を育んできており、現代にも根強く息づいている。旧藩、村、集落など、地域内の多様な範囲でそこに住む住民に育まれた独自の歴史文化が受け継がれている。芸能をはじめとする伝統的な文化資源、そして意識をいかに将来につないでいくかは、それぞれの地域に暮らす人々の想いを理解し地域の文化政策を対話によってともに考えていくことのできる包摂型コミュニティの形成をめざす必要があるだろう。

文化芸術による地域づくりへの展望

先述の通り、文化芸術基本法によって、文化芸術は多様な役割を担うことが期待されている。その背景には、長期にわたる東京一極集中と少子高齢化があいまって地域の持つ力が弱まっていることが影響している。地域の持つ力（魅力）、特色をどう未来に受け継いでいくか。人々が満足感や幸福感を感じ、地域で生活していくにはどのような仕組みと環境が必要なのか。そのために重要なのは、地域の住民が自ら地域の文化芸術の豊かさに気づき、誇りとアイデンティティを再発見することにある。同時に、文化芸術を通じた人と人との“つながり”の再構築によって、福祉や教育などの相互扶助の仕組みを創出し、経済成長だけではない、生きていくためのまちづくりや経済活動を生み出していく。その土台があって初めて、観光や国際交流などの外との関係性を築いていくことになる。

伝統芸能をはじめとする文化財指定は地域の豊かな文化資源の再発見であり、そのうえで活用がある。現代アートは、地域の文化資源の再発見のきっかけとなり、人と人を結びつけるきっかけを提供していく。

中間支援組織である地域アーツカウンシルは、文化芸術の専門家として多様性を維持しつつ、文化芸術の内容に関与しないという中立性を保持しながら、その基盤づくりに向けて支援していく役割が期待される。

平成の合併により広域となった自治体は、新潟市だけではない。全国の自治体で、自らの地域の歴史文化を再度見直し、“ヒューマンスケール”の地域づくりのあり方、すなわち包摂型コミュニティについて、住民とともに議論していくことに、よりよい解決策、共有できる未来の姿が見出せるだろう。大都市をめざす規模の論理だけでなく、創造農村が提唱する地域に根ざした創造的発展の仕組みと環境づくりにつなげていく取り組みが、全国に広がっていくことに期待したい。

注

1 2018年11月14日、篠田昭新潟市長の臨時会見で発表された概数。
2 アーツカウンシル新潟ウェブサイト https://artscouncil-niigata.jp/
3 文化庁「平成28年度文化芸術による地域活性化・国際発信推進事業（地域における文化施策推進体制の構築促進事業）」
4 宗教法人新潟県神社庁ホームページ　http://niigata-jinjacho.jp/shrine_niigata/（2018年12月30日アクセス）より集計。
5 新潟市内の文化芸術団体が持続的、自律的に活動することのできる基盤、仕組みづくりを進め、多くの市民が文化芸術に触れることのできる環境を創出し、豊かな市民生活の実現に資する取り組みを支援するため、2017年度より開始された助成金事業。
6 明治初期より赤塚神社に伝わる太々神楽。他にも、地蔵院の春夏禮祭の演奏と、8月末の屋台引き回し（休止中）も継承・保存活動の一翼を担っている。

参考文献

北川フラム・水と土の芸術祭実行委員会『水と土の芸術祭2009』水と土の芸術祭実行委員会事務局、2009年
新潟市文化スポーツ部文化政策課『新潟市文化創造都市ビジョン』新潟市、2012年
佐々木雅幸・川井田祥子・萩原雅也編著『創造農村――過疎をクリエイティブに生きる戦略』学芸出版社、2014年
佐々木雅幸『創造都市への挑戦――産業と文化の息づく街へ』岩波書店、2001／2012年（岩波現代文庫）
篠田昭『新潟力　歴史から浮かぶ政令市像』新潟日報事業社、2004年

第5章

リノベーションによる創造地区から創造都市への発展

――新潟市中央区を事例として

上古町商店街：2018年9月21日筆者撮影

池田 千恵子

大阪成蹊大学マネジメント学部准教授／
大阪市立大学都市研究プラザ客員研究員

都市の魅力とはなにか。Jacobs (1961) は、古い建物が混在していることにより、そこに集まる企業や人々に多様性が生まれ、活気をもたらすと示している。西村 (2003) は、歴史的環境は地区の固有性を体現し、多様性をもたらすものとし、歴史的環境が内在させている空間構成の創造的な価値が、新しい文化資産を築いていく次世代の力になることを示している。両者は、歴史に基づく固有の魅力をもつ地域に多様な人々が集まることで、経済活動が活発になり、地域の魅力が高まっていくことを示唆している。なぜ、古い建物に多様な人々が集まり、活気をもたらすことができるのか。歴史的環境が内在させている空間構成の創造的な価値とはどのようなものなのか。

佐々木 (2001；2012) は、都市や地域社会が生存し続けられるか、という問題に対し、「都市や地域が創造的でなければならない」と示している。また、佐々木 (2014) が提唱する創造都市論において、「従来のような企業誘致や公共事業に頼るのではなく、地域独自の資源とアートやデザインの創造性を活かして、新しい産業やライフスタイルの創出によって雇用を生み出すことにより、衰退地区の再生をめざす」としている。地域独自の資源としては、使用されなくなった空き家や空き店舗などの遊休不動産がある。日本では、空き家、空きビル、空き店舗、小・中学校の廃校などの遊休不動産が増加しており、2000年代の初め頃から、このような遊休不動産となった地域資源を積極的に活用することで、地域に新たな魅力が創出されてきた。遊休不動産という地域資源を活用することにより、地域内外から人々が集まり、集まった人々の活動が地域の魅力を高めている。

創造都市論においても、工場などの大規模な施設の再利用として、佐々木 (2001；2012) による金沢市における参加型文化施設への転用、後藤 (2005) によるヘルシンキにおけるケーブル製造工場の文化・芸術に関わる施設やビジネス利用への転用などの事例報告があるが、本章では、空き店舗など小規模な商業施設の再利用から始まる事業主たちの創造的な活動により、衰退した地域が再生し、創造地区へと変化していく事象について記す。

対象地域の新潟市は、2012年3月に「新潟市文化創造都市ビジョン」

を発表し、その理念を「文化芸術が有する創造性を活かしてまちづくりを進め、市民がいきいきと暮らし、将来にわたってまちが活性化する新潟市をめざす」としている。基本方針の中に「文化を活かした創造都市の実現」が示され、重点施策として「文化を活かした産業・観光の振興と交流の促進」がある。本章においては、この重点施策を実現している2つの商店街の事例から創造地区のありかたと創造都市への発展について述べる。

1 リノベーションによる地域再生

リノベーションの用語が生まれた背景に、高度経済成長時代に大量生産された建築ストックの存在と1990年代の長期経済の低迷により、既存建築を有効に活用する考え方が建築業界で広まった（木川田ほか 2004）ことがある。また、既存ストックの活用は、新築に比べてCO^2の排出量が低減できるという地球環境への配慮もある（村岡ほか 2011）。

2000年代に入り、古い町並みの魅力や空き家の活用を地域内外に紹介し、空き家の再生の促進によりまちを活性化しようとするNPO団体などの活動が活発化した。リノベーションによる遊休不動産の活用が、地域再生の方策の1つとみなされるのは、活用できなかった空き家や空き店舗の問題が解消され、その結果、交流人口や新規居住者が増加するからである。長野市の善光寺門前町においては、NPO団体などが、2009年から2011年までの3年間で38件の空き家を再生させ、そのうち18店舗が店舗および店舗兼住宅の用途で、新規居住者ならびに新規事業と就業者を生み出した（矢吹ほか 2014）。

新規事業者については、大阪市中央区空堀（からほり）地区において、2001年から2010年の間に新規事業の店舗が60件開業している（原田 2011）。また、大阪市北区中崎町においても、2001年に10店舗だった新規開業店舗が、2005年頃には40店舗となり、2006年末には100店舗に及んだ（中道 2015）。

いずれも若い人たちが、工房やカフェ、雑貨販売など新たな事業を始めるケースが多い。

2 家守によるリノベーションの推進

家守の役割

リノベーションによるまちづくりにおいて、リノベーションを推進し、まちづくりを進めている人々は、「家守(やもり)」といわれている。家守とは、江戸時代、不在地主に変わり長屋の管理を行い、長屋のメンテナンスや家賃の聴収といった管理業務、職の斡旋をはじめとした店子(たなこ)の世話、さらにはまち奉行所の下部機能を担い、町の差配を行う人である(橘 2008)。この家守の語源から、リノベーションによる商店街の再生や地域再生において、NPO 団体や企業などが、対象物件に対してマネジメントの役割を担った場合、家守と称されるようになった。現代版家守としての役割は、

1. SOHO コンバージョンに適当な物件の確保
2. 設計・内装工事業
3. 不動産、プロパティマネージャー
4. インキュベート・マネージャー
5. コミュニティ・マネージャー

がある(清水 2014)。

2015 年 4 月に新潟市中央区沼垂に、沼垂(ぬったり)テラス商店街が全面開業した(写真 1)。旧沼垂市場の長屋を一人の事業主が購入し、商店街として再生させた。事業主は、家守として新規事業者の募集、新規事業支援、沼垂テラス商店街の広報活動などを行い、沼垂テラス商店街は、新潟市内の観光地として県内外の人々が多く訪れる場所になった。

沼垂市場は、東新潟市場協同組合の管理のもと、1965 年に食品小売市場として営業を始めた[1]が、1970 年代のモータリゼーションによる住宅の

写真1 2016年沼垂テラス商店街　　2016年2月7日 筆者撮影

郊外化、小売商の幹線道路沿いへの移転、店主の高齢化に伴い商店の廃業が続いた。その結果、沼垂市場内で、2010年時点で営業していたのは、31店舗中4店舗となった。沼垂市場に隣接する沼垂通り商店街の店主たちは、沼垂市場の空き店舗の多い状況を改善するために、沼垂市場の利権者である東新潟市場協同組合に他の業種への店舗貸しを依頼したが、同組合の規約により「組合員以外に貸すことはできない」と賛同を得られずに進まなかった。その一方で、同組合も組合員の高齢化によって市場の維持管理が難しくなっていた。沼垂市場に面して料理屋を営む田村寛氏は、何度も組合側と沼垂市場の今後について話し合い、同組合の解散を機に、銀行から融資を受け、沼垂市場の店舗として使用されていた長屋7棟と土地を全て購入した。2014年3月、田村氏は、㈱テラスオフィスを設立し自ら家守として沼垂市場の再生に着手した。2015年4月には、空き店舗の全てが埋まり、名称を改め、昭和の雰囲気の町並みを残す「沼垂テラス商店街」として再生した。

空き家や空き店舗などの地域資源をリノベーションして活用させるにあたり、不動産所有者の同意を得るのに時間を要し、所有者の同意を得られないため、新規流入者が活用を断念する場合もあるが、田村氏が自ら不動産所有者となったことで旧市場の新規出店を促進させることができた。田村氏は、60件近くあった旧市場への出店希望者と面接を行い、商売の目的、人物などを見極めた上で、

1. 沼垂で生活する人に必需品が揃う店
2. ここにしかない店

の2つの観点で出店者を選定した。田村氏は、ここにしかない店を集積させることで、全国チェーンの店舗が多い万代シティやロードサイド型のショッピングモール内と対抗できると考えた。そして、新規出店者に対して資金繰りや改修について相談に乗り、金融機関や改修業者の紹介を行った。また、自ら店舗の改修を手伝った。

沼垂テラス商店街の店舗と店主

2015年4月に全店舗オープンした沼垂テラス商店街は、28の店舗で構成されている。沼垂テラス商店街の店舗の特徴の1つめに、古物を扱う店舗が多い。古本を扱う店、机や棚などインテリアをつくる資材として工事現場の足場だった木材を扱う店、1960年代から1980年代までの北欧の布を加工した雑貨を販売する店や昭和レトロな雑貨を扱う店など、古い長屋の雰囲気にあった店舗の出店が多い。

店舗の特徴の2つめに、工房を営む店が多い。使い勝手のいい工房を設置するためには、自由に改修できることが大切な要素となる。とんぼ玉体験とガラス雑貨の店「taruhi glass works」の店主は、「自分の居心地のいい空間を自分でつくれる。賃料が安いので工房を併設することもできた」と古い物件をリノベーションして利用する良さを語った。店主は自ら3か月半かけて改修を行い、壁をくり抜き、ガラス窓をはめ、棚や作業スペースを自分でつくることにより、モノの収納場所など、使い勝手の良い空間をわずか50万円の改修費用でつくりあげた。

写真2 HOSHINO koffee & labo店内　2016年2月6日 筆者撮影

店舗の特徴の3つめに、古いものを好む店主が多い。オーガニック栽培のコーヒー豆と手作りナチュラルクッキーの店「HOSHINO koffee & labo」の店主は、半年の期間を費やし、沼垂テラス商店街で先に出店していたオーナーたちと店舗のリノベーションを行った。その店にあった廃材を使用し、学校で使われていた壁掛け時計、浴室の扉など、古いものどうしを重ねて店の内装を仕上げた（写真2）。古い建造物に古い物を重ね、独特の空間をつくり出し、店主のこだわりの豆と焙煎方法で、オリジナルの珈琲を提供する。同店は、人々がわざわざ訪れたくなる店として多くの人々が訪れていた。「BOOKS f3（ブックス エフサン）」の店主は、10年もの間、閉まっていた元時計店で、カメラマンとしての仕事と並行して、写真を中心とした新刊古本の販売ならびに展示会やイベントを営んでいる。店主は、開業するにあたり物件にこだわった。「古い物件にこだわったのは、古本が古い建物に似合うから。古い建物は、年月を経たから出てきた風合いが美しいと思います。クロスの黄ばみも可愛い」とその良さを語った。

沼垂テラス商店街においても、ローワーマンハッタンの事例（Zukin 2009）と同様に、クリエイターが、古い建物や倉庫を賃料の安さや広い間取りで物件の改装が自由にできることを好み利用している。建物の古さは、制作活動に刺激を与え、業種が異なっても古いものの価値を共有できる人々が集まり、互いに刺激を与える存在になっている。

事業者やクリエイターの交流

沼垂商店街では、毎月第一日曜に朝市を開催している。2017年8月の朝市では、沼垂テラス商店街の店舗20店、外部からの出店希望者による路面店舗31店、合計51店が出店した。外部からの朝市の出店は、自店舗の宣伝活動を行う、開業準備段階で朝市での顧客の反応をみて新規事業を検討するなど、その目的はさまざまである。朝市の出店を機に沼垂テラス商店街で開業を行った事例もあり、朝市はインキュベーション機能の役割を果たしていた。

個別の店舗ではワークショップを行い、クリエイターによる交流が行われている。HOSHINO koffee & laboの店主は、作陶家の絵付けワークショップや手編みの作家の編み物教室など、創作作家のワークショップの場として店舗を提供する支援を行っていた。また、ギャラリーとのコラボレーションによる出張喫茶、カレー専門店とのコラボレーションによる「SUNDAY SPICY !!! 」のイベントなど、他の店主との共同による食文化の発信を行っている。店主自らも「沼垂珈琲学」と題したワークショップを開催している。taruhi glass worksでは、店主によるトンボ玉の作成やヴェネチアンガラスを使った小物制作のワークショップが行われ、2016年8月の単月で150名の人々が体験する人気のワークショップになった。BOOKS f 3では、写真家のトークショーや撮り歩きのイベントを行い、写真を中心とした芸術や文化の発信を行っている。

新規事業者たちは、店舗にある商品だけではなく、イベントやワークショップを行いながら新たな文化や体験の場も提供していた。そして、これらは店主たちのコアの事業を軸に他の事業者やクリエイターとのつながりをもとに行われていた。

地域の寛容性

沼垂テラス商店街で新規に店舗を構えた人々には、大阪や東京など県外出身者も多い。外から来て商売ができるのは、田村氏の家守としての支援と地域の人々の気質による。沼垂で生まれ育った人の話では、沼垂に住む人々を沼垂もんというが、「来るものは拒まず、去る者は追わず」という土地の人の気質があり、さまざまな価値を持った人でも、「沼垂が好きだ」と言う人には、沼垂の人々は、分け隔てなく接するという。このような地域の寛容さも、旧沼垂市場が沼垂テラス商店街として再生された要因の一つである。沼垂テラス商店街の近隣で古くから商いを行っている店主たちは、新規事業主の相談役にもなっていた。

3 クリエイターによる衰退地区の再生

古町商店街の衰退

新潟市中央区の古町(ふるまち)通に面した古町商店街は、総鎮守白山神社を起点に1番町から13番町まで連なる商店街である。白山神社に近い方を上として、古町通1番町から4番町を上古町商店街という。上古町商店街の歴史は長く、寛永のはじめ（1620～1630年代）に、一番堀に白山祭や白山神社の境内について強い発言力がある七人の衆を中心に、白山神社の門前で商売を行う湊町商人としての歴史をもつ（沢村 2005）。新潟駅からはおよそ2㎞の位置にあり、新潟駅からのアクセスは、主に公共バスとなる。

1979年から1982年にかけて新潟大学の工学部と教育学部が五十嵐キャンパスに統合移転し、1981年には1日2万628人だった通行量が、1982年には9,159人に減少した。さらに、1984年には新潟駅から徒歩5分の万代シティの新潟伊勢丹の開業による万代シティへの集客力の向上、1989年の新潟市役所の学校町通1番町（旧新潟県庁）への移転などが続き、2007年には通行量が2,455人となった[2]。また、中央区内の郊外における大型店舗数が、2000年から2010年の間に106店舗から169店舗と59.4％増加し[3]、中心市街地への求心力はますます低下した。その結果、上古町商店街内の空き店舗数は、2007年時点で21店舗となり商店街の賑わいが失われていた。

写真3 上古町商店街のアーケードと歩道

2018年9月21日 筆者撮影

上古町商店街の再生

2007年に空き店舗が21店舗あった上古町商店街が、2012年には空き店舗数が4店舗へと改善した。また、通行量は、2007年の2,455人から2016年には3,844人へと回復している。空き店舗や通行量が改善した要因の1つめは、アーケードの改修をきっかけに商店街の人々が50回以上のワークショップを重ね、そのなかで上古町商店街の歴史に遡ったことによる。

古町通5番町から13番町までは天井が全て覆われた全天候型のアーケードになっているが、上古町商店街（1番町から4番町）の間は全天候型のアーケードではない。両脇の商店街に面した分離型アーケードである。そこには、白山（はくさん）神社への信仰と雁木（がんぎ）の記憶があった。1955年の新潟大火までは、新潟市内の各商店街には雁木があった。雁木とは、新潟県内の商店街において、雪が降りしきる時期でも通りを往来できるように商店街の店が軒を延長して設置されたいわゆる屋根の延長にあたり、木製の覆いである。上古町商店街が全天候型のアーケードを採択しなかったのは、白山神社への信仰に起因している。改修のための補助金の獲得をめざして2004年にまちづくり推進協議会が設置され、2006年に上古町商店街振興組合が生まれた。補助金を獲得し、アーケードを改修することが決まってからの1年間、上古町商店街のアーケードについて、組合員は議論を重ねた。その時に大切にしたのが、歩行者保護と白山神社への信仰である。全天候型のアーケードにすると、通りから白山神社が見えなくなる。白山神社の門前商店街として神社仏閣に守られながら商売を行ってきた歴史、近隣の小路に住む高齢者が通りから白山神社を拝む日常生活から、白山神社の見える景観は重要であった。それが実現できるのが、雪国で風雪に悩まされることなく買い物ができる雁木だった。

そして、上古町商店街を訪れる人々にくつろいでもらうために、歩道の幅、色彩と照明にもこだわった。その結果、車道を狭め、歩道を拡張して車椅子がすれ違うことのできる歩道幅にし、自然な空間を演出するためにタイルを不揃いに配置することで、視覚的に柔らかな空間を創り出した。2009年3月にアーケードは完成した[4]（写真3）。このアーケードの改修により、上古町商店街の薄暗い景観のイメージが一新された。

クリエイターによる交流の活発化

空き店舗や通行量が改善された要因の2つめは、2003年から同商店街で営業を開始したヒッコリースリートラベラーズ（hickory03travelers）代表の迫一成氏の活動に起因している。アーケードの改修を議論するために2004年にまちづくり推進協議会が発足した時に、迫氏は上古町商店街の古参の事業者に誘われ、同協議会に参加するようになった。この協議会への参加をきっかけに、地域内外の人々に上古町商店街を知ってもらいたいと考えるようになり、上古町商店街のシンボルのロゴの作成を行い、商店街の活動を掲載した『カミフルチャンネル』のタブロイド誌を発行し、ホームページなどで情報を発信するようになった。そうして、いつしか上古町商店街は、カミフルと呼ばれるようになった。

2006年に上古町商店街振興組合が発足した時に、迫氏は理事に就任し、商店街活性の活動に関わるようになった。迫氏は、築80年以上の木造2階建ての元酒屋の空き店舗を借り、空間利用の長期プロジェクトとその店の名前から「ワタミチ」と命名し、ギャラリーとしての活用や商店街の店主の専門的な知識を活用した「写真教室」や「日本酒教室」の開催、音楽のライブやトークイベント、演劇公演やワークショップなどを行った。

ワタミチの運営を始めた理由として、「その酒屋さんの持っている、懐かしい雰囲気が壊されてなくなってしまうのがもったいないと感じ、何か面白いことができるのでは、と考えたことがワタミチをはじめたきっかけです。商店街の一角のこの場所で、人と人がつながり、何か面白いものが生まれたりする居心地のいい場所であることが理想です。このワタミチや上古町を少しでも、愛着のもてる場所にするために、この場所で学んだり、出会ったりしてもらえるよう、さまざまな教室を開催しています」と記している[5]。

ワタミチでは、多い時で年間60のイベントが開催され、新聞や雑誌などで取り上げられる機会も増えた。その結果、上古町商店街は若い人のまちとして注目を浴び、空き店舗への新規出店が続いた。

2010年、迫氏は借りていた元酒屋に共同住宅建設用地としての転売の話が出たのをきっかけに、元酒屋を購入して、ヒッコリースリートラベラーズの店舗を移し、さらに地域に根ざした活動を行うようになった。迫氏が上古町商店街の活性にかかわったのは、

1. イベントを行うことにより人が集まり、人と人がつながることにより仕事の依頼が出てくる（ビジネス機会）
2. 地域全体がよくなることが自分の店にとってもいい影響を及ぼす（集客効果）
3. 地域を拠点として、自分たちの表現を展開していく（新規事業の創出）

といった考えに基づいている[6]。

上古町商店街の業種構成と顧客

上古町商店街の小売業の業種として、衣料品販売が最も多く26店舗で、その内10店舗が古着を扱っている店舗である。次に多いのが飲食店の24店舗、専門店22店舗、美容関係が14店舗である。全国の地方都市で、消費者のライフスタイルが変わり、消費のサービス化、女性化により商業構造は変化している（宗田 2009）が、上古町商店街においても、飲食店、美容関係、専門店など女性のニーズを満たす店舗が多い。女性のニーズを満たす店舗が多いが、上古町商店街には、20代から60代まで幅広い層を集客している。古着店は20代から40代の男性客を誘引し、和菓子店や総菜店はシニアを中心とした地元の固定客が利用し、雑貨専門店には、こだわ

写真4 ヒッコリースリートラベラーズ店内　　2018年9月21日 筆者撮影

りの商品を求める30代の女性客などが利用する。郊外の大型ショッピングセンターに出店しているナショナルチェーンとは異なる、個性的な店舗の集積の結果、多種多様な顧客層を獲得している。

新規事業者の志向と事業スタイル

上古町商店街の新規事業者の特徴として、

1. オリジナル商品の提供にこだわる
2. 店舗間で連携している
3. 小売り以外の営業手段を確保している
4. SNS（Facebook, Instagram, twitter）を活用して情報を発信する

の4点があげられる。

オリジナル商品の提供に関して代表的な店舗は、ヒッコリースリートラベラーズである。オリジナル雑貨の製造・販売やクリエイターが製作した陶器などの日用品のセレクトショップとして、上古町商店街にここにしか

ない品々を求める顧客を誘引してきた（写真4）。ヒッコリースリートラベラーズは、近隣の製造小売店と共同で商品開発も行っている。新潟の伝統菓子「ゆか里（砂糖蜜をまぶしたあられ）」に「浮き星」とネーミングし、パッケージデザインや大きさ、価格を再検討することで、全国40か所で販売される商品に生まれ変わった。「ゆか里」を製造する店は新潟市内で１軒だけになり、後継者もいなかったが、「浮き星」としてリデザインされたことにより、製造元では後継者もでき、浮き星の製造にかかわるスタッフが20名雇用されるなど、新規雇用も生み出された。ほかにも、新潟のお米を新潟の伝統的な手ぬぐいで包んだおにぎり型のギフト「おむすび（お結び）」の開発など、新潟の伝統的な商品にデザインを施し、価格設定の見直しなどのリブランドを行い、新たな販路を開拓している。ヒッコリースリートラベラーズが手掛けた商品は数々の賞を受賞し、新潟市内外からヒッコリースリートラベラーズの商品を求めて人々が訪問する。他にも糀のドリンクなどが楽しめる糀専門店、器のセレクトショップなど、上古町商店街にしかない店舗が集積した。

店舗間の連携として、ヒメミズキ（器の専門店）では定期的に生け花やお茶会などのイベントや作家の展示会を開催しているが、上古町商店街内の老舗の和菓子店と共同で、「侘び」「寂」の美と和菓子というテーマで、ワークショップを継続的に行っている。ヒッコリースリートラベラーズでは、同和菓子店に「笑顔饅頭」という目と鼻と口を描いた笑顔の饅頭を、ブライダルギフトとして製造委託している。また、ハナキク（アロマとハーブの専門店）が新潟土産として開発した商品を、ゲストハウス人参に設置して販売を行うなど、上古町商店街の３番町を中心に店主間の連携が活発に行われている[7]。

上古町商店街の新規事業者の事業スタイルは、店頭販売のみに頼らないスタイルである。店頭での販売以外に、フラワースクールやアロマテラピースクール、店舗間で連携したワークショップ、個展などを実施し、買い物以外も楽しめる時間を提供している。古町通の中心部の外れにある上古町商店街は、顧客が目的を持って訪問してもらう必要がある。そのための情報発信として、Facebook や Instagram を活用している。そして、訪問した顧客と会話を重ねることにより固定客を獲得し、リピーターを確保している。

クリエイターの表現の場

ヒッコリースリートラベラーズは、2009 年から 2015 年の間に、アートフェスティバル「春山登山展」を開催していた。2015 年には、20 名の若手の作家の作品を 4 つの会場で展示しているが、その会場には、ヒッコリースリートラベラーズの店舗（築 80 年以上の木造 2 階建ての店舗）、明治 43(1910) 年に建てられた木造家屋のギャラリー、築 40 年以上の商業ビルなど、古い建物が活用されていた。2015 年に開催された「春山登山展」の案内には、“それぞれの作品だけではなく場が持つ空気感を活かした展覧会”と記されていたように[8]、古い建物はクリエイターの表現の場としても活かされている。

「春山登山展」の会場となった築 40 年以上の商業ビル「医学町ビル」は、このビルを地域に根ざしたクリエイティブな活動の場として再活用できないか、というオーナーの想いを受け、2014 年よりデザイナーや建築家、その他の関係者数名から構成された「越人会」というプロジェクトにより、6 室中 1 室しか利用されていなかった商業スペースが、ギャラリー、写真スタジオ、工芸家などによって活用されている。このように新潟市内に新たにクリエイターが集積する場所が生まれていた[9]。

4　創造地区から創造都市への発展

創造都市を構成する「創造の場」について、佐々木（2006）は「創造の場には、人々の想像力を刺激する創造的な雰囲気や環境が不可欠であり、しばしば伝統的な建築や産業遺産の再活用が創造の場をつくる力を秘めている」としている。「創造の場」について、萩原（2011）は「人を惹きつけ、インスピレーションをもたらす文化的雰囲気などの特性を持つ場所と、そこで展開されるさまざまな創造的営為（それを行う人間とそれが展開される時間）を一体として捉える概念である」と示している。新潟市における「創造の場」は、旧市場の古い長屋とその背後に連なる工場などの景観が昭和の雰囲気を醸しだし、工房を営むアーティストなど創造的人材を惹きつけていた。また、活用されていなかった空き店舗が連なる商店街では、築50年以上の木造建ての元酒屋で、クリエイターたちが文化的なイベントを行っていた。このように伝統的な建築や産業遺産だけではなく、プレハブで建てられた長屋や築50年以上の空き店舗も文化的雰囲気の特性を持つ場所となる。

そして、空き家や空き店舗などが集積し衰退している地区も、これらを再利用することで、創造地区となる。創造地区とは、

1. 新たにビジネスを行う機会があり
2. 人と人がつながる場があり
3. 事業主間の連携により新たなビジネスが創出され
4. 文化的な活動の場を提供し
5. 地区に文化的な情報を発信し
6. 地区内外の人々が集う

そのような地区である。

衰退した地区における空き家や空き店舗などの遊休不動産は、賃料の安さや間取りが自由に変更できることにより、新規事業者の出店を容易にし、新しい事業が集積する場となる。そして、古い建物には、それを利用する人々が手を加える余地が残っているため、自分の思い描く空間を創り出すことができる。このような空間を創り出す人材、すなわちクリエイターが集まり、新規事業を始める。そして、新規事業者たちは、コアのビジネスを核として他の事業者とのコラボレーションから芸術体験や文化的な知識を吸収できる場を提供していた。

新規事業者がもたらすものは、新しいビジネスや新たな就労だけではな

く、伝統的な製造工法による地域固有の特産品のリブランドにより、継業につながる動きも出ている。地域の伝統的な製品に価値を見出し、それをそのまま活かすのではなく、新たなデザインや使用方法を見出すことで、商品の価値を高める。新規事業者たちは、人と人とのつながりを大切にしながら、新たな事業を展開していた。

創造地区への変化の可能性は、どの地区にも内在している。創造地区がさまざまな場所で生まれていくこと、すなわち創造地区の集積が、創造都市への発展の礎となる。今後、ますます人口が減少して遊休不動産が増加していくなか、このような遊休不動産が再利用され、衰退した地区が創造地区に変化していくことが望まれる。

注

1 新潟市合併町村史編集室編（1980）『新潟市合併町村の歴史　第3巻』新潟市より。
2 新潟市商店街連盟「商店街歩行者通行量調査」による。
3 新潟県ホームページ「大規模小売店舗一覧」より集計。http://www.pref.niigata.lg.jp/HTML_Article/667/859/H29.5tenpoitiran.pdf
4 2014年8月11日・12日　新潟市上古町商店街振興組合 前専務理事 酒井幸男氏からの聞き取りによる。
5「ワタミチ」ホームページより　http://www.h03tr.com/watamichi.html
6 hickory03travelers 代表　迫一成氏からの聞き取りによる（2018年9月21日実施）。
7 hickory03travelers、hana * Kiku、ONE DAY STORE、Candy by Kandy 各店舗の店主からの聞き取りによる（2018年9月21日実施）。
8「春山登山展」ホームページより　https://www.h03tr.com/haruyama/?cat=72
9「医学町ビル」ホームページより　http://www.kuu-so-sha.com/Koshijinkai/

参考文献

後藤和子『文化と都市の公共政策――創造的産業と新しい都市政策の構想』有斐閣、2005年
萩原雅也「創造都市に向けた「創造の場」についての研究」博士学位論文、大阪市立大学大学院創造都市研究科、2011年
原田陽子「空堀地区でのセルフビルドと創造的環境　点在する場所の多様性と役割」『季刊まちづくり』31号、pp. 24-30、学芸出版社、2011年
池田千恵子「新潟市沼垂地区における空き店舗再利用による再活性化」『日本都市学会年報』Vol.49、pp. 157-162、日本都市学会、2015年
池田千恵子「リノベーションによるインナーシティ問題の解消――新潟市上古町地区を事例として」

『日本都市学会第65回大会報告要旨集』pp. 12-13、日本都市学会、2018年
池田千恵子「リノベーションによるインナーシティ問題の解消——新潟市沼垂地区を事例として」、『関東都市学会年報』第20号、2019年発行
池田千恵子「リノベーションによる中心市街地の再生——新潟市上古町地区を事例として」、『日本都市学会年報』vol.52（掲載予定）、日本都市学会、2018年
Jacobs, J., *The death and life of great American cities*, Vintage Books,1961（山形浩生訳『アメリカ大都市の死と生』鹿島出版会、2010年）
木川田洋祐・角幸博・石本正明・池上重康「建築の「リノベーション」——事例分析による概念の把握（保存・再生，講演研究論文」『日本建築学会北海道支部研究報告集』vol.77、pp. 431-434、日本建築学会北海道支部、2004年
宗田好史『町家再生の論理』学芸出版社、2009年
村岡翔太・藤木竜也「米子市中心市街地におけるリノベーションの実態調査とまちづくりへの可能性についての考察」『日本建築学会中国支部研究報告集』vol.34、pp. 721-724、日本建築学会、2011年
中道陽香「隠れ家的な街としての大阪・中崎町の生成 ——古着店集積を事例にして」『空間・社会・地理思想』第18号、pp. 27-40、九州大学大学院人文科学研究院、2015年
西村幸夫「歴史的環境の保全」大西隆・井隆幸・大垣真一郎・小出和郎編『都市を保全する』鹿島出版会、2003年
佐々木雅幸『創造都市への挑戦——産業と文化の息づく街へ』岩波書店、2001／2012年（岩波現代文庫）
佐々木雅幸編『CAFE——創造都市・大阪への序曲』法律文化社、2006年
佐々木雅幸・川井田祥子・萩原雅也編著『創造農村——過疎をクリエイティブに生きる戦略』学芸出版社、2014年
沢村洋編『新潟の町　古老百話』とき選書、2005年
清水義次『リノベーションまちづくり』学芸出版社、2014年
橘昌邦「“現代版家守”による地域再生の試み」『都市住宅学』vol.60、pp. 50-53、都市住宅学会、2008年
矢吹剣一・西村幸夫・窪田亜矢「歴史的市街地における空き家再生活動に関する研究——長野市善光寺門前町地区を対象として」『都市計画論文集』vol.49（1)、pp. 47-52、日本都市計画学会、2014年
Zukin S., *Naked City:The Death and Life of Authentic Urban Places*, Oxford University Press, 2009（内田奈芳美・真野洋介訳『都市はなぜ魂を失ったか——ジェイコブズ後のニューヨーク論』講談社、2013年）

第Ⅱ部

創造農村

第6章

創造的な資源利用は農村を豊かにするか

アルバートカイプ市場（アムステルダム）：筆者撮影

敷田 麻実

北陸先端科学技術大学院大学知識マネジメント領域教授

都市と農村は資源と労働力を媒介にして関係を維持してきた。原料としての資源と労働力を農村[1]から得て都市が繁栄し、農村は逆に都市へ資源を提供して利益を得てきた。しかし、2000年代以降のグローバリゼーション、また2010年以降の急激なICTの発達によって都市が安定した存在ではなくなったため、都市と農村の関係の再構築が求められている。

本章では、グローバル化とICTの急伸という環境変化の中で、持続可能な地域のあり方を考えるための地域資源[2]の活用に言及した。そして、地域の維持のために、資源から価値創出する「資源戦略」について解説し、これからの創造的な地域政策として提示する。

1　都市と農村の相克

国内の都市人口は総人口の80％に達し、私たちの多くは都市に居住している。この本を手に取る読者のほとんども、人口が密集し、分業が進んだ「都市」に住んでいることだろう。

一方、人口の20％が居住する空間である農村[3]は、これまで都市への農林水産物の供給地としての役割を担ってきた。また高度経済成長期以降は、都市へ労働人口を供給する、人的資源の供給地としても期待されてきた。さらに、農家の50％を占める米作農家を中心に機械化や合理化も進められ、兼業農家率は68％に達している。1次産業を専業で担う農村ではなく、「限りなく都市生活に近い農村」が広がった。そして、2010年以降は、高齢化と過疎で農業従事者が減少し、農林水産業の維持が難しくなり、耕作放棄農地が42万ヘクタールに増加した。このように、都市を支えてきた農村は大きく変容した。

また農村を利用して拡大した都市も、グローバリゼーションの影響で、自己決定できる状況ではなくなってきている。都市が成長を続けた1900年代とは変わって、都市すらも存続の危機にある。日本国内でも、人口

10万人以上の都市の27.5%で人口が減少している（矢作2009）。

もちろん農村を都市と対比させて考えることは賢明ではない。そして収奪者としての都市への批判も、逆に「農村はできの悪い息子」だとして都市が面倒を見ていくのだという諦観のどちらも、グローバルな経済や社会の動きの中では、都市と農村の関係改善にはつながっていない。

その原因は、2030年には18億人が国境を越えると言われるほど人の流動性が高まりと、モノ中心の経済からサービス経済への急速な転換、さらにICTによって世界がネットワーク化された現代社会への変化にある。このグローバル化した社会を前提に、地域課題の解決を考える必要がある。

その解決のための第1のカギは、都市と農村が今後どのように創造的な関係を構築できるか、また都市と農村の協働や新しい関係を提案できるかである。関係の新たなあり方は、両地域にとって共通の課題となっている。

次に第2の解決のカギは、本書がテーマとする「創造性」である。今井（2016）が述べるように、創造性は特別な能力ではなく、「状況に応じて自分独自のスタイルでものごとを解決できる能力」である。それを、地域に当てはめるならば、これからは都市も農村も、それぞれの課題を「喧伝されている処方箋」に頼るのではなく、地域独自のスタイルで解決することである。ただし、それを両者が独自に進めるのではなく、前述したように、都市と農村の今までの関係の相克を越えて協働することが求められている。

最後の第3のカギは、地域資源の利用である。グローバル化した経済社会によって、資源の呪縛から解放された生産システムは、多国籍企業のように国境や地域を越えて活動する。また同時にサービス化した経済によって、モノよりもサービスが価値を生むようになってきた。そのため資本、技術、労働力が自由に移動する。その結果、農村のように、土地やそこに根づいた自然環境、定住する人々、地域の文化などの移動させることができない「負の資産」を持つことは不利になる。この逆境を地域がどのように克服できるかは、「移動できない資産」をどう活用できるかという資源戦略にかかっている。

2 資源から見た都市と農村の関係

都市と農村の関係を一般化することは難しく、農村からの資源供給、都市からの資金移動も含めた連携モデル（佐無田 2014）や、不足する部分を相互に支援し合う補完モデル（広井 2009）など、多様なモデルが議論されてきた。それは、都市との距離や農村の産業形態、コミュニティのあり方によって、両者の関係のあり方が変わるからである。そこで、農村の持つ地域資源と価値創出の視点で、もう一度この関係を検討してみたい。

その関係を理解するために参考になるのが、戯曲「夕鶴」が描く都市と農村の関係である。夕鶴は木下順二によって戯曲化された作品で、舞台でもたびたび上演されている。また民話「鶴の恩返し」も同様な内容であり、都市と農村の関係を理解するうえで参考になる。

それでは物語をふり返ってみよう。ある日、主人公の農夫「与ひょう」は、矢で傷を負っていた鶴を助ける。鶴は「つう」という娘に姿を変えて与ひょうに近づき、自分の羽根を使って美しい反物、千羽織を生産し始める。千羽織は都市の市場で売れるようになった。そこへ「運ず」と「惣ど」という商人が現れ、もっと売れるから反物を増産しようと与ひょうを誘惑する。与ひょうは幸せな暮らしが実現できることを夢に見て、その手段であるお金を手に入れようと、つうに増産を迫る。物語の結末は、生産現場を見たい欲望に憑かれ、それをのぞいた与ひょうの行為に対して、つうが去ってあっけなく終わる。

以上が夕鶴が描くストーリーである。ここで、つうを地域資源、与ひょうを地域住民にたとえてみると、都市と農村の関係を鳥瞰することができる（図1）。

与ひょうが助けてくれた恩返しに、つうは自分の技術を使って千羽織を織った。それは羽根という地域資源の商品化だと考えることができる。しかし農夫である与ひょうはきらびやかな着物を必要とせず、その織物の価値を生かせなかった。そこで、与ひょうは都市に販売することで利益を得

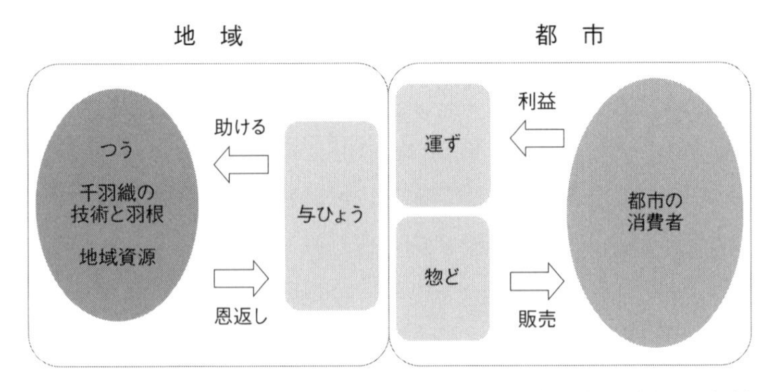

敷田 麻実・木野 聡子・森重 昌之（2009）から転載し、一部改変

図1 戯曲「夕鶴」から見える都市と農村の関係

た。都市側の消費者の代表は殿様であり、千羽織は殿様のご用達となることによってブランディングされる。エルメスなどの欧米のブランドが、王室にその信用保証を求めたのと同じである。着物としての価値を生かすには、華やかな都市の文化が必要だった。

ブランド化された千羽織を市場が評価し始める。そこに現れたのは、市場を知る２人の商人である。彼らは、与ひょうに千羽織の増産を求める。与ひょうはそれを受けて「もっと織ってくれ」とつうに頼み、豊かな暮らしの実現のための利益確保に突き進んでいく。

それは、地域独自のブランドが、都市からのニーズによって増産を求められていくプロセスに似ている。豊かな地域の実現という地域再生のためのビジョンは、愛の暮らしの実現を掲げた与ひょうと同じではないか。いずれも気持ちは純粋だが、地域資源の過剰利用につながり、ブランドの価値を失うことが多い。結局、与ひょうは織る姿を見てしまい、つうが飛び去る。資源が破綻したのだ。そこから地域資源の過剰利用の結末が連想できる。

そこで、この戯曲から地域が資源の活用に関して学べることをさらに考えてみたい。まず地域資源は、商品として消費地で評価されないと価値を生み出せない。千羽織の価値は、都市の消費者によって高く評価された。

消費者によって商品の利用価値が見出される現代では、それは特に顕著である。

次に、地域で商品化したものが消費者に評価されると、販売が増え、市場が形成されることである。需要の高まりは産地である農村と消費地をつなぐ仲介者の介入を誘導する。しかし、地域資源の「意味」を理解しない商人たちの関与は、地域資源の「切り売り」につながる。

そして、与ひょうの失敗は、つうに「再投資」をしなかったことである。千羽織の販売から得た利益は、つうの生産性向上や労働環境の改善には使われなかった。そのため、限りある羽根という資源をつうは酷使して織り続けた。つうに還元せずに連続した生産を強いたことが、資源の破綻を招いたのである。

では、与ひょうにできたことは何か。それは、地域資源の販売から得たものを使って資源（つう）を保全しようとするか、消費地での価値創出に依存せず、自ら価値を創出することであった。また、商人たちに頼らない独自の販売ルートの開拓も必要だった。

以上のように、夕鶴が描く都市と農村の関係は、都市の消費者だけが悪者なのではなく、地域資源から価値を生み出そうとした農村側にも再考すべき点があることを示唆している。また、都市の消費ニーズに無節操に応じるのではなく、関わりは避けられないとしたうえで、巧みに資源の保全や維持を図ることが地域の資源戦略として優れていることがわかる。

そこで考えられるのは、地域資源のより効果的な利用である。つうの羽根のように、地域資源には限りがある。それを認識したうえで、限られた資源からできる限り価値を創出することが、農村が採用すべき戦略であろう。さらに、そのプロセスでも、地域が自律的であることが望ましい。都市のニーズにコントロールされず、資源の保全を地域が自己決定できることは重要である。

しかし、それが農村だけの事情の押しつけや都市に対する資源利用の補償要求であってはいけない。農村が都市と対峙するのではなく、新しい関係を構築する努力が望ましい。特に、グローバル化によって相互にネットワーク化した現代社会では、都市も農村も独立してやっていくことはできない。そのため、他の地域との関係を保ちながら自己決定できる「自律的な依存」が求められている。都市への自律的な依存は、独自のスタイルで問題解決する創造的な農村、創造農村の姿である。

3　農村の地域資源と文化的サービスの拡大

ここまで、持続可能な農村の資源利用が農村だけではなく、都市と農村との関係で決定されることを述べてきた。特に、都市人口が国内の総人口の80%になった現在、都市からのリクエストを無視した農村の存在は考えにくい。しかし都市から農村への要求は近年大きく変化しており、以前のような食料と労働力の供給だけの期待ではない。都市側も同時に、自らが依存してきた農村との関係を再考することになる。誰もが気づくことだが、グローバル化した経済や社会では、国内の農村だけではなく、農林水産物を輸入する相手国の農村との関係も考慮しなければならない。第三世界ショップは、その例である。また、都市側のライフスタイルそのものも、世界的な流行やトレンドに左右されるのが、グローバル化した社会である。

また、国内の農村も近年大きく変化した。それは、以前の農産物供給のための生産の場としての農村から、グリーンツーリズムによるライフスタイル体験や農村でのアートフェスティバルの開催、さらには農業への参入による自己実現ニーズに応える場への変化である。このように、生産の場としての農村が、消費側から再定義され、生産以外の要素で評価されるようになることを立川（2005）は「ポスト生産主義[4]」への移行だと述べた。

ただし、内閣府の世論調査「農山漁村に関する世論調査」（2014年）によれば、食料生産の場としての農業の役割を支持する回答（83.4%）がまだ顕著である。また農業総生産額も、ピークの11兆7,000億円（1984年）からは減少したが、最近でも８～９兆円台であり、ここ２年は増加傾向にある。

写真1 構築される美しい農村風景（北海道美瑛町）　筆者撮影

その一方で、上記の世論調査では、農村の「健全な生態系保全やアメニティを提供する役割」を49.8％が支持している。そして多くの都市住民は、田舎である農村に対し、ノスタルジックなイメージを持っている（Horlings 2012）。それは農村が本来持っている「泥臭く、猥雑な」ものとは異なり、きれいで洗練された理想の農村像である（写真１）。

この変化は、生産以外の役割をクローズアップしてきた結果でもある。1970年代に農村の生産面以外の機能への着目、さらに1980年以降は、都市と農村交流、そして1900年代以降の農林水産業の多面的機能の評価、また2000年頃からは「生態系サービス」[5]の評価と、生産以外で農林水産業を評価する動きは一貫している。特に生態系サービスでは、農林水産物生産による供給サービスではない、環境教育やレクリエーションのような「文化的サービス」に注目が集まった。

こうした1990年代以降の展開は、環境保全や持続可能な社会の維持のための、いわば「前向き」の役割評価であり、農林水産業だけのためではなく、農村の社会的な貢献とも言えるものであった。同時にそれは、拡大する都市側に対して農村の価値を説明するためにも利用されてきた。

その際のポイントは、効率的な生産の追究という「生産システムとしての農業」か、自然資源と技術、地域社会が創り出す「文化としての農業」（末原 2009）かという選択である。前者に重きを置くことが農村本来の姿だと主張することはたやすい。しかし農林水産物の効率的生産を担う場が、

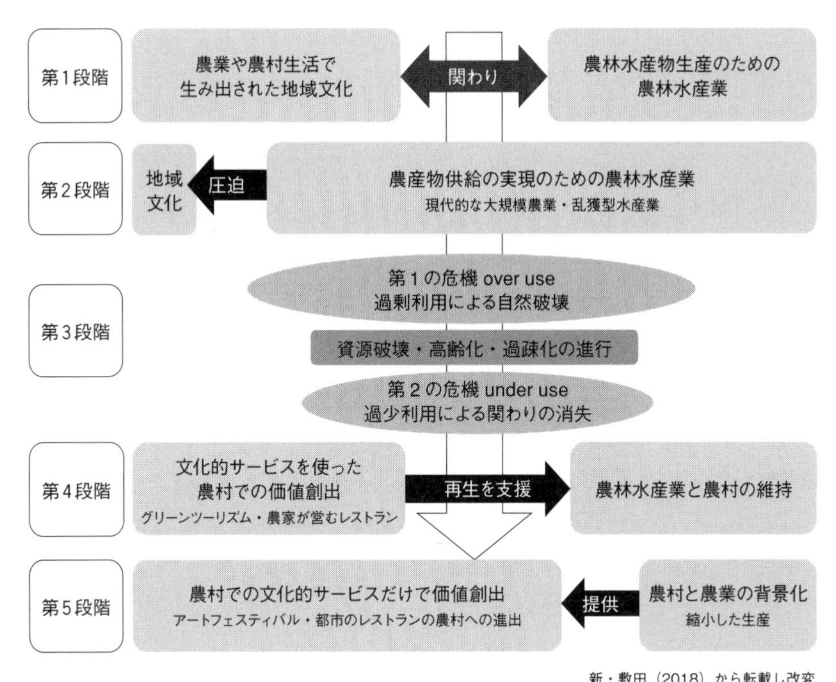

新・敷田（2018）から転載し改変

図2 農村の生産と文化的サービスの関係

グローバルな物流の時代にあっては、国内や身近にある必然性はない。また、現在の流れに沿って、ポスト生産主義時代の農村に全面的に変容する政策も選択可能である。身近な農村に生産機能は不要なのだろうか。

以上のことを考えるために、文化的サービスの視点で、生産中心主義からポスト生産主義への変遷を整理したのが図２である。

もともと農林水産業は、その土地の自然環境との関わりをベースにして営まれてきた。自然環境や気象条件に依存する農林水産業では、自然現象を注意深く観察していなければ、農林水産業を営むことは難しかったからだ。観察は、里山や里海などの身近な自然環境との関わりを生んだ。そして圧倒的に自然環境の力が強かった時代には、その影響を凌ぐために必要な共同作業における一体感醸成のために、歌や踊りなどの芸能、つまり「地域文化」が生み出された。また農具や漁具には、余暇時間に細工や模様が施された。このような文化としての「遊び」は至る所に認められ、その点で、もともと農村は創造的であった（図2の第1段階）。

しかし、農林水産業の近代化に伴って、生産性向上に寄与しない「文化」は次第に無視され、より効率的な生産だけが評価されるようになった（図2の第2段階）。それは自然環境の持続可能性を無視し、過度な利用や破壊による資源枯渇につながる「過剰利用による第1の危機」を生み出した。農業では農地の劣化や農薬による汚染であり、水産業では水産資源の枯渇である。

その一方で、グローバル化によって優位性を失った国内の農林水産業は雇用力を失い、また化学肥料や機械化による合理化によって、農村の労働人口は減少した。それが地域の自然環境の「過少利用による第2の危機」につながっていった（図2の第3段階）。

もちろん手をこまねいていただけではなく、こうした過剰利用と過少利用の同時進行に対する対策も行われた。生産性の高い農業への転換がまず企画された。「野菜工場」やICTによる生産管理の促進であった。しかし、農林水産業の生産性の向上は思うように進まなかった。

もう1つの対策は、文化的サービスによる農村の再生である。景観や農村の多面的機能を意識して価値を生み出すグリーンツーリズムやワインツーリズム、農村体験などをあげることができる（図2の第4段階）。特に観光の導入は、農業生産の重要性を消費者に伝える機会と見なされ、農林水産物の購買支援による生産の回復と地域の活性化をめざした。これは農村から文化的サービスを提供することで、本来の農村の目的である生産を支えるという構図で、一定の成功を収めてきた。

しかし、この状態がより進み、農村でのアートフェスティバルのような、生産との直接的なつながりがない、農村のイメージをことさら強調する活動も生まれている。アートフェスティバルの農村での開催自体は、観光振興の期待も大きく、地域の「にぎわい創出」などの歓迎すべき点も多い。しかし、農村の生業や生活・文化から切り離されてそれが開催されるとす

写真2 観光地での景観形成のために栽培される農作物（香川県　小豆島の映画村）　筆者撮影

れば問題である。つまり、アートフェスティバルの開催自体が目的になり、重視していたはずの農村の生活や文化が、フェスティバルの背景になる状態である（図２の第５段階）。こうした第５段階の「農村と農業の背景化」は判断が難しいが、農村ではよく見られる光景である。たとえば、農産物生産が観光のための景観創造に使われる「景観作物」の栽培などの例をあげることができる（写真２）。

もちろん、農村全体が同時に第５段階に移行するとは考えにくい。都市との距離や関係の強弱によって、農村はモザイクで、不均一に変化してきたからだ。農業を例にあげれば、①農産物の大量生産中心の農業、②従来にはない付加価値を農産物に付けて生産をする農業、③農産物ではなく農村のイメージを利用して価値を生み出す（農業ではない）活動が、同じ地域に混在している。それは、米作中心の「イエ」に生産設備や土地が帰属する古い農家と、西洋野菜のような新しい農作物づくりを手がける経営体、さらには農家レストランの経営体が同じ地域に混在する。地域内に「パッチワーク」を創り出している。

以上のような変遷を前提に、現在の農村における価値創出を考えると、都市住民のニーズもある文化的サービスを、戦略をもって農村で活用できることがポイントである。ここで戦略とは、ある目的に沿って意図的に方向づけることである。何となくうまくいったでは持続は難しい。一定の方向づけができていれば、うまくいかない場合の軌道修正も可能である。

ただし、注意しなければならないことは、文化的サービスだけを農村から取り出すリスクである。大量生産された農林水産物は標準化され、産地や生産者との結びつきは必要とされない。それと同様に、「コモディティ化」（Moulaert et al. 2010）された文化的サービスでは、特定の農村との結びつきは必要なくなる。前述したように、「背景化」されてしまえば、独自性のある価値が主張できない。コピーや摸造が簡単な文化的サービスだからこそ、できるだけ地域や地域資源と生み出す価値を結びつけておくことが重要である。そのため、地域固有の資源と創出する価値のリンクを維持したままにする戦略が望ましい。それがポスト生産主義の時代における、創造的な地域としての資源戦略である。

4 ポスト生産主義時代の創造的な資源戦略

では、地域資源と切り離されがちな、ポスト生産主義時代の農村はどのように資源戦略を進めていけばよいのだろうか。その際に重要なのは、資源にどのように価値をつけるかという「価値創出」の視点である。そのために、価値創出の方法と、創出した価値が備わった商品やサービスの市場を考慮する必要がある。

まず、価値の創出方法については、２つに分けることができる。それは、地域資源であることに意味を見出す、資源に依拠した価値創出なのか、逆に消費側からの視点で、原料となる地域資源にこだわらず自由に加工やデザインするのかという違いである。前者を「資源性が強い価値創出」、後者を「文化性が強い価値創出」とする。

次に、創出した価値の市場についても２つに分けることができる。まず「地産地消」のように、地域内で消費される場合がある。一方、グローバル化した現在は、地域内で消費が完結する例は少なく、インターネットで世界を市場として販売されるケースも多い。このように、創出した価値の市場は、「限定した市場」で完結する場合と、「グローバル市場」をめざす場合に分けることができる。

以上の区分をもとに、地域資源戦略を４つのパターンに整理したものが図３である。図のＸ軸は、地域資源に依拠した「資源性が強い価値創出」と、地域外でのデザインや加工など、生産のための技術や文化に依拠した「文化性が強い価値創出」の区別を示す。一方、Ｙ軸は、創出した価値を「限定された消費者に対して提供する」のか、「グローバルな市場を対象とする」のかの区別を示している。

まず、資源のまま「地域外に大量移出するパターン１」では、産出した地域資源から価値を創出せず、そのまま地域外に移出する。資源そのものを移出するため、加工やデザインは求められない、いわゆる「原料の移出」である。採れた農産物をそのまま地域外の市場に出荷するような例がパターン１に該当する。山形県庄内地方の「だだちゃまめ」など、特別な産地特性のものを除き、地域資源の差別化は難しく、必然的に生産地同士の競合が生ずる。低価格化競争が起き、市場の動向に左右されるため、資源側の地域の主体性の確保は難しい。

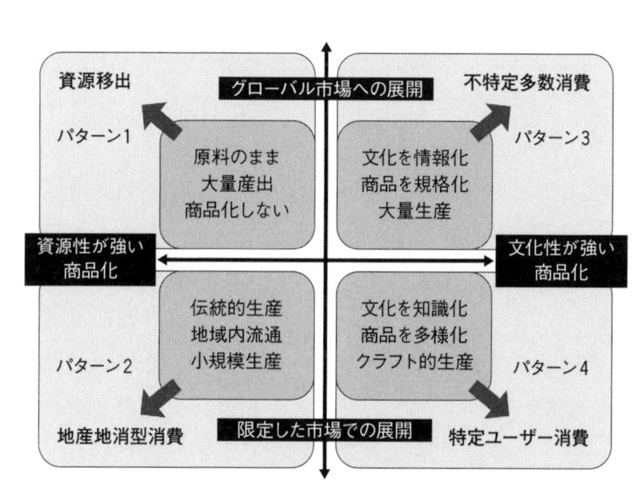

敷田（2016）から転載して一部改変

図3 創造的な地域におけるこれからの資源戦略

次の「地産地消型の生産・消費であるパターン２」では、地域で維持してきた伝統的な製法などによって価値を創出する。また商品やサービスに地域文化を刷り込むことで価値創出する。伝統工芸品や地域の伝統食などがこれに該当する。しかし、地域文化の理解がないと価値を理解して消費できないため、地域外での消費は拡大しない。つまり地産地消が基本となる。槇平（2013）が主張するように、地産地消は内発的発展で推奨される生産消費方式だが、地域外の市場から評価されにくい点が課題である。

３番目の「規格化された商品を大量に生産するパターン３」では、資源の由来を問わず消費地側で自由に加工やデザインし、価値を創出する。そのため資源産出地も含め、立地を選ばない自由な生産体制が構築できる。ただし、加工やデザインは特定の文化に依拠せず、むしろ記号や情報にして商品を大量に生産流通させる。Ｔシャツやスポーツシューズなどに代表される大量生産品がこれに分類される。大量供給による低価格競争を余儀なくされ、コモディティ化が進行する。小規模生産が主な地域では対応できないので、グローバル化に耐えられる、大資本による大規模な生産主体だけが残る。

そして最後の「特定の消費向けのクラフト的生産パターン４」に注目したい。このパターンは、資源に依存せずに、自由に加工やデザインする点ではパターン３と同じだが、画一化して大量生産するのではない。逆に小規模な生産で、特定の嗜好やこだわりを持つ消費者に対して独自の価値を提供する。パターン４の例としては、ワインツーリズムをあげることができる。北海道の空知地方のワイン生産では、ヴィンヤードを見てワインを購入する顧客を持ち、特徴あるワインを特定の消費者に販売するこだわりの経営を続けている（写真３）。後藤（2010）は、地域資源に付随する文化や環境に価値を見出すことが重要だと述べているが、地域の気候や土質に根ざしたブドウを使ったクラフト的ワイン生産は、こだわりを持つ消費者の共感を得ている。これは、地域資源に依拠しながら、景観とワインを組み合わせた価値をワイナリーツアーで提供する、創造的な資源戦略である。都市の住民が期待する「おしゃれな田舎」を表現している。

写真3 ヴィンヤードを楽しむ観光客（北海道三笠市　山崎ワイナリー）　筆者撮影

また、もともと資源側の地域にあった伝統文化をより洗練することで、新たな価値を創出することもパターン4に含まれる。これは、既存の地域文化にヒントを得て、新しい素材に転写したり、別の用途に用いたりすることで消費地からの共感を得る新たな生産方式である。

石川県能美市は、伝統工芸としての九谷焼の生産地であるが、当地では従来の九谷焼生産ではない、新たな試みが始まっている。それは九谷焼の絵柄をデジタル技術で取り出し、ネット上で「オープンデータ」として提供する試みである[6]（写真4）。その結果、多様な素材に九谷焼の絵柄が転写され、価値が創出されている。また、九谷焼とモダンアートとの連携など、従来なかった用途開発が進んでいる。

以上のようにパターン4では、伝統文化や工芸品の生産を現代版にアレンジすることで価値を再創出し、ICTを活用して特定の消費者に訴求する。

しかしパターン4が優れているのは、伝統工芸や文化など、近年地域で

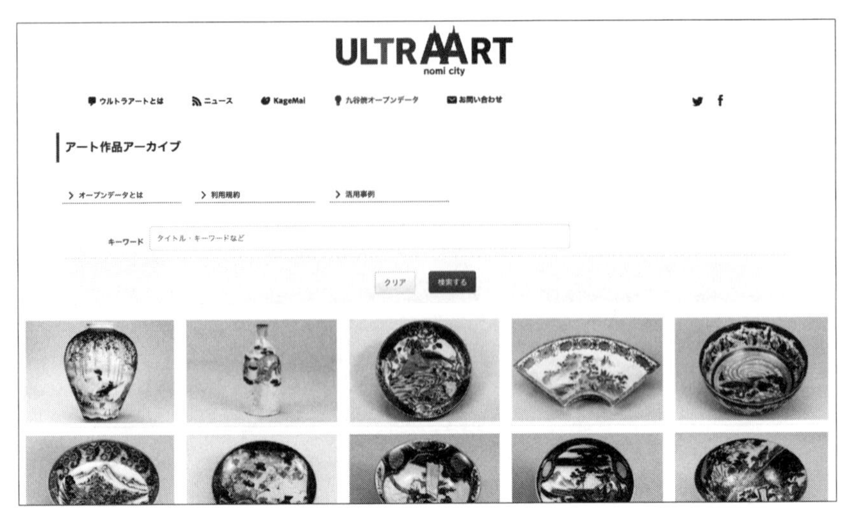

写真4 伝統工芸である九谷焼のオープンデータ化 能美市のウェブサイト

停滞している生産方式を再活用できることである。地域にある固有の文化の活用は、ユニークさや特異性という、グローバルな社会であるからこそ注目される要素を持っている。クラフト的生産システムの構築やマーケティングがポイントだが、近年はインターネットで国境を越えた消費者の獲得も可能になってきている。

最後に、パターン４のクラフト的生産は、パターン２の地産地消型に起源があることが多い。そこで、パターン４の維持にはパターン２が必要であるという認識から、地域の伝統文化や工芸への再投資を正当化したい。それは戯曲「夕鶴」で強調した地域資源への再投資である。このように、ICTが発達し、世界がネットワーク化されたグローバルな社会経済環境であっても、地域文化に結びついた独自の価値創出で、地域資源を有効に使うことができる。それは従来議論されてきたクラフト的生産とも異なる、都市の消費者とのパートナーシップによる創造的な地域のあり方である。

5　イメージの時代における創造的な地域戦略のために

これまで述べてきたように、グローバル化した社会においても農村が創造的な地域であるためには、地域独自の課題解決として、資源から価値を効果的に創り出すことが必要である。

それを地域が創出するには、まず地域にある資源と創出する価値（サービスや商品）の結びつきを強めることである。ある商品やサービスが特定の地域と結びついていれば、代替品にとって変わられることはない。最近それは、「地域ブランディング」として重視されている。また地域自体が価値創出の場であるという説明は、好ましい地域イメージの形成と共有である「プライスブランディング」として広まりつつある（Govers and Go 2009）。

次に価値創出というプロセスでは、資源そのものも重要だが、資源から創出する能力も同様に重要である。こうした資源化能力は「オペラント資源」と呼ばれており、その本質は知識や技能である（Vargo and Lusch 2004）。

つまり創造的な地域であるためには、そこに関わる関係者が創造的であり、イノベーションをめざすことが望まれる。しかし人口減少が進む地域では住民だけではそれが実現できない現実がある。そこで、地域が主体的に移住者や一時滞在者などのよそ者を効果的に活用する戦略を採用することで実現できるだろう（敷田 2009）。それは創造的な地域における自律的な依存政策の一例である。

最後に、優れた知的資産である文化も、地域にとって重要な資源である。それは建築物や景観、伝統工芸などの有形物として、付加価値を創り出す源泉となっている。そして、こうした有形のものを創り出す地域の人々の知識や技能も、同様に重要な資源である。つまり、創造的な地域とは、創造的な人々が関わる文化基盤を持つ場である。

注

1 ここでは、特に断りがない限り「農村」を農林水産業を主な産業とする、都市部以外の地域とした。つまり、農村には漁村や林業を主産業とする山村も含めており、都市に対する、いわゆる「田舎」が妥当な日本語表現である。OECD（2006）『The New Rural Paradigm: Policies and Governance』では、人口密度500人／㎢の地域を想定している。
2「資源」とは、人にとって利用可能性があるものである（今村 2007）。また佐藤（2008）が述べるように、天然物でも人工物でも、資源になりうる。一方、地域資源への言及は、行政文書にも多く見られる。例えば2000（平成12）年に策定された国の「食料・農業・農村計画」が2005（平成17）年に改訂された際には、「食料の安定供給の基盤である農地・農業用水や、豊かな自然環境、棚田を含む美しい農村景観、地域独自の伝統文化、生物多様性等」が「地域資源」であるとしている。
3 ただし、内閣府が2014年に実施した「農山漁村に関する世論調査」によれば、農村に居住していると自覚している人口の割合（「どちらかというと農山漁村地域」と自覚する人口を含む）は37.2％である。
4 農村における「ポスト生産主義」とは、立川（2005）が述べるように、生産によって形成されてきた農村が消費によって再定義されることである。農村（農業）の多面的機能の評価やグリーンツーリズムの目的地となる農村がその例である。
5「生態系サービス」とは、生態系の働きによって生ずる価値であり、人が生態系の機能を利用する際の価値の総体であると言われている(湯本 2011)。生態系を活用可能な資源と考え、生態系からの恵みを「サービス」として捉えることで、無料ではなく、サービスの対価支払いを意識することができる。
6 九谷焼のオープンデータに関しては、能美市のwebサイト（http://ultraart.jp/?s=）などを参照のこと。

参考文献

後藤和子「農村地域の持続可能な発展とクリエイティブ産業」『農村計画学会誌』29（1）、pp. 21-28、2010年

Govers, R. and Go, F., *Place Branding : Glocal, Virtual and Physical Identities, Constructed, Imagined and Experienced*, Palgrave Macmillan, UK, 2009.

広井良典『コミュニティを問いなおす――つながり・都市・日本社会の未来』ちくま新書、2009年

敷田麻実・木野聡子・森重昌之「観光地域ガバナンスにおける関係性モデルと中間システムの分析―北海道浜中町・霧多布湿原トラストの事例から―」『日本地域政策研究』（7）、pp. 65-72、2009年

Horlings, L. G., “Place branding by building coalitions; lessons from rural-urban regions in the Netherlands,” *Place Branding and Public Diplomacy*, 8（4）, pp. 295-309, 2012.

今井むつみ『学びとは何か――〈探求人〉になるために』岩波新書、2016年

今村仁司「資源の概念」内堀基光編『資源と人間』弘文堂、pp. 357-371、2007年

槇平龍宏「地域再生の理論と農山漁村」小田切徳美編『農山村再生に挑む――理論から実践まで』岩波ブックレット、pp. 27-53、2013年

Moulaert, F. et al., “Social Innovation and Community Development : Concepts and Theories,” *Can Neighbourhoods Save the City? Community Development and Social Innovation*（*Regions and Cities*）, Routledge, USA, pp. 4–16, 2010.

OECD, *The New Rural Paradigm: Policies and Governance*, 2006.

佐無田光「現代日本における農村の危機と再生――求められる地域連携アプローチ」寺西俊一・井上

真・山下英俊編（岡本雅美監修）『自立と連携の農村再生論』東京大学出版会、pp. 7-43、2014 年
佐藤仁「今、なぜ「資源分配」か」佐藤仁編『資源を見る眼――現場からの分配論』東信堂、pp. 3-31、2008 年
敷田麻実「よそ者と地域づくりにおけるその役割にかんする研究」『国際広報メディア・観光ジャーナル』(9)、pp. 79-100、2009 年
敷田麻実「地域資源の戦略的活用における文化の役割と知識マネジメント」『国際広報メディア・観光学ジャーナル』(22)、pp.3-17、2016 年
新広昭・敷田麻実「自治体における生物多様性と文化多様性をつなぐ政策デザインのためのモデル構築」,『環境情報科学』,47（3）, pp. 96-101, 2018 年
末原達郎『文化としての農業――文明としての食料』人文書館、2009 年
立川雅司「ポスト生産主義への移行と農村に対する「まなざし」の変容」日本村落研究学会編『消費される農村――ポスト生産主義下の「新たな農村問題」』農山漁村文化協会、pp. 7-40、2005 年
Vargo, Stephen L. and Lusch, Robert F.,“Evolving to a New Dominant Logic for Marketing,” *Journal of Marketing*, 68（1）, pp. 1-17, 2004.
矢作弘『「都市縮小」の時代』角川 one テーマ 21、2009 年
湯本貴和「日本列島はなぜ生物多様性のホットスポットなのか」湯本貴和・松田裕之・矢原徹一編『環境史とは何か (シリーズ日本列島の三万五千年――人と自然の環境史第 1 巻)』文一総合出版、pp. 21-32、2011 年

第7章　和菓子と地域農業

――「白小豆」を巡る取引形態

群馬県昭和村川額ビューポイントより：筆者撮影

森崎 美穂子

大阪市立大学商学部・大学院経営学研究科客員研究員

はじめに

ユネスコの創造都市ネットワークなどを通じ、世界各地で文化資本を活かした持続可能な発展がめざされている。近年では、「フランス人の美食術的料理」や日本の「和食」がユネスコの無形文化遺産に登録されるなど、食文化への注目が高まっている。この背景にグローバル化する市場経済によって多種多様な商品や食品を安価に享受できるようになった一方で、農山村における過疎化と担い手不足などが地域経済を脆弱にし、受け継がれてきた地域固有の生活様式や食文化、文化的多様性の消失が危惧されていることがあげられる。

本章では、日本の食文化の一翼をになう「和菓子」を取り上げ、伝統的な食文化がどのような課題に直面しているのかを和菓子の原材料の１つである「白小豆」を事例に明らかにする。すでに日本の伝統的な食にかかわる原材料、製造技術、食の習慣といった文化的側面は、観光資源として地域のブランディングにも取り入れられ（敷田 2009）、また食に期待した「インバウンド」の増加、農山村におけるグリーンツーリズムや「農泊」制度によっても活かされはじめている（森崎 2018a）。このように食品を取り巻く環境の変化により、食文化の源泉である我が国の農業および農村の維持発展が喫緊の課題となっている。

本章で事例として取り上げる和菓子は、有職故実、儀式祭礼をはじめ、冠婚葬祭、贈答品などさまざまな行事や人生の節目に用いられてきた伝統的な日本の菓子である[1]。とりわけ戦国時代から江戸時代にかけて、「茶の湯」が、諸大名、富裕町人の間のたしなみともてなしの形式として広まったことで、京都や江戸、茶の湯に傾倒した藩主の存在、あるいは富豪の出現によって町人文化が開花し、ここで菓子文化も発展を見た。洗練された菓子は、現在も芸術性を帯びその職人的手仕事とともに継承されている。

ところが、和菓子の中心的な原材料である小豆をはじめとして多くの原料が輸入されるようになって久しい。日本の農業は高齢化や後継者不足が指摘され、小豆などは、安価な輸入品に押され、生産者にとっては収入と労力に見合わない農産品になっているのである。一方で、現在も、小豆などでは、丹波産、備中産、北海道十勝産などというように、高品質な国内産原材料の調達に努めている和菓子屋も存在している。

本章では、和菓子の原材料のなかでも「白小豆」の調達を事例に和菓子の老舗企業（本章では菓子屋とする）と農業生産者、流通業者といったアクターの間での取引のコーディネーションを考察する。ここから伝統的食文化として認識されつつある和菓子産業[2]が現在直面している原材料の確保、農業生産者における課題を明らかにする。

「白小豆」は、その主たる用途が和菓子の原材料であるという極めて特殊な農産物である。その品種としての特徴もさることながら、かつては熟した莢（さや）から手摘みで収穫し、手選りで色や大きさを選別している手仕事的品質によって高く評価される豆であった。現在の白小豆の産地は、伝統的な産地と呼ばれる岡山県の備中地域、京都府と兵庫県にまたがる丹波地域がある。次に東京に本社を置く菓子屋（本章ではA社とする）による契約栽培が行われている、主に群馬県・茨城県の地域がある。そして、より最近になって発展した北海道の産地が存在する。現在、菓子屋が白小豆の調達を行う場合、大きく3つの流通形態が見られる。1つは菓子屋と距離的に近い製菓原材料卸から調達する方法、2つ目は契約栽培による調達、3つ目は、菓子屋が直接産地の雑穀商（仲買人）から調達する方法である。

本章ではA社と群馬県昭和村（以下昭和村）の生産者との関係および京都の老舗の菓子屋（本章ではB社とする）と岡山県備中地方の生産者との取引（菓子屋が直接産地の商社から調達する方法）を中心に取り上げた。

「白小豆」は、和菓子の原材料以外ではまとまった量の取り引きがなされない「特殊な資産」であるからこそ、スポットでの市場取引はされず、独自の取引形態が構成されている。そのため本章の分析枠組みとして「取引費用理論」を用いた[3]。調査方法は、和菓子事業所、仲買人・雑穀商、農業者などからの聞き取り調査を中心とし、調査対象は、東京の菓子屋（A社）と、白小豆の契約栽培を行っている昭和村の生産者、そして岡山県備中地方では、京都の菓子屋（B社）、岡山県の雑穀商、商社、普及機関から聞き取りを行った。

1　白小豆の特徴と産地

白小豆の特徴

和菓子産業[2]は、歴史的には御所の御用、茶道（茶会・茶席）の菓子づくりをつとめてきた老舗、地域独自の郷土菓子、家業あるいは企業など多様な由来と事業形態が混在している（森崎 2018b）。和菓子には、食品としての種類の違いだけでなく、用途による分類として「並生菓子」「上生菓子」など「格」が異なる菓子も存在している。「並生菓子」は、日常の茶うけ菓子として親しまれる餅や団子であり、「上生菓子」は上等で高価な生菓子類をいう（早川 2008）。

江戸時代に、京都で上菓子屋と呼ばれた菓子屋は、上等な菓子屋を意味し、白砂糖を独占的に使用でき（青木 2017）、顧客は、禁裏・公家・大名などであった。黒砂糖が一般的であった江戸時代に、白砂糖の使用が可能であった菓子屋は、白い餡をつくることができ、ここに色付けすることによっても多彩な菓子をつくることができたのではないかと推察される。餡への色付けは、原材料として白小豆と小豆を隔てる大きな違いである。なお一般的な和菓子の白餡には、国内外の「白いんげん豆」[4]やミャンマーなどからの輸入による「バタービーン」が主に使用されている。

白餡に色付けされた、こなしもの、ういろう、きんとんなどの上生菓子は、茶会や茶事の趣旨や季節感を伝統的な様式によって表現されている。上生菓子の白餡の原材料に白小豆か白いんげん豆など他の白い豆を用いるのかどうか、その調整は菓子屋によってさまざまである。たとえば、A社は、同社の味に欠かせないとして江戸時代から白小豆を用い、B社も受け継がれて来た製法とその味として備中白小豆を用いる、としている[5]。

現在、茶席の菓子をつくる菓子屋でも近代設備が整い工業的な製餡技術が導入されている。また今なお家業として職人の技に頼る菓子屋も存続している。多くの製造行程が工業化されたとはいえ、菓子の品質は、職人の手作業や勘に負うところが大きく、加えて毎年の豆の品質の違いにより製餡過程における不確実性は、完全に排除されるわけではないのである。

写真1 備中産白小豆　筆者撮影

和菓子の原材料は、小豆、砂糖、寒天、米粉、小麦粉など多岐にわたるが、「白小豆」は、大納言小豆と並んで高品質な和菓子のための製餡の原材料の根幹をなしている。たとえば、京菓子に詳しい茶人は、「小豆ひとつをとっても、亭主は丹波や備中のものを選ぶというように、土地を選び、豆を吟味したのである」（鈴木 1985：146-147）と述べ、また御所の御用をつとめてきた粽司は「餡は備中、いまの岡山の方の白小豆を使った白餡がよかったのですが、最近は、ほとんどの白餡というのは手芒という白いんげん豆で作られています。でもこれは、備中の白小豆と比べたら雲泥の差があるのです。」（川端 1990：132）と述べている。このように菓子は原材料に及んで評価がなされてきた。

近年のソーシャルメディアの普及により、茶席の菓子ではなくとも色彩が鮮やかで可愛らしく、わかりやすいデザインの「インスタ映え」する生菓子への需要が増加している（森崎 2018b）。そのために色付けが可能な白い餡の需要も増加している状況にあるといえるだろう。

白小豆の産地と生産量

白小豆の品種の特徴を確認しておきたい。白小豆は、石灰岩地帯など水はけのよいアルカリ性地質の土壌が栽培に適しており、現在の産地は、上述のとおり京都府と兵庫県の県境の丹波地域、岡山県の備中地域、群馬県昭和村と茨城県、そして近年の北海道となっている。栽培上の特性として、気象の影響を受けやすく、茎は倒伏や蔓化が起こりやすい（平井 2015）。栽培期間は、産地によるが7月から11～12月であり、台風や長雨などの影響を受けやすい。収穫方法は、北海道以外の産地では、現在も手刈りが中心である。収穫後は、乾燥を経て、さらに豆の手選別がなされるといった労働集約的な作物である。近年は、野生鳥獣による被害も深刻である[6]。そのため収穫までのリスクが高く、毎年の収穫量も変動しやすい作物となっている。

岡山県で現在も生産されている「備中白小豆」と呼ばれる白小豆は在来種である（平井 2015）。これは安土桃山時代に豊臣秀吉によって備中で栽培が始まったとの伝承がある伝統的な豆とされている[6]。品種登録されている白小豆もあり、1979（昭和54）年に北海道「ホッカイシロショウズ」、2002（平成14）年に兵庫県「白雪大納言」（登録番号 9791）、2006（平成18）年に北海道「きたほたる」（登録番号 14408）、2017（平成29）年に岡山県「備中夢白小豆」、そして、2018（平成30）年にA社による民間企業ではじめての登録となった品種がある[7]。品種改良による白小豆の特性については、たとえば兵庫農技研報（2000）で平井は新しく育成した「小豆兵系３号」であれば、「加工適性については、大粒性が最も評価され、従来の白小豆から変化した風味についても官能調査では概ね高い評価が多かった」としながらも、「従来の白小豆のままが良いと考える需用者には低く評価されることも予想される」と記載しているなど、在来種が需要者（菓子屋）に好まれている点が示されている。

新興産地である北海道では、「ホッカイシロショウズ」という品種が多く栽培されてきた。しかしこの白小豆は黄色味（ネズミ色になるともいわれる）が強く、白餡に適していなかったため和菓子業界からは敬遠されてきた。ところが「きたほたる」の登場によって供給地としての地位を高めつつある。また北海道では機械による収穫も始まっており、今後の有力な産地となることが見込まれている。ただし、白小豆を積極的につくる生産者が少ないため、安定化をめざしている状況といえる。

また2017（平成29）年に生産者団体（ホクレン農業協同組合連合会）と全国和菓子協会、北海道庁とが連携した北海道産白小豆等消費拡大推進協議会が白小豆と福白金時を使った和菓子の新商品の紹介を行っている。これまで茶席など伝統的な菓子、とくに上生菓子に使われてきた白小豆であるが、ここでは、流通菓子などにも用いられている。こうした商品は、「白小豆」や「福白金時」の希少性によって高級品のイメージを顧客に訴求している様子が見られる[8]。

このような北海道産白小豆の販促や備中白小豆のブランド化の取り組み（平井 2015）からは、白小豆の産地においては、白小豆を高収益作物として、より一層のブランド化をはかろうとしていることが読み取れる[6]。

2 菓子屋とそれぞれの産地の取引関係の多様性

生産者と雑穀商との取引

ここでは菓子屋と産地の取引特性を確認したい。白小豆は、用途が極めて限定的であったことから播種面積や生産量についての正確な統計資料が存在していなかった。しかし、島原（2017）は、全国の白小豆生産面積を200haと推定し、反収90～120kg、180～200tの生産があるとし、白餡における白小豆のシェアは0.1～0.2%と推定している。また島原（2017）によると、伝統的産地である岡山県備中地方では、1984（昭和59）年には白小豆栽培面積は約120haあり、産地は中国山地から吉備高原にかけて広がる備北地域に集中していた。しかし、2002～2007（平成14～19）年の農林水産省生産局の調査では、栽培面積平均は約53.2haとなっている[9]。

2000（平成12）年に結成されたある岡山県真庭市の白小豆生産組合の記録では、生産者70名、栽培面積9ha、収穫量11.7t、地元の雑穀商による買い取り価格は1,299円／kgではじまった。生産量のピークとなった2002（平成14）年では、生産者128名、栽培面積20ha、収穫量29.1tとなった。ところがここで買い取り価格が859円／kgと暴落したため翌年からの生産量が減少に転じた。こうして2008（平成20）年に生産者は60名となり、2018（平成30）年には生産者35名、面積5ha、生産省4.5tで、買い取り価格は、1200円／kgとなっている[10]。

JAを介さない仲買人と生産者の取引では、それぞれ代々の取引関係が継続していたが、複数の仲買人が生産者を確保するための競争も発生していた。たとえば、ある仲買人は高めに買うが、買い取り量は限られ、別の仲買人は、買い取り価格は若干低く設定し、しかし、買い取り量に上限を設けていない。さらには、品質に応じて加算金を出し、あるいは、また連作障害に対する栽培助言や、白小豆価格の低迷の場合、他の作物（米など）を高く買い取るといった方法も生産者獲得のために行われてきた[5]。

こうして産地の仲買人・雑穀商に集められた備中白小豆は、京都の菓子材料卸や老舗菓子屋に販売される。何社かの商社を経由する場合、多くの手数料を支払うことになる。しかし、ある京菓子屋の主人によれば、卸問屋から備中白小豆を購入する価格は、産地の卸価格より高額になっていることを承知し、「小豆は年によって収量も品質もばらつきがある。いつも取引先を変えていると、いざというときに豆を融通してもらえないだろう。これは商売相手として当然の判断だと思っている。豆がなくなりそうなとき、不作である年などは前もって情報をもらうという問屋との関係が重要だと思う」と述べ、さらに「家族経営の規模では、その時々によって取引先を選べる量でもある。しかし継続して同じ問屋を通じて購入すると、毎年秋に収穫される新豆の場合、煮えむらがあったり、期待された品質ではないときは袋ごと変更してもらうといったこともできる」と問屋との長期取引関係の利点を述べている[11]。

したがって、現在も家業形態で商う老舗の菓子屋は、高品質な産地の原材料の確保と貯蔵のために、毎年の収穫量の多寡によらず、長年の関係で優先的に豆を提供してくれる商社の存在が重要であったといえる。たとえば、十勝地域の産地のある雑穀商では、2018（平成30）年の小豆の収量（取扱量）が例年の6割程度になる見込みであり、単発的な、スポットでの依頼はすべて断っているという[12]。

こうした聞き取り調査から、菓子屋は、高品質な小豆を安定して確保するために、そのリスクを商社に担ってもらうという「問屋を介した長期取引関係」が発展したことが確認できる。

群馬県昭和村での契約栽培の概要

A社は、1927(昭和2)年に群馬県にて契約栽培を開始した。[12] A社15代社長が群馬県利根郡農会(農協の前身)への栽培を委託したことに始まる。やがて昭和村へと産地が移動し、同村で大規模な契約栽培が行われるようになった。

現在、A社は、群馬県(8割)と茨城県(2割)から白小豆を調達している。昭和村には現地契約社員が1名常駐し、本社との連絡調整、生産者の支援、自社農場の管理、色彩選別機の補助業務などを行っている。[13] 契約者は、広く募集された地元の個人の農業者から法人まで多様である。JA、商社、福祉施設とも契約を行っている。白小豆の需要に供給が追いつかずJAなどを通じて積極的に生産者の募集がなされているところである。

現在、契約数は173戸、栽培面積は約80haである。[13] 契約数や栽培面積は大きく変化していないが、近年の反収は減少傾向にあるという。数年前の実績であれば、1反当たり2～3俵(1俵＝60kg)であったところ、近年は悪天候などにより、これに届いていないという。他の産地と菓子屋の取引(仲買人や問屋を介した長期取引)とは異なり、毎年の収量の変動のリスクはA社自身が担っているといえる。

契約条件は、等級による買い取り価格の提示(特等から等外の5段階)と防除日誌の義務付けが中心である。買い取り量に上限はなく、収穫され、等級に入るものは、すべて買い取られる。また年に数回、生産者への連絡会などが行われている。栽培から納品までのおおよその流れとして、まず生産者は、A社から種子となる豆を買い、播種から防除の記録をつけながら栽培を行う。収穫は株毎に手刈りを行う。収穫後は天日干しを経て脱穀し、A社の色彩選別機にかける。色彩選別後、持ち帰り、さらにこれを手選別し、A社の倉庫へ運ぶ。A社側による検査によって等級づけられて後に1袋30 kgごとに袋詰めされ、生産者に代金が支払われる。納められた白小豆は、A社の群馬農場の貯蔵庫に保管される。[13]

ところで、群馬県昭和村は、「日本で最も美しい村」連合にも加盟する全国でも比較的地名度が高い農業村となっている。経営規模の拡大や高収益作物の生産拡大による農業所得が倍増した地域として2016（平成28）年にも農林水産省の「中山間地域における優良事例集」に取り上げられている[14]。昭和村の農業の大きな特徴として、東京に近いこと（関越自動車道の開通による）、標高260～1461mにある地の利を活かし、「こんにゃく」と高原野菜（レタス、ほうれん草、キャベツなど）を主力とし、3ha以上の経営面積の農家が半数を占めるなど大規模農業が進展している[14]。また2017（平成29）年の昭和村の農業就業者の平均年齢は57.5歳となっており、全国の農業就業人口の平均年齢66.7歳よりも若いことが示されている[14]。こうした大規模農業を経営する若い経営者も白小豆の契約栽培者となっている。

A社の契約栽培の場合、近年、白小豆に対して、物質的、象徴的な投資をはじめている。物質的な投資としては、前述のようにA社独自の白小豆を品種登録したほかに、昭和村に新たに大規模な選別設備を建設する予定である。また近年の温暖化への対応策として、播種用の豆に消毒を行い生産者に配布している。象徴的な投資としては、2018（平成30）年2月～6月に、東京で白小豆にちなんだ展示を開催し、生産地としての利根沼田地区、昭和村を広くアピールしている。また産地では、白小豆がどのようにして和菓子になるかを子どもたちに教える食育や生産者への和菓子講習も行われている。このように産地の人々とA社の「菓子」やブランドの価値を共有する象徴的な投資にも力点を置くようになっている。

取引特性と価格

白小豆の現在の価格は毎年の生産量や品種、等級にもよるが、昨年までの価格のおおよそのイメージとして、岡山県ではJAを介しての生産者団体に提示している近年の買い取り価格は、1200円前後／kg、北海道のそれは、500円前後／kg、A社は、等級によって異なるが、備中産と北海道産の中間の買い取り価格と推察される。

次に商社同士、あるいは産地の仲買人と直接取引のある菓子屋に提示される価格（30kg／袋）では、北海道産白小豆では、2017（平成29）年度産が約2万1,000円で、これは品種の関係もあり比較的安価なものである[12]。次に、在来種の白小豆を扱う岡山県の商社は、4～5万円である[15]。ただし品質（等級や収穫方法）によってより高値となる 。

これらの聞き取り調査から北海道産が安く、備中産白小豆が高額で取引されている。なお北海道では、2018（平成30）年の収量が大幅に減少しているとの状況から、この価格は急上昇する可能性が高い 。

比較のために、普通小豆の価格（一次問屋基準）も見ておこう。公益財団法人豆類協会2017（平成29）年度事業報告書には、北海道産小豆の価格は、2016（平成28）年度産の収穫量が大幅に減少したため、2016（平成28）年9月以降上昇して2017（平成29）年3月には2万4,932円／60kg、4月には2万5,000円／60kgとなり、その後は2017（平成29）年9月まで2万5,000円／60kgで推移した。2017（平成29）年10月に入ると、2017（平成29）年度産小豆の生産量は不作だった2016（平成28）年産を大きく上回ったものの、繰越数量の減少により期首供給量が減少した結果、価格は再び上昇に転じて2018（平成30）年3月には2万8,000円／60kgとなっている[8]。

上述の取引を経て加工される白小豆は、現在どのような価格の菓子になっているのか例をあげたい。A社では、上生菓子では白餡はすべて白小豆を使用し、B社では、白小豆にいんげん豆などをブレンドする商品もある。また上生菓子は、意匠によって職人の手数が異なっているために、各社の上生菓子の価格を比較することは技術的に極めて困難である。そのためここでは、白餡をベースとした個包装の羊羹タイプ（形状）の菓子を例にあげることとした（表1）。商品の価格はA社が260円（5.2円／g）、次に京菓子屋B社の249円（5.5円／g）となっており、他の菓子屋よりA社製、B社製が高価であることがわかる。C社およびE社の白小豆は北海道産の白小豆である。

しかし羊羹であっても、白小豆の使用割合をはじめ、砂糖、寒天、その他の原材料の使用の有無、さらに製餡方法も異なる。白餡という分類で各社の菓子を比較するにはやや乱暴なものとなっているが、表1のとおり白餡をベースとしつつも抹茶や山芋など他の原材料も入っているものも多い。和菓子は店ごとに原材料も価格も多様なのである。

表1 個包装羊羹（白餡をベースにしたもの）の比較

個包装羊羹					
本社・本店の所在地	東京A社	京都B社	名古屋C社	佐賀D社	金沢E社
重量（g）	50	45	記載なし	40	45
特徴	白小豆と他の豆のブレンド	豆は白小豆のみ	白小豆と他の豆のブレンド	白いんげん豆のみ	豆は白小豆のみ
価格（円）	260	249	237	130	199
原材料表示	砂糖、豆類（白小豆、手亡、福白金時）、寒天、抹茶／クチナシ色素	砂糖、白小豆、寒天	砂糖、白小豆、手ぼう豆、福白金時豆、餅粉、小麦粉、米粉、寒天、山芋、着色料	砂糖、白いんげん豆、寒天、コチニール色素	氷砂糖（国産てんさい糖100%）、白小豆（国産100%）、寒天

2018（平成30）年の商品調査より筆者作成

3 取引費用理論からの考察

A社に見る白小豆の取引特性

白小豆取引をめぐる和菓子事業所と農業生産者との取引形態について、白小豆の資産特殊性という観点から考えてみよう。その資産特殊性の性格と度合いは、A社という和菓子事業所にとっての場合と、昭和村の農業生産者にとっての場合とでは、意味あいが異なる。以下、両者を区別して取り上げよう。

まず実需者のA社では、原材料において、小豆と白小豆の割合が5対1から、近年、4対1へと、白小豆の需要が増加している。さらに天候不順の影響もあり、ここ数年、不作が続き、反収が減少しているとの状況もある。安定した原材料確保が喫緊の課題となっており、JA利根沼田などを通じて新たな生産者の確保に努めているところである。また東北のある県で試験栽培などを委託している状況にある。

次に農業生産者側から見ると、いかに収量を上げ、かつ高い品質（大粒）

の白小豆を栽培するか、といった点が収入に直結する要素となる 。かつては、冬場の農閑期の換金作物として魅力的であった白小豆であっても、代替わりした若い生者者、とりわけ大規模農業を経営する生産者は、他の野菜作から得られる収益と比較して白小豆栽培が判断されている状況にある。たとえば、昭和村の近隣では、ほうれん草等の周年栽培も可能となり、冬場に農産品の加工を行えるようになった。白小豆の買い取り価格は、レタスの１回の収穫による収益の３分の１ほどである。またこれらは、１年３回収穫可能であるのに対し、長期間、畑を占有してしまう白小豆は、大規模野菜作の輪作体系に組み込むことが困難になっている。大規模畑作農家にとって、白小豆生産のインセンティブは、研修生や実習生といった雇用者の冬場の仕事づくりとなっている[16]。

他方、定年退職後に就農した白小豆生産者もしばしば見られる。こうした生産者にとっては、７月から 11 月まで畑を専有する白小豆は栽培期間が長いため過重労働にならず、定額での買い取りは収入源として魅力的なものとして生産のインセンティブになっていると推察される。

取引費用から見た菓子屋と産地の取引

取引費用理論では、取引に特殊な資産と取引の不確実性、取引頻度との、それぞれが高いほど、一般的に取引コストが高く、取引はスポット市場でなされないことが示されている。白小豆を巡る生産者と菓子屋との取引関係については、まず白小豆そのものが原材料として特殊な資産であるといった特徴によるところが大きい。そもそも小豆が「赤いダイヤ」と呼ばれるなど作況により相場が大きく変更する性質がある。毎年の収量と品質に大きな不確実性のある白小豆の調達をめぐって、伝統産地（岡山備中地方）および新興産地（北海道）で仲買人を通じた長期取引関係が形成されていることがわかる。こうした白小豆生産の不確実性があるために、Ａ社は、自社農場を昭和村に持ち、現地社員を置き、情報収集および生産者支援に努めている。他方Ｂ社は、岡山の備中地方の仲買人との長年の取引によって、優先的に白小豆を調達してもらえる関係をつくり、不確実性を縮減しているのである。もちろん取引頻度は高く、こうした状況から、A社、B社ともに生産者・契約栽培先、仲買人、卸との長期継続取引関係を形成してきた。

すなわち小豆生産の不確実性があるために契約栽培を選択したA社は、投機的側面の強い白小豆の調達を準内製化することで、長期にわたり安定的に白小豆を調達してきたといえる。A社の取引の履行に関する監視としては、豆に連作障害が出ていることがうかがえる場合、これを生産者に伝え、輪作体系の再考と収量増を促すとのことである。こうして最終製品の品質チェック体制が機能しているので、A社にとって契約栽培が取引費用節約的となる。

おわりに

資産特殊性は、短期間で確立されるものではなく、取引によって有利な立地や技術的および管理的な諸経験を積むことにより、協力による固有の熟練を習得して形成されていく(明石 1993)。白小豆においても売り手と買い手との間に相当な期間にわたる継続的な取引が行われ、それぞれの産地で、仲買人と商社、商社と菓子屋、あるいは契約栽培などのコーディネーションが形成されてきたことを明らかにした。

白小豆を高収益作物とする伝統的産地においては、地域農業の発展のために、今後も生産と供給の安定化のために機械化が可能な高収量品種の開発が促進されるであろう。こうしたなかで近年、岡山県のJA阿新では「備中白小豆」をはじめとした小豆が地域の振興作物として位置づけられ、交付金が手厚くなったことは朗報である[17]。またA社による契約栽培の生産者には、昭和村の福祉施設も含まれている。このような福祉施設との契約栽培は「農福連携」とよばれ近年発展しつつある。たとえば、岡山県新見市の新見市上熊谷潮地区集落営農組合では、病院、福祉施設等と連携し耕作放棄地や休耕田を活用して患者や障害のある人とともに奥備中白小豆(おくびっちゅうしろあずき)等を栽培しているという。この小豆は「白いダイヤ」と呼ばれ、県内の限られた地域で栽培される地域特産品であるが、作付けが難しく継承者がおらず栽培が途絶えることが危惧されていたという。[18]

本章で事例として取り上げた江戸時代の上菓子屋などがつくる菓子は、都市で価値づけられてきたものであった。それは本書６章で敷田が触れているように資源の価値を生かすには、華やかな都市の文化が必要となるからである。京都近郊の丹波や備中などの地域農業もこうした都市の食文化に取り込まれてきた。近年では、昭和村が白小豆の産地として、東京でPRされたことからも、都市における菓子の価値づけに地域農業が深く関わることが示されている。日本の食文化を維持するため他の制度的枠組みを構築する必要性が検討される時期にある。なかでも農産物は、食文化の重要な基盤であり、農泊など地域資源としても取り組みが始まっている。

A社による産地での食育や生産者への和菓子講習会の実施、福祉施設での白小豆栽培による農福連携（吉田 2011）、これらの活動を通じて、和菓子屋と産地の価値共創が単なる原料供給地としての農村を超えて、「創造農村」（佐々木他 2014）の発展を促しつつある。[19]

本章で白小豆の取引形態から明らかにしてきたように、伝統的な食文化の基盤となる農業、農村の存続は喫緊の課題となっている。しかし、2013（平成 25）年に「和食」のユネスコ無形文化遺産登録されたことを契機に日本における食文化に対する意識と環境は大きく変化している。2017（平成29）年には、文化庁「文化芸術振興基本法」が「文化芸術基本法」に改められ、文化芸術の振興にとどまらず、観光、まちづくり、国際交流、福祉、教育、産業その他の各関連分野における施策が法律の範囲に取り込まれた。とりわけ生活文化の振興として、茶道、華道、書道に並び、「食文化」が盛り込まれた意義は大きい。

また地方公共団体による文化芸術の持つ創造性を活かした産業振興、地域活性の取り組みである「創造都市ネットワーク日本」の活動においても、2014（平成 26）年に「ユネスコ食文化創造都市」として山形県鶴岡市が認定された。鶴岡では、「行事食・伝統食」が「在来作物」の継承とともに受け継がれ、食文化を活かした地域活性化政策は注目されている。地域農業は、独自の食文化の継承と文化資源の重要な要素となっていたのである。

近年増大する訪日外国人は日本の食事・食文化に期待して来日し、政府は、農林水産物・食品の輸出増大を図っている。食文化は、歴史や地域の植生、社会的習慣と深いかかわりがあるため、諸外国から日本の文化に親しみを持つきっかけのひとつとして他分野への波及効果が見込まれている。基盤としての農業、農村においても「文化芸術がもつ創造性」を活かし、需要者側と生産者側、都市と農村との関係において、文化的価値の可視化と共有が地域農業の発展に結びつくものと期待される。

※本研究はJSPS科研費18K18277の助成を受けたものです。

注

1「和菓子」は、明治期に西洋からもたらされた菓子が「洋菓子」と呼ばれることによって、これまで国内で発展してきた菓子が「和菓子」として区別されるようになった（早川2008）。そのため本章では歴史をふまえ、「菓子」「菓子屋」として表記している。ほか和菓子の歴史については、青木直己（2017）を参照。

2 和菓子産業は大きく分けて「製造小売」と「製造卸」とに分けられる。製造小売は、和菓子店自らが製造し販売する形態で和菓子専門店と呼ばれる店は全てこれに当てはまる。製造卸は、パンメーカーや観光地での土産専門の和菓子で菓子卸問屋などを通じて小売りの店頭で販売される形態である。一般的に老舗やブランド性の高い和菓子店、地域と密着して強い営業基盤を持つ和菓子店は、多くが製造直売である。全国和菓子協会 専務理事 藪光生による「和菓子産業の強みと弱み：輸出やインバウンドへの期待」https://www.alic.go.jp/joho-s/joho07_001696.html　を参照。2018（平成30）年12月8日最終確認。本章で事例としたA社、B社ともに老舗であり製造小売の形態をとる菓子屋である。

3「取引費用理論」の概要については、Williamson, O.E（1986）, Economic Organization：Firms,Markets, and Policy Control, *New York　University Press*, 井上薫・中田善啓監訳（1989）『エコノミック・オーガニゼーション――取引コストパラダイムの展開』晃洋書房を参照。なお取引費用理論についての簡便な概略が記載されている明石芳彦（1993）「取引費用理論と産業組織論：論理構造の検討」『季刊経済研究』第15巻第4号、pp. 1-25も参照した。

4「手亡（てぼう）」より大粒の大福豆や白金時豆など他の白色の「いんげんまめ」の銘柄とともに「白いんげんまめ」と総称される。公益財団法人豆類協会「手亡（てぼう）」https：//www.mame.or.jp/syurui/feature/syurui_07.html　を参照。2018（平成30）年12月9日最終確認。

5 ヒアリング調査：2019（平成31）年1月12日A社広報部、2018（平成30）年12月1日B社代表。京都市北区の京菓子屋主人。補足として、白小豆のみで作った白餡は、白色というよりは黄みがかった色になる。そのため、より白い色の白餡を作るには、白いんげん豆が使われる。ほかにも上生菓子であれば薯蕷（じょうよ）と呼ばれるつくね芋や伊勢芋などを使って白い色を出すこともある。このように材料の選択によって、菓子の味や色の出方が変わる。これらの調整がそれぞれの店の特徴となり、長期的にはブランドとなっていると推察される。

6 ヒアリング調査：2018（平成30）年6月2日岡山県雑穀商代表。豆の選別は雑穀商が担っている。その一方で、生産者にとっては、白小豆は栽培の難しさや連作障害、あるいは新しい品種は需要先を見つけるのが困難といった課題もある。献上菓子の原材料であった白小豆は、味が上品で、餅や団子、駄菓子には使うものではないと自身では思ってはいるが、最近は地域の土産の菓子などに取り入れられることもある、とのこと。

7 農林水産省、第446回品種登録公表と概要 http://www.hinshu2.maff.go.jp/gazette/touroku/contents/446gaiyou.pdf 2018(平成30)年12月9日最終確認、および日本特産農作物種苗協会(2009)『特産種苗』第1巻、p .44。

8 公益財団法人豆類協会「平成29年度事業報告」https://www.mame.or.jp/Portals/0/images/pdf/houkoku_29.pdf を参照。2018(平成30)年12月30日最終確認。ただし、A社であれば、白小豆の使用は江戸時代から確認でき、白小豆はA社の味に必要な原材料としている。また京菓子屋の主人は、菓子屋それぞれに主人の好みの味というものがあり、備中の白小豆の味が良いと思えば、それを使いたいと思うのが菓子屋の心情であると述べるなど、あくまでも和菓子の味のための白小豆という位置づけである。

9 農林水産省生産局地域対策官「特産農作物の生産実績調査」2002～2007 http://www.maff.go.jp/j/tokei/kouhyou/tokusan_nousaku/index.html を参照。2018(平成30)年12月8日最終確認。

10 ヒアリング調査：2018(平成30)年6月5日真庭農業普及指導センター豆担当者。

11 ヒアリング調査：2018(平成30)年12月1日京都市北区の京菓子屋主人。なおB社は取引規模が大きいために直接産地の雑穀商(一次問屋)と取引を行うことができるのではないかと述べている。

12 ヒアリング調査：2018(平成30)年12月4日北海道十勝地域の雑穀商。普通小豆などをスポットで依頼してくる業者は、品種や品質よりも単に安い豆を探していることが多い、とのこと。なお同年9月14日の日のヒアリング調査では、2018(平成30)年は、凶作の予測になっているが「10年ほど収量が安定し、輸入小豆から北海道産小豆に転換した顧客が多い。収量が減少したからと言って価格を上げるとまた顧客が離れてしまうという懸念から安易な値上げは難しい」と語られていた。実際の収量は、9月時点の見通しよりもはるかに悪いものであった。

13 2018(平成30)年2月23日A社資材部、2018(平成30)年4月13日A社群馬農場。1反当たり、160kgの年もあれば120kgの年もあるとのことである。生産者には、栽培マニュアルなどが準備されているほか、和菓子の講習会も行われるようになった。

14「利根沼田地域の農業概要」htt://www.pref.gunma.jp/contents/000393324.pdf 2018(平成30)年12月9日最終確認、群馬県昭和村「『レタス』等の高収益作物の生産と担い手の経営規模拡大『中山間地域における優良事例集～高収益農業を目指す地域の工夫～』htt://www.maff.go.jp/j/nousin/sekkei/attach/pdf/kousyueki-zirei-4.pdf 2018(平成30)年12月9日最終確認、群馬県昭和村「やさい王国」へようこそ！ https：//www.vill.showa.gunma.jp/kurashi/kankou/kankou/2018-0515-1351-12.html2018(平成30)年12月9日最終確認。

15 ヒアリング調査：2018(平成30)年5月2日岡山県の製菓原材料商社代表。

16 ヒアリング調査：2018(平成30)年4月29日群馬県昭和村専業農家(白小豆も栽培している)。昭和村では、100袋(×30kg)生産する大規模生産者もいる。自身は良い豆を作りたいと思っており、選別も重視し、比較的大粒の白小豆を納めていると思う。ただ県などが生産振興している作物は、土壌の成分、肥料などが分析され高品質に育てる栽培方法が確立されつつあるが、白小豆の場合、高い等級の豆にできるかどうかは生産者によって違うようだ、とのこと。

17 JA阿新「休耕田に小豆を／産地交付金や契約販売／栽培実証し作付け拡大へ」を参照。 http://home.ja-ashin.or.jp/wp/?p=4055 2018(平成30)年12月9日最終確認。小豆などへの交付金は、地域によって差がある。

18 農林水産省「農村女性・高齢農業者の活動の促進のための取組」htt://www.maff.go.jp/j/wpaper/w_maff/h22_h/trend/part1/chap2/c5_04.html を参照。2018(平成30)年12月9日最終確認。

19 農福連携は、農作業が障碍者の心身に良い影響があるとのことで、農業を始めた施設が多く(吉田2011)、近代産業社会が生み出した障害(川井田2013)の解決の一助として、あるいは創造的発展と自然環境の美しさの重要性(佐々木他2014)を増大させつつ、農村地域に新しい価値を生み出していくものと思われる。

参考文献

明石芳彦「取引費用理論と産業組織論：論理構造の検討」『季刊経済研究』第15巻第4号、pp. 1-25、1993年
青木直己『図説和菓子の歴史』ちくま学芸文庫、2017年
早川幸男『菓子入門改訂版』日本食糧新聞社、2004年
曳野亥三夫、岩井正志、小河甲、澤田富雄、瀬田孝「白小豆新品種『小豆兵系3号』の育成」『兵庫農技研報――農業』第48号、pp. 40-45、2000年
平井幸「『備中白小豆』のブランド強化――産地と実需取り組み及び新品種育成」『豆類時報』第79巻、pp. 11-15、2015年
森崎美穂子「食文化の醸成と観光資源化」『文化経済学』第15巻1号、pp. 66-77、2018年a
川井田祥子『障害者の芸術表現――共生的なまちづくりにむけて』水曜社、2013年
川端道喜『和菓子の京都』岩波新書、1990年
森崎美穂子『和菓子――伝統と創造』水曜社、2018年b
守屋正『和菓子の歴史』白水社、1953年
日本特産農作物種苗協会『特産種苗』第1巻、2009年
佐々木雅幸・川井田祥子・萩原雅也編著『創造農村――過疎をクリエイティブに生きる戦略』学芸出版社、2014年
敷田麻実『観光の地域ブランディング――交流によるまちづくりのしくみ』学芸出版社、2009年
敷田麻実「地域資源の戦略的活用における文化の役割と知識マネジメント」『国際広報メディア・観光学ジャーナル』第22巻、pp. 3-17、2016年
島原作夫「白小豆の歴史と生産、そして和菓子」『豆類時報』第87号、pp. 43-56、2017年
鈴木宗康「茶席の菓子の心遣い」『茶席の菓子』世界文化社、pp. 145-151、1985年
Williamson, O. E., 'Economic Organization : Firms, Markets, and Policy control,' *New York University Press*, 1986（井上薫・中田善啓監訳『エコノミック・オーガニゼーション――取引コストパラダイムの展開』晃洋書房、1989年)
山本晃郎「岡山県における白小豆の生産・流通――その実態と今後の課題」『農業および園芸』第64巻第3号、pp. 403-409、1989年
吉田行郷「農業分野における障害者就労と農村活性化に関する研究――福祉施設の取組に着目して」『農林水産政策研究所レビュー』第39巻, pp. 8-9、2011年

第8章

文化を基盤としたレジリエンス

――奄美の維持可能な発展への挑戦

平瀬マンカイ：南海日日新聞社提供（2012年9月23日掲載）

清水 麻帆
大正大学地域構想研究所助教

1 文化と創造性による地域再生論
――問題意識と分析視角

地域の再生において注目されているレジリエンスという概念がある。レジリエンスの元来の意味は「回復力」「強靭力」「跳ね返す力」などであるが、近年は、災害や貧困といったさまざまな都市や地域の大きな課題に直面した時に柔軟に対処・解決して、再生していく力やしなやかな強さという意味を持つようになった。国連が提示している持続可能な開発目標（SDGs）にも、レジリエンスの概念が貧困、飢餓、産業基盤、まちづくり、気候変動、海洋保全などの項目で取り入れられている（国連開発計画ホームページ）。また、企業も経営のフレームワークとして活用しているところが増えており、自治体でもレジリエンスを備えた都市計画または都市政策が注目されている。ロックフェラー財団によるレジリエンスに取り組む100都市への支援事業には世界から1000以上の応募があり、日本では京都市と富山市が選ばれている（ロックフェラー財団ホームページ）。このようにレジリエンスを枠組みとした都市戦略の機運が高まりつつある一方で、これまでの社会経済におけるレジリエンスに関する研究はまだ始まったばかりである。これまでは主に地震などの自然災害や発展途上国の貧困問題の解決へのアプローチとして都市計画論や心理学などからの研究がなされてきた。そこで、本章では、先進諸国の地域経済の再生とその維持可能性に焦点を当て、レジリエントな地域の条件について実証的に論じている。

地域経済の再生とその維持可能性におけるレジリエントな地域の条件をみていくうえで、レジリエンスの概念と同様、市民の自由な発想によりグローバルから地域における課題を創造的に解決していく都市再生の手法を提示している創造都市および創造農村という概念がある（佐々木 1997, 2014）。これらの概念は、地域経済学における内発的発展論から派生しているものである。内発的発展の条件には、地域における住民自治や住民参加制度が確立しており、彼ら自身が学習・計画・経営を行うこと、地域の基幹産業となる移出産業が地域内の他産業と関連づいて地域経済を発展していることこと、そうして生まれた社会的余剰を文化・福祉・医療などに再分配することがあげられている。これらの条件が重要であるのは、自然環境保全の枠組みのなかでの地域経済の発展を原則としているためである（宮本 1999）。

内発的発展論と創造都市論および創造農村論との共通点は、地域経済構造から分析し課題を抽出することで地域政策を検証する地域経済学的なアプローチにある。創造都市の方は、それに加えて主に文化産業やその人材に焦点を当てた点が異なる。そのため、創造都市や創造農村の特徴は、地域再生・発展の要因が芸術文化やそれに関連する人材との交流などから生まれる創造性とそこから生み出される新たな価値の創造に依拠しているのである。この背景には、すでに欧米では経済発展に限界がみえはじめ、文化資本によって「都市格」を向上させ、エンジニアなどの優秀な人材やアーティストなどのクリエイティブな人材を集積し、文化産業を主軸とした構造転換を図ることで、課題を克服しようとしていることがあげられる。そのため経済構造における文化産業の位置づけや関連した人材に注目しているのである。

また、創造都市と比較して文化産業の占める割合が大きくない創造農村の固有の条件は、以下の３つがあげられている。まず、住民自治という側面から創造都市と比べて紐帯がより重要性を持っている点である。次に、自然や生態系、地域固有の文化が継承・保持され、それを基盤とした生産と生活がなされている点である。そして、都市と連携し、アーティストなどのクリエイティブな人材との交流や移住促進に取り組むことによって新しい技術やデザインを取り入れ、地域の活性化や工芸などを復興する点があげられている。これらは地域の誇りを取り戻す契機になるとしている（佐々木 2014）。したがって、創造都市や創造農村は、クリエイティブ人材を集積することが重要な要素の１つになっているのである。

たしかに、近年、離島や農村などで芸術祭やアート・イン・レジデンスが積極的に取り入れられ、移住者が増加する事例や伝統工芸品に外国人などのデザイナーを起用する事例も多く見かけられるようになった。たとえば、多くの離島では、地域経済が離島振興法などによる補助金に依存している傾向があり、そこからの脱却と地域経済の自立が課題となっている。そのため、人口流出も相対的に激しく、若者が島外へ出たきり帰ってこないという離島も多いだろう。これらを鑑みると、離島や農村の再生には、創造都市や創造農村のような取り組みにより地域を再生することは有効な手法の１つといえよう。実際に、瀬戸内国際芸術祭のケースでも当該イベントで島のイメージが向上した結果、Ｕターン者や移住者が増え始め観光客も増大し、地域の活性化の事例として評価できうるものである。一方で、島民意識の臨床調査の結果からは、島民がアートに対して興味がない、もしくは嫌いになったということも報告されている（加治屋 2016）。

こうした外部からのクリエイティブ人材との交流や移住の促進策がどのように維持可能な発展につながるのだろうか。それによって一時的には工芸や伝統文化産業なども活性化するかもしれないが、それが持続できるのであろうか。地域経済学者のサクセニアンは、開放的な風土や水平的なネットワークが学習やアイデアの発見、自由なコミュニケーションを促進し、それが新たな財・サービスを生み出すとしている（Saxenian 1994）。フロリダも、地域経済を発展させる外部性要因が文化の多様性、寛容性、開放性であると統計分析により言及している（Floida 2002）。これらの先行研究より、文化の多様性やネットワークの広がりは寛容性のある自由な空間や環境から生まれるものであり、そこから新たなアイデアが生まれるといえる。したがって、地域の精神文化として根づいている寛容性が地域経済には重要な要素であり、それが地域経済に建設的な影響を及ぼすということである。

しかしながら、これまでの研究において、地域経済学的視点から寛容性などの地域の精神文化に焦点を当てて分析したものは少ない。そのため、寛容性がどのように根づいているのか、あるいは醸成されてきたのか、それがどのような過程で地域の再生や維持可能な発展に影響を及ぼすのかについて、詳細には明らかにされていない。そこで、本章では、これらの問いを明らかにすることによって、文化を基盤としたレジリエントな地域の条件を考察し理論的説明を試みる。その方法は、内発的発展論や創造都市および創造農村と同様に、地域経済学の理論的枠組みから検討しつつ、地域に根づいた精神文化を切り口として鹿児島県奄美の事例を分析する。奄美を事例として取り上げる背景には、地理的にも不利な離島で社会経済的な課題を抱えつつも、住民によって固有の伝統文化を継承し、雄大な自然を保護・保持している点とこうした固有価値のある地域資源を活用した観光振興による社会経済の再生をめざしている点とがあげられる。

以下、本章の第2節では、奄美の社会経済の課題と展望を概説する。第3節では、寛容性が地域の中でどのように醸成しているのか、また、奄美の観光振興の方向性、島唄の継承・発展と産業化の過程、そして自然環境保護の取り組みにおいて、寛容性や社会関係性（紐帯やネットワーク）がどのように相互作用するのかについて考察・検証する。それによって、レジリエントな地域の条件を検討し、今後の奄美の文化を基盤とした維持可能な発展の可能性についても言及する。なお、本章で使用する奄美は奄美群島を対象として使用している。

2　奄美の社会経済における課題と展望

奄美は、九州本土の南に位置し、気候は亜熱帯で本島に比べて降水量が多い地域である。人口は1985年の15万3,063人をピークとして、2015年時点では11万147人と減少傾向にある。その中で一番人口が多い島が奄美大島で約6万人、一番多い市町村が奄美市で4万3,156人である。どこの地方都市や離島も同様な状況ではあるが、奄美も例外ではなく、1990年を境目として奄美も65歳以上の人口が15歳以下の人口を上回っている。同時に、15歳から64歳までの人口も1955年以降から減少傾向にあり、1955年の11万1,515人だったのが2015年には5万9,760人と半数にまで減っているのである（鹿児島県2017・図1）。このように、働き盛りの若い世代の人口が減少傾向にあることが奄美大島の社会における大きな課題の1つであり、背景には奄美の経済的事情があげられる。

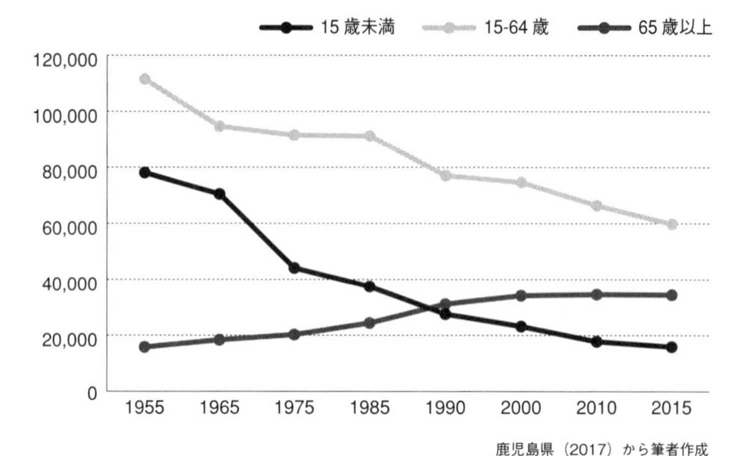

図1 奄美群島の年齢階級別人口の推移（人）

奄美経済は、「奄美群島振興開発特別措置法（以下、奄振）[1]」による公共事業によって発展してきた。一方で、こうした公共事業への依存は、奄美の経済的自立を阻害してきた。そのため、そこからの脱却が必要とされている。実際に、2005年時の労働力人口に占める完全失業率の割合は、鹿児島県と比べて1.4ポイント上回り、奄美群島が8.3%、鹿児島県が6.9%である（鹿児島県2017）。また、2014年度の一人当たりの群内総生産額は実質で約300万円、県内は340万円、全国は約410万円である。同年度の一人当たりの群民所得は約200万円、県民所得は約240万円、国民所得は約290万円となっており、これらの水準も国や鹿児島県に比べて相対的に低いのが現状である（鹿児島県2017）。

次に産業構造を生産額でみると、第3次産業の比率が第1次産業と第2次産業に比べてかなり大きいことが特徴としてあげられる。2014年の総生産額は、第1次産業が約155億円、第2次産業が約370億円、第3次産業が約2,700億円である。その内訳は、第1次産業で約9割近くを占めているのが農業、第2次産業の約7割を占めているのが建設業、第3次産業では、政府サービスが約3割、サービス業が約2.7割とこの両者で約6割を占めている。同様に、2015年の就業者数でみても第1次産業が7,570人、

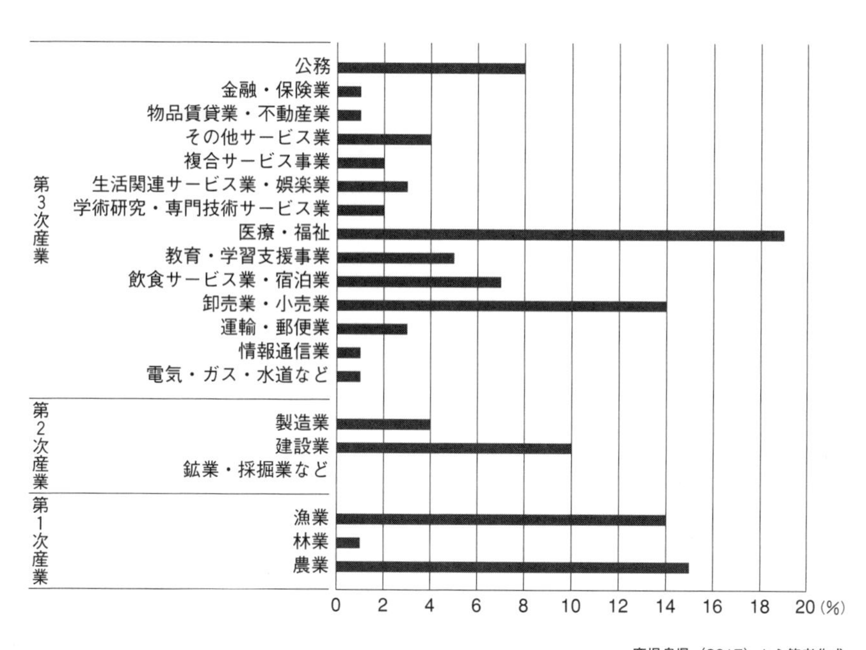

鹿児島県（2017）から筆者作成

図2 奄美群島の産業別就業者（2015年）

第2次産業が7,163人、第3次産業が3万5,689人であり、第3次産業の割合が高い。第3次産業の中で医療・介護サービスに就いている就業者数はもっとも多く、9,107人で第3次産業就業者全体の約25％以上、就業者数全体でも18％以上を占めている。したがって、奄美の地域経済は、医療・看護サービスや建設業が主たる産業である。一方で、文化産業の一部である観光産業（飲食サービス・宿泊業）の就業者数は3,302人であり、全体の2％にも満たない（鹿児島県2017）。また、音楽産業などの詳細なデータはないが、それを含めたとしても、文化産業が占める割合は大きくないといえよう[2]。したがって、奄美では、観光産業もまだ未成熟であり基幹産業としての主たる移出産業がないことが課題である。

こうしたなか、先述のように、世界自然遺産の登録申請のニュースにより奄美の認知度が上昇し、行政も島唄や自然環境を島の資源として打ち出し始めた結果、多くの人が奄美を訪れるようになっている。このことは、少なくとも奄美の観光振興に寄与している。こうした過程で奄美という地域が魅力ある観光地としてブランド化されていく可能性は大きく、今後、奄美の主要な移出産業が観光産業になることが予想される。また、観光産業の振興はほかの地域文化を基盤とした音楽産業や黒糖焼酎、大島紬などの産業と関連づけることによって、さらなる地域経済の活性化が期待される。つまり、奄美の誇りを取り戻すことと奄美経済の自立の契機と捉えられる。その場合、伝統文化や自然環境といった非経済的な価値の保全と観光振興とのバランスを取ったかたちでの維持可能な発展につなげていく必要があろう。こうした観点から、過渡期にある奄美のこれまでの文化を基盤とした観光振興の方向性と伝統文化である島唄の継承・発展・産業化および自然環境の取り組みについて次節で考察する。

3 奄美の文化を基盤としたレジリエンス
――暗黙知化と現地化

「結」という精神文化と観光振興の方向性

本節では、奄美文化の土台である相互扶助と寛容性の精神文化である「結（ゆい）」とそれを基盤とした観光振興の方向性を考察する。奄美では、相互扶助と「多様性の中の個性の許容が奄美人の生活の前提条件（南海日日新聞社 2001）」になっている。この背景には、奄美では集落のことを「シマ」といい、昔は山で分断され集落ごとの行き来ができなかったため、住民同士で助け合って生活をしていたことや集落ごとに独自の文化を持つため、お互いの異なる文化を受け入れて島で共存してきたことがあげられる[3]。実際に、島（シマ）唄も集落（シマ）の唄ということであり、集落独自の島唄がそれぞれ異なる。そのため、奄美の人々は、他者を受け入れ、ともに助け合う精神文化を持っており、それが奄美の文化の多様性を保持・継承し、多文化共生を可能にしてきたのである。実際に、奄美の文化・歴史・自然の素晴らしさを若者に伝える音楽イベント「夜ネヤ、島ンチュ、リスペク

写真1 龍郷町のショチョガマ
南海日日新聞社提供
（2018 年 1 月 27 日掲載）

写真2 知名瀬の豊年祭の儀式
知名瀬町内会提供

チュ」を主宰している麓憲吾氏も「意見が異なる人の意見も受け入れて進まなければ、ここは島であるから対立すると海に落ちるしかないという比喩表現をしていた」（加藤・寺岡 2017）

具体的に、奄美には「結」という精神文化が今も根づいている。「結」とは、ある一定のグループや集落などの単位で共存するための精神的な結びつきでもあり、困った際には助け合うという相互扶助の考えに基づいた精神的な文化である。市街地の名瀬市においては、こうした文化が生活に密着しているとは言い難いが、それ以外の町村は集落を単位とした生活が基本であり、その文化は根強く残っている。また、各集落は独自の文化を持っており、豊年祭などの「8月踊り」などの集落の行事では、暗黙知化された「結」文化によって集落の住民全員が協力して行事ごとを行うのである。たとえば、奄美では各集落での行事の際に男性は力仕事を女性は仕出しなどを担当しており、集落のために行う行事は地域住民で協力して行う。「結」の精神の下での集落住民の協力によって集落ごとの特徴のある文化が継承されているのである。平瀬マンカイ（本章の扉の写真）や龍郷町のショチョガマ[4]（写真1）は豊年祭の代表的なものであり、約 400 年の歴史がある。こうした集落の豊年祭に、奄美大島の人々は子どもの頃から町内ごとで参加し、始まりの儀式として、みんなで神社にお参りに行くという文化的慣例がある（写真2）。ここには、誰かのためにやるのではなく、集落のためにやるものであるという文化がある。また、先述の「夜ネヤ、島ンチュ、リスペクチュ」というイベントも、集落の青年団が島をもりあげるために無償で協力し、島の人々とともにつくりあげたイベントである。こうした協力に対する対価はないが、そこには多大な感謝が生まれ、青年団の人々に何かあれば助けるという相互扶助の精神が生まれる。感謝の気持ちの永遠のループが構築されるものが「結」である。このように多様性を認める寛容性の高い文化を奄美出身者は持っており、これが移住者を受け入れ、現状にあわせて現地化することで新たな価値や財を生み出し、文化・自然環境保全の枠組みの中での観光振興を可能にしているのである。

実際に「結」の精神文化は島民だけではなく移住者にも継承され、それによって移住者とともに文化継承・自然環境保全の枠組みの中での観光振興が可能になっているのである。その仕組みを観光事業が成功したといわれている芦徳[5]で考察すると、やはり「結」という文化を継承する土台がある。芦徳では、地元島民も寛容性が高く、移住者を快く受け入れ、彼らが新しいビジネスなどを持ち込んでもそれを受け入れる文化を持っている（福島 2010）。また、移住者が先述の精神文化を学習し、集落の担い手として暮らしている。どのようにして「結」の精神文化を学習・継承しているかというと、移住者の多くも島の文化に興じており、島唄や三味線、踊りから地域の子ども会や婦人会までさまざまなグループに属し、行事やイベントに参加することによって、地元民に溶け込んでいるのである（福島 2010）。つまり、地域の何かしらの会に所属し、さまざまな集落行事や作業の分担を担うことが地域の生活文化として暗黙のうちに浸透し、自然に「結」文化や伝統文化を学習・継承し、地域に溶け込み担い手となっていくのだ。移住者の多くは観光事業などを展開している人が多いが、彼らは地域の担い手であるという自覚が芽生えているため、大規模開発などによる利益優先型の観光振興ではなく、文化や自然環境の保全の中での観光事業を行っている（福島 2010）。つけ加えて、彼らが島で都会にあるおしゃれなカフェやレストランを経営する場合、島の食材を使用するなどして財やサービスを現地化することで新たな価値や財を生み出しているのである。実際に、龍郷町にあるジェラート店は、移住者が無農薬の島の果物やサトウキビ、塩などを使用した、ここでしか手に入らない商品を販売し、地元の人から観光客まで幅広い人たちに人気の店になっている。

したがって、奄美の「結」という文化は寛容性や相互扶助による多文化共生が背景にあり、それが社会関係性の中での体験やコミュニケーションを通じて暗黙知化し、それが地域文化の継承・発展、自然環境保護そして観光開発の方向性に影響を及ぼしていたといえる。加えて、島外からの移住者により地域に多様性が生まれることで、さまざまな新たな商品やサービスが生まれている。そうした財やサービスを地域住民が現地化することによって地域内の他産業にも少なからず建設的な影響を及ぼしているのである。

島唄の継承・発展と産業化

次に、島唄が伝統文化および移出産業の１つとして、どのように継承され発展してきたのを考察する。奄美の島唄は奄美の民謡であり、鹿児島県の文化財に指定されている伝統文化である。この島唄の「シマ」とは先述の通り集落を意味しており、集落ごとの島唄がある。したがって、「奄美の文化の個性は、島唄を源としつつ、それに新民謡、その現代的発展版として奄美歌謡、さらに奄美のポピュラー音楽が積み重なって、厚みのあるうた文化を形づくっている」のである（加藤・寺岡 2017）。

奄美の島唄は元々生活に密着したさまざまな感情を表現した唄であった。それがアシビウタ（遊び歌）となり、今日では伝統文化として継承され、地場産業の１つにまで発展している。近年、世界自然遺産登録申請で奄美が注目されるようになると、観光資源の１つとして島唄が取り上げられるようになった。こうした生きた文化として、島唄は今日まで奄美で継承され、産業化、そして地域資源化され、発展してきている。この過程には、地元の出版や音楽関連などメディアの人々の島唄を後世に残そうという意識から生まれた島出身者のイニシアティブが影響を及ぼしている（加藤・寺岡 2017）。それにつけ加え、これまで考察してきた寛容性や相互扶助の文化を背景として、島唄は広範な人々に受け入れられるものに現地化され、それによって島唄自体の継承だけではなく、音楽産業の発展にも影響を及ぼしてきたのである。

まず、地元新聞社である南海日日新聞の創業者・山村家國が 1965 年から新聞社主催の奄美民謡大賞を年 1 回開催してきたことが、今日の島唄の継承につながっているのである（加藤・寺岡 2017）。1990 年代前半までは高齢の参加者が多く、人数も 50 人程度だったが、1996 年に元ちとせが優勝し、2002 年に島唄の歌いまわしを残した「ワダツミの木」でメジャーデビューすると、2003 年には出場者が約 1.3 倍に増加した（加藤・寺岡 2017）。同時に、元ちとせのデビューは当時ほとんど知られていなかった奄美という地域の知名度も上げることに貢献したと地元の人たちは話している。

また、こうした大会があるということは、若い世代が唄島を習うニーズが出てくる。これは文化経済学の分野でもすでに指摘されている伝承・継承の仕組みでもある。唄島の場合であれば、伝達者（習いごとの指導者）から消費者（生徒）に知識や技術が伝播され、学習を通じて、さらに弟子（生徒）を持つという循環が繰り返され、それを披露し、競う場所が提供され、産業化する。発表の場があることは島唄人口を増やし、産業化につなげる重要な装置になっているのである。こうした環境によって文化が伝播・継承され発展していく。社会学者のブルデュー（Bourdieu 1991）が実証しているように、幼少のころから芸術文化に慣れ親しんでいないと大人になってからの芸術文化への関心が希薄なことからも、こうした環境があったことは島唄の継承や産業化に重要な役割をはたしているといえよう。

次に、島唄が地場産業化していく過程をみると、今日まで地元住民もしくは地元の事業者が先駆的な島唄の地元レーベルとしての役割を担ってきた（加藤・寺岡 2017）。当初は産業化といっても経済的な利益のために産業化したのではなく、趣味的に島唄を後世に残すために、記録・保存し始めたところから始まっている。それを商品化して販売することで島の人々が広く耳にできるようになったのである。また、地元レーベルはライブハウスなども運営しており、より普及の効果がもたらされている。

実際に、名瀬市の中心市街地にある老舗の楽器屋「セントラル楽器」は1956年から現在まで、島唄を企画からレコード化、CD化し、現在ではiTunes化などして島唄を支え続ける先駆的地元レーベルの1つである（あまみっけホームページ）。これまでの自主レーベルの数は、1,500以上にもおよび、ここでしか手に入らない奄美の島唄の自主レーベルが制作・販売されている（加藤・寺岡 2017）。最近では奄美民謡のCD制作や販売をも行うようになり、年配者に人気であるそうだ（あまみっけホームページ）。もう1つの先駆的な島唄のレーベルは、1991年まで市街地に立地していたニューグランドというお土産屋である。土産物も販売していたが、島唄や新民謡のレコードやカセットテープの販売や演者を派遣することも行っていた（加藤・寺岡 2017）。

そして、現在、次世代の若者に島唄を伝える活動をしている中心的な人物がFMあまみ（NPO法人ディ！）[6]とライブハウスASIVI（アーマイナープロジェクト）を運営・経営している麓憲吾氏である。彼は音楽を通じた奄美の再生をめざしてさまざまな音楽イベントや取り組みを行っている。たとえば、Jポップや漫談に島唄の要素を加えて現地化した島唄調のポップスや漫談を企画・制作・販売する地元レーベルとして活動すると同時に、島外のレーベルとも連携することによって島の認知度を上げ活性化にもつなげているのである。実際に、奄美で現地化された島唄調のポップスは全国市場に再帰し、認知度を高めている。伝統文化としての島唄を残しつつも、新しいものを受け入れて変容させたことは、若者にも受け入れやすい環境をつくり、島唄の継承だけではなく、産業にも建設的な影響を及ぼしているのである。

さらに若者や、近年では、次世代の子どもたちにも奄美の文化や自然環境の大切さを伝承するための音楽イベントも実施している。こうした活動の背景には、奄美の若者や子どもたちが奄美の文化・歴史・自然の価値を認識し、奄美に誇りを持ってほしいという思いから活動しているのである[7]。その活動の１つが2001年から行われている「夜ヤネ、島ンチュ、リスペクチュ！！」の音楽イベントである。このイベントは、単なる音楽イベントではなく、若者に伝統文化である島唄に親しみを感じてもらうために行っており、麓氏と奄美の公務員２名がサーモン＆ガーリックというバンドを結成し、笑いを交えた唄島漫談や島唄の祝典歌である「あさばな節」などをアレンジしたものなどをライブで披露している（加藤・寺岡 2017）。これを始めるきっかけになったのは、島外からイベントに出演していたミュージシャンとの交流によって、奄美の島唄が奄美独得のものであることを再認識したことからである（加藤・寺岡 2017）。もともと島唄は遊び文化から生まれていることからも、次世代を担う若者が奄美の自然・文化・歴史に誇りをもてるように、楽しみながら体験できる場や機会を麓氏は常に提供しているのである[8]。そして、着目すべきは、先述の通り、このイベントも集落の青年団が島を盛り上げるために協力することで実施できているということだ。

また、2018年８月には、「唄島キャンプ」という子どもたちと１泊２日でキャンプをし、奄美の自然・文化・歴史を伝えるためのイベントも開催している。このイベントでは音楽だけではなく、環境省の奄美事務所である奄美野生生物保護センター（環境省）のレンジャーが奄美の自然環境について子どもたちに講義するというプログラムも提供されていた。さらに、2018年10月には、「唄島プロジェクト」の一環として行政と協働し、奄美出身の元ちとせ、中孝介、カサリンチュ、城南海、我那覇美奈などの地元ミュージシャンたちが奄美の自然・文化・歴史への思いを乗せた奄美ポップス「懐かしい未来へ」を企画・CD化し、発売している。この連動イベントである「環境文化」祭「唄島ふぇすてぃばるっち。」は、音楽を通じて奄美の自然・文化の魅力を島内外へ発信するために開催され、奄美の人々の思いが１つになった奄美では初めての大型イベントであった。この運営は、奄美大島の５市町村で結成されている奄美大島自然保護協議会とあまみFMが共同で主催し、後援には地元企業が名を連ねたことはもとより、地元の多くの人々が実質的に協力することで実行できたのである。

写真3 唄島プロジェクト「環境文化」祭「唄島ふぇすてぃばるっち。」 奄美大島自然保護協議会提供

このように、今日までの島唄の継承・発展・産業化には、寛容性と相互扶助の精神文化があったからこそ、奄美出身の島民がイニシアティブを取り、さまざまな地元のアクターと連携しながら島民を巻き込みつつ、ムーブメントを起こすことができたのである。同様に、外部との「気づき」からＪポップを現地化することにより島唄の文化的価値の継承・発展と産業化がなされてきたといえる。

自然環境保護の取り組み

ここでは、近年の奄美の自然環境保護の取り組みについて考察する。奄美の特徴といえば、奄美にしか生息していない希少なアマミノクロウサギなどの固有動植物が生息している点にある[9]。こうした固有の地域資源を活用した観光振興による維持可能な発展には、自然環境の保全と継承が前提になる。そうしたなかで、一時期外来種のマングースがこうした希少種を捕食し、その個体数が減少する事態に陥っていたが、駆除に関する専門的な知識や技術を島外との交流により得て、島民がそれを現地の状況に適応させて現地化したことにより、現在では希少種の個体数の回復が確認されるようになった。実際に、2018年現在のマングースの数は50頭以下にまで減少しており、世界的にも先駆的な事例となる可能性が高いほど成功している[10]。駆除を実際に行っているのは、マングースバスターズといわれる島出身と島外出身者の島民で構成された東京の自然環境研究センターの奄美事務所の人たちである。

また、近年では、ノネコが問題となっている。奄美大島には野生化した飼い猫（ノネコ）が多く生息しており、アマミノクロウサギなどの希少種を捕食してしまうという問題が起こっている。これに関しては、自治体などが連携し、さらに先述の自然環境研究センターも協力して現在対策が講じられている。具体的には、2018年3月に「奄美大島における生態系保全のためのノネコ管理計画」を環境省那覇自然環境事務所、鹿児島県、奄美市、大和村、宇検村、瀬戸内町、龍郷町が合同で策定し、すでに共同で「奄美大島ねこ対策協議会」を設置、奄美ノネコセンターを運営し、2018年7月から捕獲したノネコを一時収容している[11]。

ほかにも、国・県・市・警察と民間事業者等の間では観光客の利用過剰による自然環境への負荷や自然環境破壊を防止するために、エコツアー等のルールを協議し、すでに策定をしている。沖縄県の石垣島などでは、東京などからの観光事業者が多く、規制を設けようとしても同じテーブルにつかないという状況があり、事故も多発していた事例もある。利益優先で自然環境を活用することは維持可能な発展にはつながらないことを行政も認識しており、奄美市は2019年2月27日から観光客がすでに増加傾向にある金作原（きんさくばる）に立ち入る際の条件として、ガイド同伴を義務づけている[12]。このように、奄美大島では行政間や民間組織との連携などさまざまなレベルでの協働による自然環境保護の取り組みが行われているのである。特筆すべきは、彼らは個人的にも知り合いであり、インフォーマルな場でも話し合いが行われているということだ。先述の麓氏や新聞記者の方々など奄美では多くのインフォーマルな社会関係性が存在しており、唄島プロジェクトもその一例である。

奄美の自然保護活動では島全体でさまざまなアクターが協力しあい取り組んでいたと同時に、さまざまなレベルでも取り組まれていた。実働しているレベルでは、島外との交流で得たものを現地化し、環境保護に多大な貢献を果たしていた。こうした相互扶助と寛容性の精神文化を背景として、多方面の水平的な関係性が同じ目標を持った際に課題を創造的に解決する方向へ推進する最大限の力を発揮しているのである。

4　奄美の文化を基盤としたレジリエンスから維持可能な発展に向けて

奄美の再生と維持可能な発展をめざす場合に重要な要素である観光振興の方向性と地域資源でもある伝統文化の島唄の継承・発展・産業化および自然環境保護活動の取り組みを考察してきた。そこから、奄美の社会経済には、異なる文化や意見の多様性を受け入れる寛容性と相互扶助の精神文化「結」が基盤となっており、それが今でも地域のさまざまな社会関係性を介して暗黙知化され、奄美の人々に浸透・継承されていた。この精神文化は、外部との交流を促進し、そこからのさまざまな「気づき」という発見の機会をもたらすと同時に、そこから得た知見や技術を地域住民がイニシアティブを取り、地域内外とも連携して現地化していた。実際に、観光振興、島唄の継承・発展・産業化そして環境保護において、外部との交流は地域にない知見や技術を地域住民によって現地化することで伝統文化の継承・発展や自然環境の保護を促進させただけではなく、地域内で新たな経済的価値や財を創出するなど有機的に機能していた。つまり、寛容な社会は多様性のある社会をつくり、さらに多方面での交流や社会関係性が構築されて、新たな財・サービスが生まれるのである。

こうした寛容性は、地域住民が耐えうる、または幸せに暮らせる環境において機能するといえよう。地域の許容範囲を超えた観光客が流入することによる住民の生活環境の悪化や犯罪率の上昇、自然環境や文化の破壊、多数の移住者による地価の高騰など普段の生活が維持できない状況下では寛容性は機能しないだろう。実際に都市で社会を安定させて寛容性を保持するには都市政策が重要な役割を担っていた[13]。奄美の場合は精神文化を基盤とした住民のイニシアティブにより伝統文化や自然環境などの非経済的価値と経済的価値とのバランスを保持し、島民が安心して暮らせる、もしくは許容範囲内での生活環境を維持していた。

奄美の事例研究により、文化の多様性や異なる意見を受け入れる寛容性はサクセニアンがすでに指摘していたように、新たな財・サービスを生み出す要因であるのはもとより、文化・自然といった地域固有の非経済的価値の継承・発展にもつながっていることが明らかになった。その場合は、地域住民のイニシアティブによって地域住民が地域に見合った形での発展をしていく現地化が必要である。特に地方や農村においては重要になるであろう。それは、地域が文化を基盤とし、文化に規定されているため、現地化することで地域固有の財やサービスに変容させることが可能であるからだ。そして、違いや異なるものを受け入れることができる多様性のある地域がレジリエントな社会を構築できる。たとえば、レジリエントな社会とは、環境問題に直面した際にさまざまな人たちが一致団結して迅速に柔軟に対処・解決できる社会でもある。また、世界自然遺産登録などのムーブメントが起こった際や経済再生や発展のチャンスが訪れた際には、それに乗じる準備や対応を公共的な利益に則して協力し合い地域一体となって取り組める社会である。換言すると、レジリエントな地域の条件とはさまざまな状況下で、ある目標や目的に向かってさまざまな経験や意見を許容・共有する高い寛容性とそれを現地化することにより、再生・発展に相互扶助の精神で取り組むことが前提条件になろう。したがって、奄美では今後、地域経済に関しては、基幹産業としての観光産業による具体的な地域振興のあり方が今後の課題になるだろうが、暗黙知化された精神文化を基盤として維持可能な発展をしていく素地と潜在的可能性があるといえよう。

以上より本章では、社会関係性を通じた寛容性や相互扶助という精神文化の暗黙知化によって、地域の伝統文化が継承され、さらにさまざまな交流によって得たものを地域住民のイニシアティブで現地化することが地域の伝統文化の発展・産業化や自然環境保護の推進、そして新たな経済的価値や財を生み出すことを新たに示した。最後に、今後の課題として、奄美の維持可能な発展をみるうえで、循環的な地域産業連関の構築の可能性についても詳細な分析・検討をする必要があることをあげておく。

注

1 奄振は、1954年に「奄美群島特別措置法」という名称で離島という地理的不利な条件などを改善するための補助金を拠出する時限法である。現在の支援内容は主に公共事業で、ほかに「航路・航空路運賃の低減」や「世界自然遺産登録に向けた観光キャンペーン」などがある（国土交通省）。

2 第2次産業が激減した背景には、1970年代当時基幹産業であった織物産業が和装需要の減少により衰退したことがあげられる。実際に大島紬の生産反数は1972年の約28万反から2017年の4,402反と約63分の1にまで減少した（鹿児島県 2017）。

3 大正大学地域構想研究所奄美支局の奄美市出身・在住の坂井三智子氏へのインタビュー。

4 龍郷町の秋名集落で行われる「ショチョガマ」は400年の歴史がある豊年祭で、山と海の神様に来年の稲の豊作を祈願する国指定重要無形民俗文化財に指定されている祭事である（あまみっけホームページ）。

5 芦徳集落は奄美市の北部に位置する龍郷町に位置する人口わずか6,000人の集落である。龍郷町は移住者に人気の地域で空き家もほとんどなく、奄美で人口が増加している地域である（龍郷町 2018）。大正大学地域創生学部の実習中での龍郷町役場・盛島洋也氏のレクチャー（2018年9月20日）より参考。

6 設立理念は以下の3点である。①奄美大島とシマッチュが持っている地理的・文化的素材 / 素質の価値をシマッチュ自身で認識してもらうこと、②人びとのつながり「結い」を大切にし、さらなるシマの価値を創造すること、③子供たち、孫たちの世代へ向けてシマの素晴らしさを伝えること（あまみFMホームページ）。現在の会員数は個人が1838人、企業団体が422である。

7 大正大学地域創生学部の実習中でのNPO法人ディ！・麓憲吾の「奄美文化のアイデンティティと世界自然遺産」をテーマとしたレクチャー（2018年10月4日）より参考。

8 大正大学地域創生学部の実習中でのNPO法人ディ！・麓憲吾の「奄美文化のアイデンティティと世界自然遺産」をテーマとしたレクチャー（2018年10月4日）より参考。

9 固有種が生息している背景には地史が起因する。奄美は琉球諸島と同様に中国大陸と日本列島は陸続きであったが、大陸から分離し後に大陸では絶滅した固有種が、奄美では独自の進化を遂げて生き残っている（鹿児島県環境学研究会編 2009）。

10 大正大学地域創生学部の実習中での自然環境研究センター・松田維氏の「自然環境保護活動の取り組み－奄美大島におけるマングース防除事業について」テーマとしたレクチャー（2018年10月3日）より参考。

11 大正大学地域創生学部の実習中での奄美市役所プロジェクト推進課・藤江俊男氏の「世界自然遺産登録に向けた取り組みと課題」をテーマとしたレクチャー（2018年9月28日）より参考。

12 大正大学地域創生学部の実習中での奄美市役所プロジェクト推進課・藤江俊男氏の「世界自然遺産登録に向けた取り組みと課題」をテーマとしたレクチャー（2018年9月28日）より参考。

13 詳細は、「マルチメディア産業の持続的な発展と都市政策－サンフランシスコ市・ソーマ地区の国際事例研究－（清水 2017）」を参照。

参考文献

あまみ FM ホームページ（http://www.npo-d.org/index.html）2019 年 1 月 4 日アクセス
あまみっけホームページ（http://www.amamikke.com）2019 年 1 月 4 日アクセス
Bourdieu, Pierre, Alain Darbel, and Dominique Schnapper（1991）*The Love of Art*, Polity.『美術愛好－ヨーロッパの美術館と観衆』山下雅之訳（1994）木鐸社
Florida, Richard（2002）*The rise of creative class*, Basic books.
福島綾子（2010）「住民たちがつくる生活融合型観光」藤木庸介編『生きている文化遺産と観光』学芸出版社 pp. 38-55
鹿児島県（2017）『奄美群島の概況　平成 29 年度』鹿児島県大島支庁
鹿児島県環境学研究会編（2009）『鹿児島県環境キーワード事典』南方新社
加治屋健司（2016）「地域に展開する日本のアートプロジェクト－歴史的背景とグローバルな文脈」『地域アート』藤田直哉編著　堀之内出版 pp. 95-133
加藤晴明・寺岡信悟（2017）『奄美文化の近現代史－生成・発展の地域メディア史』南方新社
国土交通省『奄美群島振興開発の現状と課題』国土交通省ホームページ（http://www.mlit.go.jp/common/001220822.pdf）　2018 年 12 月 3 日アクセス
国連開発計画日本代表事務所ホームページ（http://www.jp. undp. org/content/tokyo/ja/home/sustainable-development-goals.html）2019 年 4 月 1 日アクセス
宮本憲一（1999）『都市政策の思想と現実』有斐閣
南海日日新聞社（2001）『それぞれの奄美論・50 －奄美 21 世紀への序奏』南方新社
Polany, Michael（2009）*The tacit dimension*, University of Chicago Press.『暗黙知の次元』高橋勇夫訳（2003 年）ちくま学芸文庫
ロックフェラー財団ホームページ（http://www.100resilientcities.org/）4 月 1 日アクセス
佐々木雅幸（1997）『創造都市の経済学』勁草書房
佐々木雅幸・川井田祥子・萩原雅也編著（2014）『創造農村』学芸出版社
Saxenian, AnnaLee（1994）*Regional advantage：culture and competition in Silicon Valley and Rout 128*, Harvard Press. 大前研一監訳（1995）『現代の二都物語』講談社
清水麻帆（2017）「芸術祭を通じて維持可能な地域の在り方に関する一考察－香川・瀬戸内芸術祭と香港・火炭の事例比較研究－」『大正大學研究紀要』第 102 号 pp. 319-336
清水麻帆（2017）「マルチメディア産業の持続的な発展と都市政策－サンフランシスコ市・ソーマ地区の国際事例研究－」『松山大学論集』第 29 巻第 4 号 pp. 313-348

第9章

フットパスによる創造的地域づくり

――共創のエリアデザイン

里山でフットパスウォーク（鳥取市鹿野町）

久保 由加里
大阪国際大学国際教養学部国際観光学科准教授

はじめに

大量生産＝消費型経済に代わって個性的文化的な消費を基調とする創造経済の到来とともに、従来の画一的な大衆観光であるマス・ツーリズムに対し、地域の特性を活かして体験型・交流型の要素を取り入れたニューツーリズムに、地域活性化への大きな期待が寄せられている。観光庁は2007年に観光立国推進基本法を施行し、新たな観光旅行の分野の開拓や観光地の環境、景観の保全などを掲げて、ニューツーリズムの創出・流通を促進してきた。さらに、ある観光対象を多面的・多角的にとらえ、他の地域資源や観光要素と組み合わせることで新たな価値を創出しているものや、これまでに観光対象として認識してこなかった資源を活用するニューツーリズムも台頭している。

近年、ツーリズムのトレンドとして「健康」がクローズアップされている。内閣府の「人生100年時代構想」を受けて、2018年4月に経済産業省が発表した「アクションプラン2018」では、「観光」×「健康」、「スポーツ」×「健康」をテーマに、ヘルス・ツーリズムやスポーツ・ツーリズムの創出・活用を謳う。環境省も2017年に「新・湯治」推進プランを作成し、「温泉地訪問者が、温泉入浴に加えて、周辺の自然、歴史・文化、食などを活かした多様なプログラムを楽しみ、地域の人や他の訪問者とふれあい、心身ともに元気になること」による温泉地の活性化を提言している。

その潮流は「歩く」ことに付加価値をつけた多彩なツーリズムを生み出している。歴史・文化観光やヘリテージ・ツーリズム、森林セラピーやヨガ、さらには温泉療法などと組み合わせたウェルネス・ツーリズム、またグリーン・ツーリズムやスポーツ・ツーリズムなどあげていけばきりがない。ONSEN・ガストロノミーウォーキングや木曽馬と一緒に歩くウォーキングツアーなども登場している。

本章では、森林、里山、棚田、また平原などの自然環境や文化資源を観光対象として、そこに地域住民との交流や体験の付加価値を生み出すことで、「歩く」ことを楽しむ空間づくりと地域活性化を促進している事例について言及する。

1　フットパスとは

日本においてフットパスによる地域づくりが広がり始めて10数年が経つ。日本フットパス協会によると、フットパスは「イギリスを発祥とする『森林や田園地帯、古い街並みなど地域に昔からあるありのままの風景を楽しみながら歩くこと【Foot】ができる小径【Path】』のこと」と定義される。では英国におけるフットパスとはどのようなものか。

英国におけるパブリック・フットパス

英国全土には森や自然道、また畑や牧草地のあぜ道、川沿いの細道の中で、誰もが歩くことができるという、「歩く権利（Rights of Way）」が認められた歩行道が存在する。それは判例や法律によって公衆に開かれた道、パブリック・フットパス（public footpath）と呼ばれる。人々が自然を享受するためのアクセス権を行使する公共権利通路（public rights of way）の一種である。その土地の多くは、国家や自治体が所有するものだけでなく、個人や団体の私有財産の一部である。

18世紀後半、産業革命後の囲い込み（enclosure）によって、それまで市民が自由に立ち入ることができた共有地（commons）が消失させられた。それは自然の中でレクリエーションを楽しむ権利を同時に奪うことでもあった。そのことに不満を募らせた市民が、土地の開放とアクセス権を求めて運動を行った。それは不平等な土地所有や、都市の劣悪な労働環境、居住環境に対する抗議運動であった。1932年には事件にまで発展し[1]、その同年、「歩く権利法（Rights of Way Act 1932）」が制定された。

その後、1949年「国立公園・田園地域アクセス法（National Parks and Access to Countryside Act 1949, 以下NPACA 1949）」が制定され、国立公園、特別自然景勝地域、そして国指定自然保護区などの設置を定めた。またパブリック・フットパスの種類区分がなされ、イングランドとウェールズのすべての州に公共権利通路を示した地図を作成することを求めた。この地図

写真1 パブリック・フットパスの標識　筆者撮影

は数年かけて完成し、陸地測量地図として使用された。NPACA 1949で定められたイングランドとウェールズの長距離フットパスである「ナショナル・トレイル（National Trail）」は、現在15本あり、全長約4,000km以上に及ぶ。さらに「田園地域法1968（The Countryside Act 1968）」ではその区分わけに改定が加えられた。2000年には、「田園地域・通行権法（Countryside and Rights of Way Act 2000）」が制定された。これによって、自然保全を目的とした、カントリーサイドにおける公共権利通路に関連したアクセス権と、土地所有者の私有権に関する制限について新たな見解が示された。

「歩くこと」が生活に根づいた娯楽である英国人にとって、パブリック・フットパスは単なる観光のツールではない。ローマ時代に軍事道路として整備されたローマン・ロードが基礎になって、貿易、交通、また巡礼など、生活と密接に関わりながら徐々に発展してきたものである。ナショナルトレイルのなかには、Hadrian Wall Passのようにローマ時代につくられた塀や集落に沿っているものがある。

パブリック・フットパスは、人々が自然を享受するためのアクセス権として存在し、保全されてきた。そしてそれは18-19世紀の自然保護運動やロマン主義と相まった、余暇を求める社会運動の成果として歴史的意義をもつものなのである。

パブリック・フットパスの保全の事例

▶カントリーサイド・コード（The Countryside Code）

環境・食糧・農村地域省（Department for Environment, Food and Rural Affairs：

Defra）の非省庁公共団体（non-departmental public body：NDPB）であるナチュラル・イングランド（Natural England）は、来訪者ならびに土地管理者それぞれの責任を示す法定ガイダンスとして、カントリーサイドコードを制定している。“Respect-Protect-Enjoy”をキーワードに具体的な指示が与えられている。来訪者は自然、他のランブラーたちや地域コミュニティに対する責務がある。公共権利エリアや通路に関しての最新情報を事前に入手し、その地域での指示やパブリック・フットパスのルートを示した標識に従うことが求められる。一方、地主などには自分の権利と責務を認識し、来訪者が安全に歩くことができるように整えなければならない。土台になっているのはホスピタリティ・マインドである。

▶Walkers are Welcome ネットワーク

英国には環境、自然保護、コモンズ、そしてランブリングに関する民間団体が数多く存在する。パブリック・フットパスはそのような民間団体、あるいは地方自治体、土地の所有者、また町民によって管理、整備されている。ここでは日本フットパス協会とフレンドシップを結んでいるWalkers are Welcome UK network（以下 WaW ネットワーク）について紹介する。

WaW ネットワークは2007年イングランドのヨークシャー州、ヘブデンブリッジで始まった、非営利コミュニティ利益会社（Non-profit Community Interest Company）である。ヘブデンブリッジでは、交流人口の増加の方策としてウォーキングを推進し、Walkers are Welcome Townとして町をブランド化した。さらにネットワークを近隣の他の町に広げることで、地域ブランドとして確立していった。2018年12月現在、イングランド、スコットランドとウェールズの合計で106の市町村が WaW ネットワークに登録をしている。

WaW ネットワークは、

1. その土地のウォーキングについて最良の情報を提供することで、ウォーカーに魅力的なものとする

2. ウォーカーのためにフットパスと関連施設を保全、改良し、わかりやすい標識を示すことを保証する
3. 地元の観光計画や再生戦略に貢献する
4. ウォーキングによる健康効果を促進し、参加者を増やす
5. 公共交通機関の利用を奨励する

という5つの目標を持って登録している町や村をサポートしている。

ナチュラル・イングランドの職員であり、コッツウォルズ地方ウィンチコムのWaW代表者理事、Sheila Talbot氏は、「フットパスを成功させるためには、土地所有者と良い関係を築き、地主、地方自治体、ボランティアそしてウォーカーたちと協調、協力しなければならない。互いを、自然を、地域を尊重し、それぞれが責任を持つことが不可欠である」と語る[2]。

2 日本における フットパスによるエリアデザイン

フットパス[3]による地域づくりは、1990年代半ばに北海道と東京都町田市で始まった。北海道では、環境市民団体のエコ・ネットワークが1992年に発足し、エコ・ウォーキングを推し進めるなか、小川巖代表によってフットパスが取り入れられた。2012年には、「フットパス・ネットワーク北海道（FNH）」が設立され、フットパスを取り入れている地域のネットワークが強化されている。現在、53の地域（市町村）でフットパスルートが形成されている[4]。

多摩丘陵の西部から中央部を占めている東京都町田市では、1960年代国内最大級といわれる多摩ニュータウンの大規模開発により、区画整理とともに大部分が宅地と化してしまった。さらにエネルギー革命によって雑木林の利用が減り、現在では管理者の高齢化や継承者不足などにより荒廃の進む雑木林が増えている。田畑や山林等が開発により宅地として都市化が進んできた結果、農家戸数も長期的に減少している。しかしその北部は

地形の複雑さゆえに開発が遅れ、今なお多くの緑を残している地域があり、「鎌倉街道」に沿って歴史を経た神社・寺院などが残されている。このように自然が失われていくことを危惧する市民らが立ち上がり、保全の必要性を訴える活動を始めるようになった。それが1997年に結成された「鶴川地域まちづくり市民の会（現在はNPO法人 みどりのゆび）」である。自然環境と農村の保全には、歩いてもらうことでその価値を認識することが大切である、という考えに基づいた市民の草の根的な活動がしっかり地域に根づいた。その「みちづくり」の活動が英国のフットパスやナショナルトラストの起源に似ている、と学識者に指摘されたことから、自分たちの活動を「フットパス活動」と名づけた。その後、市と協働して、「日本フットパス協会」を設立し、日本のフットパスづくりの先駆者となってきた。最上川を活かしたリバー・ツーリズムを推進する山形県長井市、ワイナリーや廃線トンネル遊歩道を観光対象とした山梨県甲州市、北限のブナ林の北海道黒松内町、そして町田市が日本フットパス協会を発足させた初期の地域である。

棚田と石橋が織りなす風景の里として知られる熊本県美里町では、2010年からフットパスによる地域づくりを始めた。2013年に美里フットパス協会を、2016年には合同会社フットパス研究所を設立し、美里町のみならず九州全域のフットパスづくりをけん引してきた。また北九州市立大学などと「フットパス・ネットワーク九州（FNQ）」を立ち上げ、九州でのネットワークを拡大させている。注目すべきなのは、「フットパス大学」を開催し、フットパスによる地域づくりを体系化して教育していることだ。このように、フットパスを取り入れた初期の地域は、英国のパブリック・フットパスを直接輸入して地域づくりをスタートしたというよりは、模索しているなかで考え出した「歩くこと」がフットパスの概念に沿うことを、学識者の意見や雑誌、あるいは本などを通して知ったのである。

日本のフットパスの多くは既存の道路等を指定したものだが、なかにはボランティアにより新たに整備されたものもある。管理主体も国の各庁、市町村、NPO、さらには6次産業化を手掛ける株式会社などさまざまである。日本ではフットパスの設置や管理に関しては、地域の特性やニーズに応じてさまざまな方法で取り組んでいる。

3　条件不利地域における観光交流空間づくり

フットパスによる地域づくりは、条件不利地域における地域創造という点で大きな役割を果たしている。ここでは鳥取市鹿野（しかの）町の事例を取り上げる。鹿野町ではフットパスと域学連携の相乗効果から、新たな地域コミュニティが生まれている。

鳥取市鹿野町の事例

▶町の概略

鳥取市西部に位置する鹿野町は、面積の80%が山林であり、鷲峰山（じゅうぼうざん）に水源を持つ河内川を中心とした水田畑地である。歴史的には、因幡・伯耆の中心地で、交通・商業の要衝の地である。

安土桃山時代から江戸時代前期にかけて鹿野城主亀井氏が治めて城下町、物産集積地として発展した。なかでも亀井武蔵守茲矩（かめいむさしのかみこれのり）は、新田開発、用水路の整備などを進め、さらには朱印船貿易などにより産業の開発や振興に尽力した。また60歳以上の民を城内に招いてもてなしたり、敵を祭りに誘い出して攻め落とした、など人格者ならびに策略家としても知られている。その時代は鹿野の歴史の中で最も輝いた時代といわれ、今でも町民は「亀井さん」と敬愛を込めて呼んでいる。元和元年、鹿野城は一国一城令により破壊され、茲矩の子、亀井政矩（まさのり）が津和野に転封されると次第にすたれていった。

鹿野町は、2018年12月31日現在、人口は3,641人、高齢化率は35.7%[5]である。しかし創造的地域としての特色を多く有している。そのいくつかの側面を紹介したい。

▶行政と住民協働のまちづくり—景観まちづくり

鹿野町鹿野（以下、城下町地区）は今も城下町としての面影を色濃く残している。城山神社祭礼行事である鹿野祭りの似合うまちをテーマに、町の活性化をめざして行政と住民が協働して、まちなみ景観の整備・保全に積極的に取り組んでいる。1994年度から街なみ環境整備事業を開始し、1996年度から公的空間である道路、水路の縁石、石橋、石行燈などを整備してきた。400年ほどの歴史を持つ工芸品、鹿野すげ笠や町民手づくりの風車が軒先を飾り、統一感のある町並みを演出している。2007年地方自治法施行60周年記念式典「総務大臣賞」、平成20年都市景観大賞「美しいまちなみ優秀賞」、2010年国土交通省「手づくり郷土賞 大賞部門」など多数受賞している。

2001年には「NPO法人 いんしゅう鹿野まちづくり協議会」（以下、まちづくり協議会）を設立し、空き家活用や地域内外との連携事業、学びやアートに関連したプロジェクトを行っている。

文化的景観や自然を楽しむイベントも多い。蓮が咲く頃に行われる「城下町しかの蓮ウォーク」、海岸の景色を楽しむ「大崎城ウォーキング」、隔年に行われる「虚無僧行脚」、城下町を練り歩く流し踊りの「いんしゅう鹿野盆踊り[6]」など、ゆるやかに住民と来訪者がつながる交流が行われている。このように「歩くこと」で地域に親しむことが根づいていることから、鳥取市鹿野往来交流館「童里夢」が日本フットパス協会の会員となっている。2015年には、鹿野町で日本フットパス協会の全国大会が開催された。

▶行政と住民協働のまちづくり—アートによるまちづくり

佐々木（2012）は創造的地域の条件として、「農村部では大都市や海外の芸術家との交流を特に重視して、日常の仕事や生活のなかから新しい文化を生み出していく必要がある」と述べているが、鹿野町はまさにそのことを実践している地域である。そのひとつが「鹿野ふるさとミュージカル」である。鹿野兆民音楽祭実行委員会は、それまで鑑賞型だった音楽祭を

1987年に住民参加型市民ミュージカルへ再構築した。地域の住民が新しい地域の文化を自らの手で育てていこうと、プロ芸術家の指導を受けながら、１つの舞台づくりに結集している。演目は鹿野地域の伝説などをテーマとしている。

まちづくり協議会も「アート・イン・空き家」の取り組みを行っている。地域連携プロジェクト・パートナーである尾道市のアーティスト、その他全国から移り住んでいる陶芸家や画家が廃校になった小学校や空き家を利用して作品を生み出している。

さらに鹿野町にアートを根づかせているのが、芸術団体である特定非営利活動法人「鳥の劇場」の存在である。「鳥の劇場」という名前は、場所でもあり団体名でもある。2006年から、鹿野町の廃校になった小学校と幼稚園を活用して演劇活動をしている。地域と深く関わりながら、演劇を通した文化芸術の振興、地域の活性化に貢献することを目的としている。演劇に関わる外国人のスタッフが一時的に滞在することも多い。

このように城下町地区においては「創造の場」のある農村としての歩みがみられる。では城下町地区の周辺地域はどうであろうか。

条件不利地域における新たな取り組み

▶鹿野町河内について

城下町地区から８kmほど山間部に入った鹿野町河内(こうち)は、上条と下条の２つの集落から成り立つ中山間地域である。2018年12月31日現在、世帯数91、人口202名でそのうち65歳以上が102名で、高齢化率50.4％のいわゆる限界集落である。学校、診療所、郵便局や銀行はなく、路線バスは１日２本のみの運行にとどまっている。商店はなく、週２回の移動販売のみである。人口の減少が著しく、それに伴い農家戸数も減少傾向にある。特に65歳以上の兼業農家の減少が顕著である。いまや集落は無住化に向かって加速している。

▶河内果樹の里山プロジェクト始動

2015年、耕作放棄地の拡大を危惧した住民たちが立ち上がり、農地保全と稲作転作に乗り出した。平均年齢70歳代の有志の男性たちが「河内果樹の里山協議会（以下、里山協議会）」を発足させ、まちづくり協議会と協働して果樹園づくりを始めた。これが果樹の里山プロジェクトである。

プロジェクト企画段階から、住民のみによる活動の限界について思案されていた。小田切（2007）は、「地域内に暮らす人々が、個人単位で、地域と関わりを持つような仕組みや、地域支援しようとする都市住民やNPOなども参加できる仕組みへの再編が求められている」と述べている。特に条件不利地域においては、地域や地域の人々と多様に関わる者、つまり関係人口の存在は不可欠である。しかし、その関係人口を創出することには、それぞれの地域の工夫と努力が必要になる。

河内における取り組みのスタートは域学連携であった。

果樹の里山プロジェクトにおけるプレイヤーのなかに、大阪国際大学の観光学におけるホスピタリティ・マネジメント研究を行っている研究室がある。その研究室所属の学生たち（以下、学生）が、当初からこのプロジェクトに参画している。

4　条件不利地域における観光交流空間づくりへのシナリオづくり

当初、河内地区の住民は域学連携に対して消極的であった。都市部の大学生と関わることのへの躊躇、また連携が継続的なものとなるかどうかの疑念があったためである。そこで、学生たちは交流⇒協働⇒共創という段階を踏みながら関係性を築いていった。

交流空間づくり

最初に学生たちは、里山協議会メンバーから果樹園づくりの実地訓練を受けた。さらに稲刈りの時期に畦道でお好み焼きを焼いて、地域住民に休息の場を提供した。それは地域コミュニティに自分たちが入っていくきっかけづくりでもあり、地域を知るためでもあった。それからは定期的に里山協議会メンバーと果樹園づくり作業を行うと同時に、自らBBQや鍋パーティを主催した。そのような交流会には、里山協議会メンバーを含めまちづくり協議会や行政にも参加してもらった。さらには河内で商品開発をしていた鳥取大学の学生たちも巻き込んだ。このことが里山協議会メンバーの心を溶かしていき、次第に学生たちの来訪を待ちわびてくれるようになった。

交流から協働へ

▶フットパスづくり

河内地区の宝、つまり地域資源を発掘するため、まちづくり協議会と学生は官学民会議を開いた。幸いなことに時を同じくして、鳥取市西商工会に所属する地域おこし協力隊の職員が、FNQのフットパス大学で学び、フットパス・ルートとマップづくりを進めていた。そこで、そのマップを利用して、里山協議会メンバーにフットパスガイドをしてもらいながら、学生がルートの検証を進めていった。

▶インバウンド観光の創出

学生たちは河内を国際交流空間にする、というビジョンを掲げていた。そこで果樹の里山プロジェクトの開始以来、大阪国際大学の留学生別科の学生を対象とした「留学生ツアー」を実施している。これは、教育現場と地域の双方に大きなメリットを生んでいる。留学生たちにとっては、日本の原風景と文化に触れることができ、また日本の農業を含む地方の現状を学ぶ機会となっている。ツアーを企画している学生たちにとってはジェネリックスキルを身につける場である。一方河内の住民たちにとっては、さまざまな国の来訪者を地域に受け入れる機会となる。里山協議会のメンバーは、留学生と一緒にフットパスをしながら集落を紹介する。留学生たちは、地蔵や軒下に干した大根を興味深く眺める（写真2）。それは地域住民たちにとっては新鮮なことであり、当たり前の風景が実は地域資源になることに気づくきっかけとなっていった。

写真2 留学生ツアーで河内フットパス 筆者撮影

河内で学生たちが歩いていると、見知らぬ住民から「こんな何もない所に来て活動してくれてありがとう」と声をかけられた。留学生ツアーのフットパスでは、家の2階の窓から学生たちに手を振る高齢者がいた。学生たちは少しずつ自分たちが地域に受け入れられていることを実感しはじめた。

協働から共創へ－地域住民全体を巻き込む仕掛けづくり

2017年に新たな挑戦が始まった。これまで学生が関わってきたのは、地域自治に関係している里山協議会のメンバーだけであった。地域プロジェクトを成功させるためには、地域住民がさまざまな形で活動に関わる必要がある。しかし閉鎖的な集落において、長年築かれてきたコミュニティに新しい風を入れることはたやすいことではない。

そこで学生たちは、まず河内の女性たちをターゲットにした。しかしこれまで女性を地域自治に参画させることがなかったことから、この計画にも壁が立ちはだかった。そこで学生たちは、きっかけづくりとして「女子会」を開催することにした。河内の公民館で大阪のお菓子を囲んで、河内の生活や文化を聞き出す作戦である。この企画は、里山協議会メンバーとまちづくり協議会から相手にされなかった。女性は家にいるもの、という意識が根強く、彼女たちが一堂に会することは彼らにとっては考えられなかった。しかし学生たちは招待状をつくり、まちづくり協議会の女性理事長と一緒に河内の家をできるかぎり1軒1軒まわった。結果は意外なものだった。

女子会当日、大雪にもかかわらず平均年齢70歳の「女子たち」が10名集まってくれた（写真3）。その2か月後には第2回女子会が開催され、13名が集った。ここでも交流から協働の公式を当てはめ、「鳥取VS大阪　お雑煮対決」と称して、女子会メンバーとお雑煮づくりを行った。現在、女子会も着実に共創へと進化している。留学生ツアーと女子会のコラボ企画である。フットパスの交流として、女子会メンバーにおもてなしの企画を立ててもらった。河内に伝わるお菓子を一緒につくり、ベトナムの踊りを一緒に踊る。それはこれまで河内には存在しなかったグローバルな交流である。

写真3 第1回河内女子会　筆者撮影

さらに注目すべき点は、里山協議会メンバーと女子会メンバーとの協働が自然な形で始まろうとしていることだ。フットパスの交流を行うには、知らずと双方の協力が必要になってくる。女子会は女性の力をコミュニティの担い手として活かすための大きなステップになっている。

写真4 官学民会議　筆者撮影

共創を形に

2018年10月、4年間の域学連携活動をまとめた報告書、「鹿野ちゃれっじ　果樹の里山をデザインする!」を発行した。

今、新たな地域コミュニティの創出の取り組みが進んでいる。これまで形にしてきたハード、ソフトの地域資源を活かし、観光交流空間づくりの具現化に着手している。2019年3月に、シティセールス戦略の一環として鳥取市の後援を得て、まちづくり協議会と大阪国際大学主催の「鳥取市鹿野町の暮らし体験」ツアーを実施した。これは地方に暮らすことを考えている家族を対象とした、2泊3日のイベントである。企画は学生たちが行い、運営は里山協議会、女子会、まちづくり協議会メンバーと学生が担った。山菜を採りながらの河内フットパス、果樹の里山のいちじくを使ったジャムづくり体験、城下町まちあるき、温泉など鹿野の魅力を満喫できるものであった。11月には一般向け「現地発河内果樹の里山ツアー」を行う企画に向け、準備を進めている。

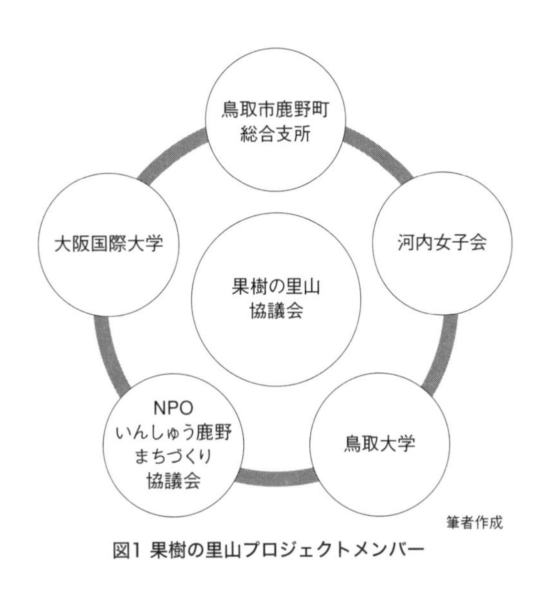

図1 果樹の里山プロジェクトメンバー

5 フットパスによる地域づくりが生み出すもの

フットパスは開放と歓迎の活動だと表現される。自分たちの敷地や地域を開放して歓迎することで、地域の有形・無形の価値を継承し、創造することができる。そのフットパスを成功させるものは、英国のカントリーサイド・コードに見るホスピタリティである。地域住民と来訪者それぞれが互いを尊重し、地域資源を守り、慈しむときにサスティナブルな交流空間を生み出すことができる。

佐々木（2001）は「人と人をつなぐネットワークのひろがりの結び目にこそ、「創造の場」が生まれる」と述べている。フットパスは地域の新しいコミュニティの創出とそこからゆるやかに持続する地域活性化の糸口となっている。そしてそれは地域資源の保全や文化の継承につながり、シビックプライドを持って地域活動に関わっていくようになる。

6 今後の展望

アーリは、「観光は通常・日常と非日常の基底的二項対立から生じる」（Urry 1990：11）と書いている。冒頭に述べたように、全国各地においてこれまでに地域資源として認識してこなかったものが注目され、それらが地域活性化や新たな観光を生み出す原動力になっている。条件不利地域を含めた農林漁村においても同様である。長年農林漁業の営みによって育まれ、保全されてきた農林漁村の美しい景観や文化、そして生活が変容している。喪失しつつある危機に面している地域も多い。これまで「日常」だった農林漁村の営みが、「郷愁を誘うもの」「ウェルネス・ツーリズムの場」などの「非日常」として観光対象になっている。

フットパスによる地域づくりは、地域が時代の流れを受け止め、新たな視点で地域資源に目を向けて、外部者とともに新たな地域コミュニティをつくる手段である。地域において同時多発的におこる、伝統芸能・文化の衰退・山村の原風景の消滅、コミュニティの崩壊を再創造することに一役買っている。人々との交流や四季折々の景観の美しさを通して、リピーターを獲得し、経済効果を生む「観光」としての性質から、楽しみの中から関係人口を生み出していくポテンシャルを持つ。

ニューツーリズムの台頭により観光の形態が多様化したなかにも、自然環境への負荷増大や生態系の破壊、住民の感情労働、それぞれのツーリズムのインフラ整備など課題は多く存在する。フットパスによるツーリズムも同様である。「日常」、つまり人々の生活文化を使った観光振興は、時として「日常の切り売り」になることがある。あるいは、非日常的な空間を意図的に創出しようとすることもある。それによって、「地域」やそこで営まれる「日常」が商品化されていくことで、地域のオリジナリティとしての「日常」が失われていく。実体のない、観光化されただけの「日常」は、さながらテーマパークのようだ。

フットパスによるツーリズムの魅力の創出には、歴史的景観、自然景観とともに地域の人々の暮らしが息づいていることが必須なのである。観光を地域活性化の手段にすることと、生活環境と生活文化、地域経済を守ることは互いに相乗効果を生むものでなければならない。

総務省は2018年度、地域の担い手をつくり出すべく「関係人口創出事業」を実施している。地域の「日常」と「異日常」を魅力的に持続させていく担い手づくりの１つとして、域学連携は大きな役割を担う。域学連携と観光は、楽しみと交流から生まれる絆を創り、地域への愛着や関わろうとする関係人口をも生み出すことができる。

フットパスは、その地域に多様に関わる人々の互いの心と地域とつないでいく道なのである。

注

1 キンダー・スカウト事件（Kinder Scout Mass Trespass）：ピーク・ディストリクト（現在は国立公園）のキンダー・スカウト（Kinder Scout）山一帯では、地主たちが雷鳥の保護を口実に、労働者たちが土地へ立ち入ることを禁止しようとしていた。1932年、数百人の労働者の散策愛好者たちが、自分たちのレクリエーションの権利として、かつて自由に享受していたその狩猟用の私有地へのアクセス権を主張し、解放を求めて集団侵入を強行した。その際、狩猟管理人たちとのあいだで争いが起こり、5名が逮捕・投獄された。このことは世論を動かし、「国立公園，カントリーサイドアクセス法（NPACA1949）」や「カントリーサイド・歩く権利法（CROWA2000）」の制定につながった。

2 Sheila Talbot「フットパスから“Walkers are Welcome Town”へ――英国での展開」里山学研究センター 第2回研究会における講演 2013年5月23日。

3 日本においては法で定められた公共権利通路ではないため、public footpath ではなくフットパス

(footpath) と表示する。
4 エコ・ネットワーク調べ(2018年8月)。
5 鹿野町総合支所調べ。
6 現在は担い手不足のため行われていない。

参考文献

畠山武道・土屋俊幸・八巻一成編『イギリス国立公園の現状と未来——進化する自然公園制度の確立に向けて』北海道大学出版会、2012年

平松紘『イギリス緑の庶民物語——もうひとつの自然環境保全史』明石書店、1999年

神谷由紀子編『フットパスによるまちづくり——地域の小径を楽しみながら歩く』水曜社、2014年

久保由加里「英国におけるパブリック・フットパスの保全にみる共生するツーリズム——コッツウォルズ地方の事例から」『大阪国際大学　国際教養学部・国際コミュニケーション学部　異文化コミュニケーション研究 9』異文化コミュニケーション研究編集委員会編、pp. 29-40、2016年

久保由加里「英国発フットパス日本への広がり」『地域開発 Vol.617』一般財団法人日本地域開発センター、pp. 11-17、2017年

MacIver, R. M., *Community A Sociological Study; Being an Attempt to Set Out the Nature and Fundamental Laws of Social Life*, London: Macmillan and Co., Limited, 1917; 3rd ed., 1924(中久郎・松本通晴監訳『コミュニティ　社会学的研究——社会生活の性質と基本法則に関する一試論』ミネルヴァ書房、1975年)

三俣学編『エコロジーとコモンズ——環境ガバナンスと地域自立の思想』晃洋書房、2014年

中塚雅也・小田切徳美「大学地域連携の実態と課題」『農村計画学会誌 Vol.35 No.1 』農村計画学会、2016年

小田切徳美「山村再生の課題」『アカデミア vol.83』公益財団法人全国市町村研修財団　市町村職員中央研修所(市町村アカデミー)、2007年

佐々木雅幸『創造都市への挑戦——産業と文化の息づく街へ』岩波書店、2001／2012年(岩波現代文庫)

佐々木雅幸・川井田祥子・萩原雅也編著『創造農村——過疎をクリエイティブに生きる戦略』学芸出版社、2014年

瀬沼頼子・齊藤ゆか編『実践事例にみる　ひと・まちづくり——グローカル・コミュニティの時代』ミネルヴァ書房、2013年

椎川忍『緑の分権改革——あるものを浮かす地域力創造』学芸出版社、2011年

須藤廣「「生活」へと近づく観光」『季刊　観光とまちづくり通巻527号』公益社団法人日本観光振興協会、pp. 38-40、2017年

Urry, J., *The Tourist Gaze Leisure and Travel in Contemporary Societies,* London: Sage Publications, 1990(加太宏邦訳『観光のまなざし——現代社会におけるレジャーと旅行』法政大学出版局、2006年)

環境省　新・湯治の推進－温泉地の活性化に向けて－(2019年1月13日参照)
https://www.env.go.jp/nature/onsen/spa/index.html

GOV.UK　Natural England　HP　https://www.gov.uk/government/organisations/natural-england(2019年1月13日参照)

第10章 創造農村と維持可能な社会の実現

——神山町と珠洲市におけるSDGsへの接近

（左）自然に囲まれ、鮎喰川の清流でPCに向かう青年，（右）「奥能登国際芸術祭2017」小山真徳『最涯の漂着神』
：NPO法人グリーンバレー・珠洲市提供

竹谷 多賀子

同志社大学嘱託講師・創造経済研究センター嘱託研究員

1 「維持可能な社会」の実現と創造農村への期待

国連サミット（2015年9月）における「持続可能な開発目標（SDGs=Sustainable Development Goals）」の採択以来、世界各地の地域政策や民間セクターにおけるビジネス手法において持続可能性を推進する動きが生じている。それ

年	1985 1987	1992	1997	2000	2001	2002	2004
維持可能な社会の実現の動き	国連ブルントラント・レポート 「Our Common Future」中心概念SD,1987 1970年代～鶴見和子,宮本憲一内発的発展論	リオ会議,1992 **SDの拡がり** Sen,A. *Inequality Reexamined*, 1992	国連環境開発特別総会,1997 京都議定書採択,1997	**MDGs採択,2000**		ヨハネスブルグサミット,2002	
創造都市・創造農村の動き					文化的多様性に関する世界宣言採択, 2001		世界文化フォーラム, 文化権と人間発達シンポジウム, 2004
				「創造都市の時代」の幕開け			
							横浜市文化芸術都市創造事業本部設置, 2004 金沢21世紀美術館開館, 2004
	「欧州文化首都」開催，1985～						
			佐々木雅幸『創造都市の経済学』, 1997	Landry,C. *The Creative City*, 2000	佐々木雅幸『創造都市への挑戦』, 2001	Florida,R. *The Rise of the Creative Class*, 2002	

図1「維持可能な社会」の実現の動きと「創造都市」「創造農村」の動き

らの動向を鑑み、わが国における内発的発展の経験を振り返り、持続可能な社会の確立を展望する時、宮本憲一が2006年に提言した人類共通の課題として「Sustainable Society =維持可能な社会」[1]に立ち戻ることが重要であろう。

宮本は平和の維持、生態系と環境の維持、全体的貧困の克服、民主主義の確立、基本的人権と文化共生等５課題を総合的に実現する社会を敢えて

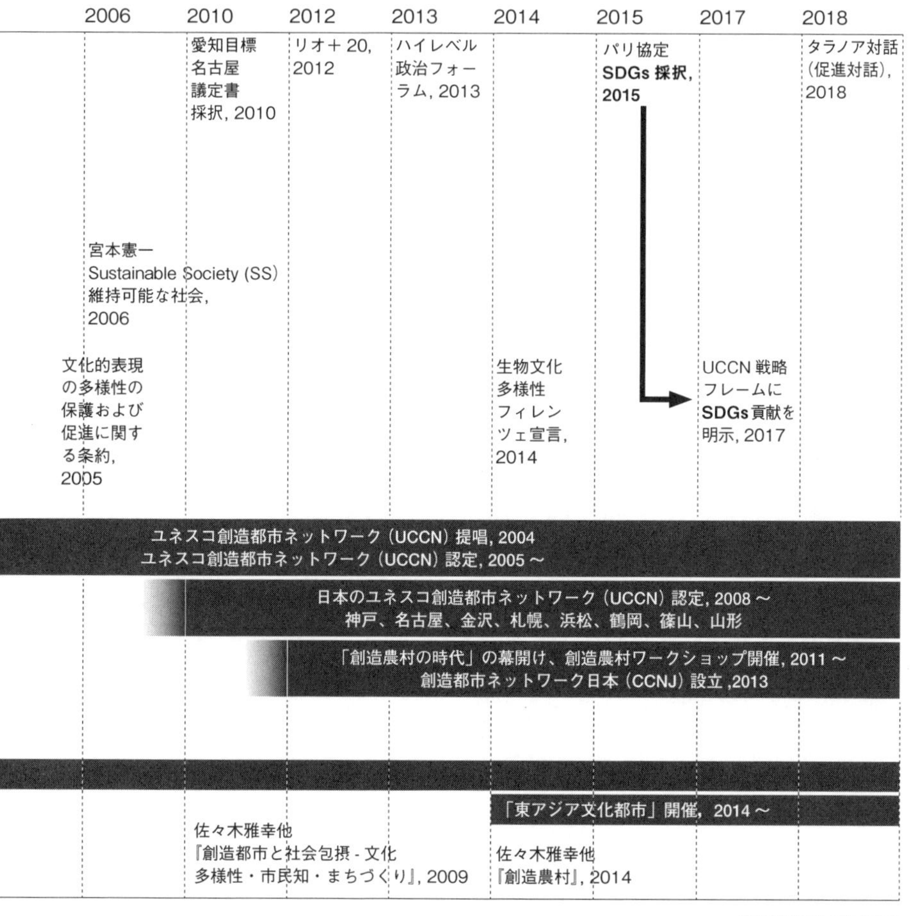

各種資料により筆者作成

「持続可能な発展」という訳語を用いず、「維持可能な社会」と呼び、このなかで最も困難なのは経済成長と平和・環境保全の関係であると指摘している[2]。

この提言から20年余を経た今日、いまもなお地球温暖化の進行、生物多様性の損失等の地球環境問題や格差の拡大等の経済的社会的問題はますます深刻化しており、その解決に向け都市と連帯して農業・農村分野での貢献が求められている。

さらに宮本の提言をたどると、『地域経営と内発的発展』において、「日本の国土と地球環境が維持されていくためには、農業と農村が存続しなければならず、そのためには都市が農村と交流し、市民が農業と農村住民の発展に連帯しなければならぬ」[3]と述べている。

これらの指摘を鑑み、地域の営みにおいて、都市と農村は交流し、水、大気、物質の健全な循環の維持・増進と豊かな自然環境の保全・形成、農業の営みを通じた地域の伝統文化の伝承と創造をめざした連帯した取り組みを実践していく必要があるといえる。

このようななか、2010年、生物多様性の保全等のための国際会議として生物多様性条約第10回締約国会議が愛知県名古屋市で開催され、わが国では地球環境問題がさらに注目されるようになった。そして、2015年のパリ協定や先述のSDGsが採択されたことにより、「維持可能な社会」の実現への動きが加速している（図1）。同時に、生物多様性や自然資本と親和性のある農村においても、経済・社会・環境問題といったさまざまな課題解決に取り組む機運が高まっている。

一方で、佐々木雅幸は宮本が提唱した「内発的発展論」を引き継いで「創造農村論」を展開してきた。「住民の自治と創意に基づいて、豊かな自然生態系を保全する中で固有の文化を育み、新たな芸術・科学・技術を導入し、職人的ものづくりと農林業の結合による自律的循環的な地域経済を備え、グローバルな環境問題や、あるいはローカルな地域社会の課題に対して、創造的問題解決を行えるような『創造の場』に富んだ農村である」[4]と定義される「創造農村」の取り組みは、「維持可能な社会」の実現が地域の発展の基盤であるという認識のもと、各々の課題の先にあるSDGsの目標となる経済・社会・環境問題を包括的にとらえ、グローバルとローカルな文脈で意味づけ、創造性とイノベーションを発揮しながら、それらの解決に取り組んできたと考えられる。

本章では、このような「創造農村」での実際の行動への結びつきに至る取り組みをSDGsへの接近の先鞭ととらえ、日本の典型的な地域課題の1つである過疎高齢化に応えてきた徳島県神山町と本州最小人口の市である石川県珠洲(すず)市に焦点を当ててみたい。

2 内発的発展論からみた持続可能な開発目標SDGs

SDGsに先立ち、宮本は「グローバリゼーションは経済と環境問題の二つの分野ですすみつつある」[5]と提示し、「1992年のリオ会議(国連環境開発会議)は、『維持可能な発展(SD=Sustainable Development)』を人類共通の課題とした。このSDを実現するためには、各地域において、これまでの大量生産・消費の経済システムにかえ、循環型経済システムをつくらねばならない」と指摘し、「リオ会議の前後から維持可能な都市をめざす都市改革運動がはじまった。こうして、大都市の衰退という先進国の地域経済の変化のなかで生まれた新しい創造都市の成長、内発的発展と環境保全をめざす維持可能な発展の思想が統合されて、維持可能な都市のネットワークが構築されはじめている」[6]と述べている。つまり、SDGsの思想的背景を考える際、内発的発展論と創造都市論の系譜や文脈のなかで読み解く必要があるのではないかと考えられる。

SDGsに掲げられた17の目標(図2)は、2030年までに達成をめざそうとする世界共通の目標である。世の中で起きている貧困や飢餓、テロや紛争、社会的格差、気候変動等、さまざまな問題を背景に、このままでは地球が維持できないという強い危機感の中から生まれたものである。国連加

国際連合広報センター

図2「SDGsの17の目標」

盟193か国すべてが合意しているが、目標に対して法的拘束はなく、あくまでもビジョンであり「努力目標」となっている。国や企業、自治体、市民が自由な発想で取り組むことができるので、どういったプロジェクトを推進していくのか、その動きが重要となってくる。

特に、SDGsで特徴的なのは、民間セクターの参画の重要性を明記したことにある。「実施手段とグローバル・パートナーシップ」を定めた項では、以下のような記述がある[7]。

> 民間企業の活動・投資・イノベーションは、生産性及び包摂的な経済成長と雇用創出を生み出していく上での重要な鍵である。我々は、中小企業から協同組合、多国籍企業までを包含する民間セクターの多様性を求める。我々は、こうした民間セクターに対し、持続可能な開発目標における課題解決のための創造性とイノベーションを発揮することを求める。

このSDGsへの取り組み開始から3年余が経過したが、世界的な勢いは拡大している。たとえば、ユネスコ創造都市ネットワーク（UCCN）は、戦略的フレームにおいて、SDGsへの貢献を掲げることにより、創造都市のグローバルアライアンスの目的がいっそう具体化されることになった。特に、SDGsのめざす17の目標のうち、目標11には持続可能な都市として、「包摂的で安全かつレジリエントで持続可能な都市および人間居住地を実現する」とされており、これに向けて、より具体的な都市ごとの目標設定と取り組みが求められることになる[8]。

わが国の状況をみると、2018年の独ベルテルスマン財団と持続可能な開発ソリューション・ネットワーク（SDSN）の調べでは、156か国のSDGs達成状況のランキングで15位（1位はスウェーデン）であるものの、2016年に、経済・社会・環境の分野における8つの優先課題と140の施策が盛り込まれ、「持続可能な開発目標実施指針」においてSDGsの実施に率先して取り組んでいく方針が決定された。これを端緒に、2017年に国内の企業・自治体によるグッド・プラクティスを顕彰するアワードが、2018年には内閣府が「SDGs未来都市」29都市を認定するなどの事業が進められ、今後は自治体レベルでも広くSDGsの制度整備が推進され、取り組みがさらに進展することが考えられる。また、民間レベルでは個別企業に加え、経済界でも企業行動憲章等をはじめSDGsへの貢献がめざされるようになってきた。さらに、市民一人ひとりが、各々の目標に向かってさまざまな行動ができる、あるいはさまざまな行動をしている人たちと結びつくことができることも重要な動きの1つにある。

SDGsが最も求めていることは、2030年のアジェンダに「われわれの世界を変革する」と記されているように「変革」である。この変革において、ある1つの行動や動きが契機となり束になって、大きくスケールアップしていくことが期待されるという。

このような観点を鑑み、「維持可能な社会」の実現に向けて、創造性とイノベーションを発揮しながら多様な協働と変革を起こしている経験として最も興味深いのは、先に紹介した徳島県神山町であろう。

3 「創造的過疎」神山町にみる維持可能な社会の実現への示唆

徳島県の北東部の山間に位置する神山町は、人口約5,300人（2015年国勢調査）、総面積の83％を山林が占める中山間地域である。主要産業であった林業は衰退の一途をたどり、かつて2万人を超えた人口（1955年）は4分の1に減少。高齢化率は48％に達し、日本創生会議のレポートで「消滅可能性都市」の上位にあげられた過疎の町である。しかし、移住者が次々と増え、アーティストやクリエイター、IT系ベンチャー等が古民家を利用したサテライトオフィスを相次いで開設することで注目を集めており、2008年から8年間で91世帯、161名が移住している[9]。

さらに世界のメディアにも注目されており、2015年に米国ワシントンポストは、ハンモックに揺られながらキーボードをたたくIT企業の社員の写真とともに神山町を「日本の農村が縮小・高齢化するなかで、小さな町がこの傾向を止めようとしている」と紹介した[10]。また、2016年にフォーブス・ジャパンは、「日本を面白くするイノベーティブシティ＝独創的なまちづくり、革新的な挑戦を続ける都市」において、神山町を第2位に選定した。その理由として、「地方創生×働き方改革に先鞭をつけたモデル。自然に囲まれ、古い民家でPCを開いて仕事をしている映像から発せられるギャップが、田舎でもIT事業やクリエイティブな仕事が可能だというメッセージを鮮烈に発信した。新しい働き方、企業のサテライトオフィスのあり方、ソーシャルワーク等を考えるモデルとなった」「田舎でもエコシステムが創出されている点は特筆すべき」とのコメントがあげられた[11]。

クリエイティブな人材を惹きつける要因

仕掛けているのは特定非営利活動法人グリーンバレーである。今では日本国内のみならず海外からも視察団が訪れる「最先端の過疎地」と呼ばれている。その活動の原点は、1990年にアリス人形の里帰りを叶えた国際交流の成功体験の共有にはじまる。さらに「とくしま国際文化村プロジェクト」の経験を共有した住民は、次第に身の回りの地域課題に挑戦してゆくこととなる。同時に、グリーンバレー理事（前理事長）の大南信也は、「とくしま国際文化村プロジェクト」の構想時点から、「文化が経済を育む」という理念を据え置いていたと語る[12]。それらの取り組みが発展し、1999年からスタートした「神山アーティスト・イン・レジデンス（KAIR）」を端緒に、神山を気に入った国内外のアーティストの移住につながり、そのうちにアーティストが他のクリエイターを呼び寄せる動きが生まれ、やがてIT系ベンチャー企業が集まることとなる。つまり、サテライトオフィスは「人のつながり」から誕生し、「創造の場」を形成してゆく。

その背景には、2005年に徳島県が県下全域に敷いた光ファイバー網による強力なブロードバンドを神山町に整備した点がある。しかし、「人のつながり」を創出し、「クリエイティブな人材」を惹きつけ、「創造の場」を形成してゆく重要な要因が神山町にはある。それは以下の５点ではないかと考えられる。

第１に、豊かな自然環境と芸術文化（固有価値）
第２に、多様性、寛容性（緩さ）セレンディピティ（偶然性）
第３に、地域の可能性を拓く人の熱量や志、ホスピタリティ
第４に、クリエイティブな働き方や暮らしの具現化
第５に、都市と農村の交流、地域経済を土台に生まれる素敵な好循環

創造的な営みと暮らし

たとえば、有機野菜とフランスの自然派ワインを扱うビストロのオーナーである斎藤郁子は、神山町で創造的な営みと暮らしを実践している住民の一人である。彼女は、もともとIT企業アップルの社員であり、すでに神山に移住していた友人を通じて神山の存在を知ることとなる。神山の自然とそこに暮らす人々に魅せられ、８年間にわたり神山に通うなか、2011年、元造り酒屋の古民家との出会いがあり、2012年に東京から移住を決

意し、フランス語で「さぁ、行こう」を意味する「カフェ オニヴァ」をオープンするに至る。そこでは、地元でとれた有機野菜やイノシシを提供するだけでなく、地元の杉の間伐材で賄う薪ボイラーを導入している。また、お店に「薪一抱え」を持ってきてくれた人には、代わりにエスプレッソ1杯を提供する「薪通貨」など持続可能な域内経済循環の仕組みやコミュニティの再生が実践されている。

さらに最も興味深い取り組みが、そこでの働き方と暮らし方である。会社組織で運営している株式会社オニヴァでは、4人のメンバーそれぞれに株式を平等に分けた完全フラットな組織である。特筆すべき点は、2017年度の休日は、週休3日と海外研修47日、冬期休暇87日と休日合計が228日、年間62.5%を休みとする働き方を実践していることである。夏期休暇の約1か月は4人全員でヨーロッパのワイナリーに滞在し、創造性や豊かな感性を育む時間を共有する。冬期休暇の約3か月は、4人それぞれのプロジェクトを磨く時間にしている。たとえば、斎藤は、神山で馬を飼う、サウナをつくる夢を持っており、冬の休日を利用し、すでに淡路島から神山に馬を何度か連れてくるプロジェクトを実践している。また、北欧リトアニアの古式サウナの本格的な導入に向け、建築家と現地視察のうえ図面のやり取りを何度も行い、建設を始めている。実は、このサウナもすべて手づくりで進めており、地元の間伐材を燃料に使うものとし、神山の持続可能な将来につなげる暮らしをめざしている。

このように、神山町の経験から「創造農村」の定義や条件に示される「維持可能な社会」のあり方やクリエイティブで多様性のある働き方・暮らし方を実践するヒントを見出すことができるだろう。

創造的過疎が描く未来

神山町が掲げる「創造的過疎」は、大南が考え出した言葉であるが、もともとは、佐々木雅幸が寄稿した日経新聞のゼミナールの連載記事[13]に着想を得たという。「創造的過疎」とは、「日本全体の人口が減少するなかで、過疎地において人口減少はどうしても避けがたい。それを受け入れて、数ではなくて内容的なものを変えていった方がいいのではないかという考え方」であると大南は説明する[14]。

このように、まちを変革させ前進し続ける神山町であるが、時折、他の地域で食傷気味な印象を受ける「まちづくり疲れ」はみられない。先述に示した要因の好循環のもと人の新陳代謝も活発である。そこには、持続可能な推進体制が「鍵」となると考えられる。その１つが「神山地方創生戦略」策定の協働のプロセスにある。

2015年、神山地方創生戦略づくりの中心メンバーには、神山町長の後藤正和と担当職員らに加え、民間から先述の大南、そして、まちの移住促進を担った西村佳哲（にしむらよしあき）、西村の友人でもあり米国ポートランドの40年後の将来像と成長戦略づくりに携わった後藤太一ら計８名をコアチームとする体制で組成される。また、まちの課題（旧住民と移住者の関係性、官民協働、世代交代）を鑑み、次の将来を担う40代以下の旧住民と移住者のキーマンを１本釣りで役場が声をかけ、住民と役場の職員がまちの危機感を「自分事」として意見交換を重ねあうワークショップにより徹底的な議論を行った。その成果となる「神山地方創生戦略」は、「まちを将来世代につなぐプロジェクト」と称する。神山町では、「2060年のまちの未来を見据え、小中学校の学年あたりの人数、生活インフラ、財政等の維持の観点から、3,000人を下回らない人口を長期的な目安として設定している（2060年時点で3,200人程度）。その人口規模に向けて、若い世代を中心とした44人／年の転入（転出抑制を含む）を可能にする住居と受け入れ体制の整備を、町内各地区のバランスをとりながら、2016年より進めている。同時に町内外の人々にとって、『可能性が感じられる状況づくり』を大切にしている。地域の可能性は複数要素の掛け算からなり、その状況を生み出す、７領域の活動を進めている[15]」（図３）。さらに、2016年に、神山町役場とグリーンバレーが社員となり「一般社団法人神山つなぐ公社」が設立され、プロジェクトの実働部隊となる。主なプロジェクトには、「集団住宅プロジェクト」（まちの人、帰る人、移ってくる人に地域の手と資源で長く住み継がれる公営の賃貸住宅をつくる）、「神山町による町民のための町内バスツアー」（神山に長く住む地

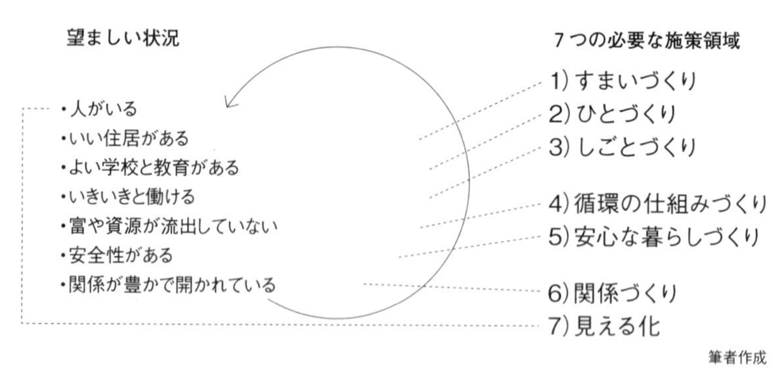

図3「神山地方創生戦略」『まちを将来世代につなぐプロジェクト』の7つの必要な施策領域」

元の方に神山の最近の動きを知ってもらう)、「孫の手プロジェクト」(一人暮らしになり、家の周りの草地や庭木の手入れや修繕が難しくなってきた高齢者のお宅に、城西高校神山分校(農業高校)の高校生が訪れ、学校で教わった造園の技術を活かして、その困り事の解消やお手伝いをする)のほか、城西高校神山分校が地域で学ぶ「神山創生学」やオランダとの国際交流プロジェクト(移住者であるアーティストがコーディネート)等を展開している。

さらに、城西高校神山分校は、2019年春、「城西高校神山校」(正式名称は徳島県立城西高等学校神山校)に名称を変更し、農林業を基盤とする高等教育機関、地域に学び、未来を拓く人づくりの拠点として新しく生まれ変わった。それに伴い、県外からの入学生(地域留学)を受け入れる環境も整えている。

このような「まちの将来世代につなぐプロジェクト」を通じた地域の課題解決の先には、

目標3「すべての人に健康と福祉を」

目標4「質の高い教育をみんなに」

目標7「エネルギーをみんなにそしてクリーンに」

目標8「働きがいも経済成長も」

目標11「住み続けられるまちづくり」

目標15「陸の豊かさも守ろう」
目標17「パートナーシップで目標を達成しよう」
というSDGsの達成にすでに率先して接近してきたことが考えられる。さらに、この神山地方創生戦略づくりとそれに紐づくプロジェクト実践のプロセス自体が、行政、NPO、学校、地域社会、個人など多様な主体がまちの未来に向けて協働し挑戦している取り組みといってよいだろう。加えて、SDGsの実践に欠かせない「自分事として考える」「バックキャスティング思考（未来の目線で今をみる）」「地域の複数課題を統合的に解決し変革を導く」プロセスであり、SDGsへの接近の先鞭となる取り組みであるといえよう。

4 「学術とアートの融合」珠洲市における維持可能な社会の実践

石川県珠洲市は、人口1万5,000人（2018年住民基本台帳）と本州最小人口の市である。能登半島の先端に位置し、美しく豊かな里山里海に囲まれ、「揚げ浜式製塩」といった古い製塩法や「あえのこと」（新嘗の祭礼）、江戸時代から連綿と続くキリコ（切子燈籠）祭りをはじめとした「祭り」など、里山里海とともに生きてきた特徴がある。また、地域独自の生業や生活様式、伝統文化が脈々と受け継がれており、希少種も生息し、生物多様性の観点から重要な地域である。こうした自然と伝統文化に恵まれた地域が高く評価され、新潟県佐渡市とともに2011年に珠洲市を含む能登4市5町が「能登の里山里海」としてGIAHS：Globally Important Agricultural Heritage Systems（世界農業遺産）に認定された。「里山里海」とは、人間と自然の共生の象徴である。山・里・海が近い能登半島では、山と海の両方からの恵みを受け、生態系や美しい景観を守りながら、独自の伝統文化を育み、農業を基軸に、漁業や林業等、他の生業も兼ねる暮らしぶりが特徴である。例えば、地元の大野製炭工場では美しい茶道用の炭を生産している。この炭の製法は、山の手入れにはじまり、クヌギを植林後、８年かけて育てて材料を揃え、約２週間の窯焚きを経て長い年月をかけて完成に導く営為である。このように、珠洲市は、多様な自然との関わりのなかで複数の生業を営んできた「生物文化多様性」を備えた地域である。

能登里山里海マイスター育成プログラムの取り組み

2006年に金沢大学が能登地域への地域貢献事業の一環として、廃校となった空き校舎（旧小泊小学校）を活用した「能登学舎」を開設した。これを契機に、珠洲市は金沢大学との提携により、2007年10月から「能登学舎」を活用して社会人向けの高度人材養成プログラム「能登里山マイスター養成プログラム（現在「能登里山里海マイスター育成プログラム」）」を実施している。このプログラムは、里山里海の豊かな価値を評価し、地域課題に取り組むマインドを持った人材の育成と同時に、自然と共生する持続可能な能登の社会モデルを世界に発信する人材の育成を目的としており、里山里海の生態系サービス、能登の風土と伝統的な農業・農法、地域資源を生かしたブランド戦略、バイオマスや耕作放棄地の新たな活用等であった。受講生は１年間、月２回この学舎で里山や里海の課題を多彩な講師から学び現地調査を行う。この11年間に165名の修了生を輩出し、奥能登地域へのマイスター移住者（UIターン）29名のうち85%の25名が定着している（2017年時点）。そして、この165名の中には、能登生物文化多様性の保全を地域コミュニティ、能登学舎の研究者と進め、2015年の生物多様性アクション大賞を受賞した「まるやま組」を主催する萩のゆきや、後述する「大野製炭工場」の経営者・大野長一郎等も含まれている。またこのプログラムからは、里山産業のソーシャルビジネス化や能登の食を核としたスローツーリズムの拠点づくり、耕作放棄地の再生・６次産業化開拓等を展開する人材を輩出している。2014年には、GIAHSサイト間の連携事業として、フィリピンの「イフガオ棚田」との相互交流を支援するなど国際貢献にも力を入れている。

こうした大学連携を地域づくりに活かすプログラムは、人口減少社会という地域課題に対し「里山里海」で変革を促す担い手を創出する取り組みとして期待されている。

しかしながら、市の実態は人口減少と高齢化率が47％（2018年住民基本台帳）と急速に進んでおり、里山里海の景観をつくりあげてきた農林漁業も厳しい現状に直面している。市内には大学など高等教育機関が存在せず、高等学校を卒業し進学を希望する若者は都心部へ流出し、就職する傾向にあり、地域産業や経済の担い手不足が課題となっており、地域経済を取り戻す方策を探っていた。

SDGs未来都市の取り組み「SDGsラボ」の始動

これらの現状を踏まえ、珠洲市は、2018年3月に先述の世界農業遺産の活用の展開や、これまで取り組んできた大学連携による人材育成事業（能登里山里海マイスター育成プログラム）をさらに発展させるため、研究分野と経済分野のマッチングを加速し、地域と経済をつなぐための拠点「能登SDGsラボ」を開設する事業を中心に内閣府の「SDGs未来都市」選定に向けた提案を行った。そして、2018年6月、珠洲市は内閣府から全国29自治体の1つとして「SDGs未来都市」として選定されることとなる。同年10月に珠洲市の未来都市構想を具現化させる拠点となる「SDGsラボ」を開設し、金沢大学能登学舎（旧小泊小学校）の中に事務局が置かれた。ラボは、珠洲市など7つの組織で運営委員会を構成する。その運営委員会には、珠洲市のほか、金沢大学、石川県立大学、国連大学サステイナビリティ高等研究所いしかわ・かなざわオペレーティング・ユニット、石川県産業創出支援機構（ISICO）、珠洲商工会議所、興能信用金庫が参加する。このラボでの多彩なプロジェクトを通じて、SDGsの達成に向け、公民学が連携し、自然環境を生かした循環型地域づくりの実現が期待される。具体的には、過疎地域の課題解決に向けた人材育成や、経済・社会・環境の各活動を支え、ネットワーク化を図るプラットフォームとしての役割を果たすことにより、市内で実証実験が行われている自動運転技術を生かした「スマート福祉」や世界農業遺産である里山里海の資源を活用した商品開発等を実施している。また、芸術の力を活用し、2020年開催予定の「奥能登国際芸術祭2020」の先端アートプロジェクトを組み合わせることにより、新たな付加価値の創出や多様な協働によるクリエイティブツーリズム等の相乗効果が生まれることが展望される。さらにはSDGsの基本理念でもある「誰一人取り残さない」社会をめざすものとして、珠洲市は「SDGs未来都市」の取り組みを意欲的に進めている。

「奥能登国際芸術祭」
さいはての芸術祭、美術の最先端からみる未来

先述の「SDGs未来都市」の取り組みと「奥能登国際芸術祭2020」との相乗効果は、今後、過疎地における「維持可能な社会」の実現と多様な創造の場となりうる可能性を有している点で興味深い。

珠洲市は、地理的特質により、古くから大陸からの、また遣唐使や渤海使、北前船等、かつて海上交易が盛んだった時代、各地からの文物や情報が集まる最先端の場所だった。しかし、近代化と陸上交通の発達に伴い、過疎化が進行し、地域が元気を失い「最果ての地」となってしまった。だが、珠洲市には、自然、信仰、祭り、伝承、生業、里山里海の暮らしが累々と層となって蓄積している。そのような珠洲市の歴史や文化、風土を踏まえたアートを創造し、その地の魅力をしっかり伝えるコンセプトのもと、2017年9月、「奥能登国際芸術祭2017」が初めて開催された。総合プロデューサーには、「大地の芸術祭　越後妻有アートトリエンナーレ」（新潟）や「瀬戸内国際芸術祭」（香川・岡山）等を手がけた北川フラムを迎え、市が中心となって商工会議所と共催し、オール珠洲市の実行委員会を組成し開催に至った。過疎地をアートによって元気にする、人口減少に悩む地域の活性化につなげるのが目的である。また、県内の金沢21世紀美術館との連携にみられるように、金沢市における創造都市の取り組みの土壌があって「奥能登国際芸術祭2017」の流れに結びついたともいえるだろう。

開催期間中、11か国・地域から39組のアーティストが参加し、空き家や廃線となった旧のと鉄道の駅舎等を会場として、その場から得た発想を

もとに多くがサイトスペシックな現代アートを展開した。たとえば、金沢美術工芸大学アートプロジェクトチーム［スズプロ］は真鍋淳朗教授を中心に学内の専攻分野を超えた教員と学生たちによるアートプロジェクトチームとして芸術祭を機に結成され、明治期に建てられた古民家を舞台に作品を発表した。その作品の１つである『奥能登曼荼羅』は住民から聞き取った思い出話をもとに、空き家の敷地内にある蔵の内装を絵画的表現で作品に仕立て、珠洲市の地理、自然と文化、営みと暮らしの多様性を織り成し混然一体に描き出している。

この「奥能登国際芸術祭 2017」の成果としては、奥能登国際芸術祭実行委員会と珠洲市の調べによると、陸からの視点でみると交通アクセスも悪い、さいはての地であるにもかかわらず、来訪者は 50 日間で７万 1,260 人（のべ約 39 万人）を実現し、市が当初見込んでいた３万人を大きく上回った。また、来訪者に加え、芸術祭を支えるサポーター（722 人・のべ 1,610 人)、市内の９～10 月の宿泊は前年同期比 26% 増、日帰りも含めた入り込み観光客数は 53% 増だった[16]。つまり、観光客だけでなく、アーティスト、大学、金沢 21 世紀美術館等の関係者が都市部から集まり、都市と農村が交流し、賑わいと活気を取り戻すまちの契機となったといえる。

さらに、奥能登国際芸術祭実行委員会は、来訪者や美術関係者それぞれから高評価を得たことに加え、地元住民からも高い評価を得たと示し、珠洲市は、先端アートを通じて、住民自体が珠洲の自然や文化、生物多様性等の豊かな地域資源の魅力を実感し、域内外の人々と共有することにより、地域への誇りや地域の価値を育てていこうという機運が醸成された、とまとめている。

「奥能登国際芸術祭 2017」開催による珠洲市に与えた影響の問い[17]に対し、実行委員長の泉谷満寿裕市長は、先端のアートを通じた地域づくり、地域への誇りや愛着、未来への希望、住民の幸福が育まれる経験と実感を語った。また、奥能登国際芸術祭は単なるイベントではなく、「運動」と捉え、自己実現と地域貢献が混然一体となった珠洲市で暮らすことの幸せを、多くの方に理解してほしいと期待を込めた。さらに、泉谷市長は、奥能登国際芸術祭はさいはての地から、人の流れ、時代の流れを変えていく運動であると考え、今後、ここを起点に、市民とともに新たな動きを生み出し、珠洲市の未来を切り拓いていきたいと思う、と述べている。奥能登国際芸術祭は、会期終了後もそのレガシーを引き継ぎ、野外展示や屋内作品の限定公開やパフォーマンスプログラムをさまざまに展開している。

このように、珠洲市は、これまで自然、文化、景観、環境、生業、コミュニティ等の生物文化多様性を備えた独自の固有価値と大学・教育機関・周辺地域との交流・連携を通じたイノベーションの創出、先端アートを通じた交流人口の拡大、住民の愛着感や誇り、幸福感を醸成し「維持可能な社会」の実現を実践することによりSDGsに接近してきたといえる。

5 創造農村から学ぶSDGs接近への課題と展望

創造農村としての神山町と珠洲市の取り組みは「維持可能な社会」の実現とSDGs接近の第一歩を踏み出していると評価することができよう。すなわち、神山町と珠洲市はSDGsが掲げる目標3、4、6、7、8、11、12、14、15、16[18]等に住民、行政、民間企業、NPO・NGO、大学や国連等の教育・研究機関、アーティストや自治体のネットワーク、そして創造都市ネットワーク日本(CCNJ)[19]など多種多様な相互連携による創造的問題解決を通じて、未来を見据えながら地域に変革を起こし、新しい価値を創造し、SDGsに接近してきたと評価できる。

さらにこの流れを加速するためには、アートとサイエンスを地域産業の再生に活かすための多様でオープンな組織・機構や持続的人材養成のための新しい教育機関の設立が求められている。

こうした点で、創造農村の取り組みを進める豊岡市において全国初の演劇を核にして地域産業を再生する人材養成をめざす「国際観光芸術専門職大学(仮称)」開設の動きは注目される[20]。

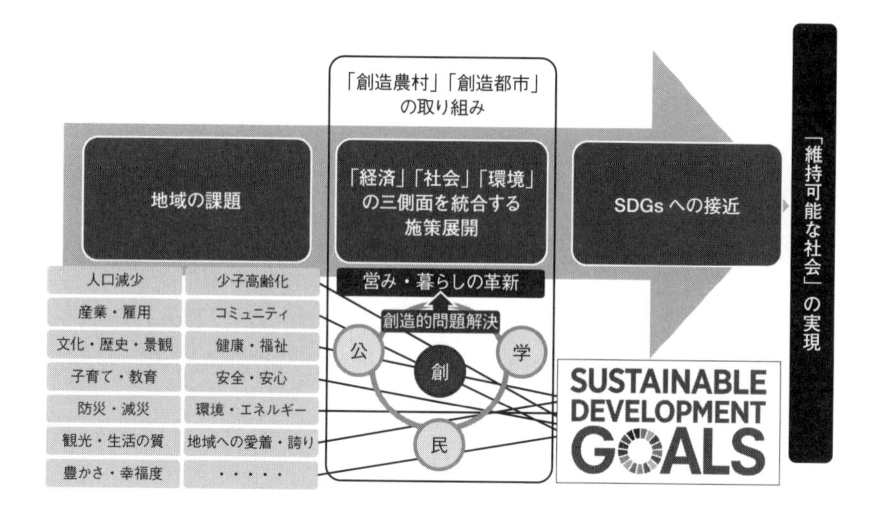

筆者作成

図4「創造農村」「創造農村」の取り組みにおけるSDGsへの接近、「維持可能な社会」の実現

日本ではじめて公立大学で演劇やダンスが本格的に学べ、かつ、観光とアートや文化をクロスした事業をマネジメントできる人材を育て、観光とアートそして環境政策を一体とした観光文化政策を立案できる専門的人材を育てようとする意欲的な試みである。

これらの事例は、住民や行政、企業、NPO、大学や教育・研究機関、アーティストやクリエイターなど多種多様であるが、創造的問題解決を行い、創造的で多様性のある営みや暮らしを実践できる場として、学び、協働し、変革を起こし、新しい価値を創造し、それらの実りを将来世代につなげ、維持可能な豊かな社会を実現するうえにおいて共通しているといえる。

同時に、神山町、珠洲市、さらに豊岡市等の創造農村のローカルな取り組みから経済・社会・環境問題に応ずる創造的問題解決を通じて創造性やイノベーションの道を拓き、国境を越えて世界に発信されるような動きが起こりつつある。換言すれば、周縁のローカルな創造農村の取り組みから、宮本が提唱する「日本の維持可能な社会」の実現の取り組みの主流といわれる局面にきているように思われる。また、社会学から内発的発展を提唱した鶴見和子は、内発的発展論の定義において、「それぞれの個人の人間としての可能性を十分に発現できる条件を創り出すことである」[21]とその目標を説明している。すなわち、創造農村の取り組みを通して、個人一人ひとりがクリエイティブに多様性のある営みや暮らしを実践し、いきいきと活躍できる場を協働で地域に創り出すことができれば、それが自ずと地域や社会のさまざまな課題解決に結びつき、さらには、豊かさや幸せを実感できる「維持可能な社会」の実現につながる可能性を持っているといえるのではないだろうか。このように創造農村の取り組みは、日本の豊かな未来を展望するうえで重要な示唆を与えていると考えられるのである（図4）。

注

1 宮本憲一 2006
2 宮本憲一 2007、p. 329。宮本は「世界銀行の定義は、経済成長、社会開発、環境保全のそれぞれの維持可能性の総和をSDとしている。都留重人と私は、このように3者が持続的に発展すると考えるのは、地球環境という客体の限界を自覚しない主観主義であって、SDは環境の維持可能な範囲内で経済・社会の発展を考える概念であると考えている。そこで主体的な『持続可能な発展』ではなく、『維持可能な発展』という訳語にかえている」と論じている。
3 宮本憲一、遠藤宏一 1998、p. 7
4 佐々木雅幸・川井田祥子・萩原雅也 2014、p. 21
5 宮本憲一 2006、p. 161
6 宮本憲一 2006、pp. 164-165
7 United Nations 2015 , The 2030 Agenda for Sustainable Development.
8 佐々木雅幸・竹谷多賀子 2018
9 神田誠司 2018
10 The Washington Post 2015, *With rural Japan shrinking and aging, a small town seeks to stem the trend.*
11 プレジデント社（2016）「Forbes JAPAN」
12 大南信也、特定非営利活動法人グリーンバレー 理事、2018.11.4.
13 日本経済新聞（2007）「ゼミナール『都市　再生と創造性』」
14 前掲 12。
15 神山町役場
16 奥能登国際芸術祭実行委員会、珠洲市
17 泉谷満寿裕、珠洲市長、2017.10.8.
18 図2のSDGs17の目標を参照
19 Creative City Network of Japan 創造都市ネットワーク日本（http://ccn-j.net/）参加団体：109自治体（2019.1.4時点）、41団体（2018. 2.22時点）。参加団体には、神山町、珠洲市、豊岡市も含まれる。
20 兵庫県但馬地域における専門職大学基本構想の概要（https://web.pref.hyogo.lg.jp/kk48/documents/gaiyou.pdf）
21 鶴見和子、川田侃 1989、p. 49

参考文献

赤坂憲雄・鶴見和子『地域からつくる――内発的発展論と東北学』藤原書店、2015 年
Florida, R., *The Rise of the Creative Class*, New York: Basic Books, 2002（井口典夫訳『クリエイティブ資本論』ダイヤモンド社、2008 年）
グリーンインフラ研究会・三菱 UFJ リサーチ＆コンサルティング・日経コンストラクション編『決定版！グリーンインフラ』日経 BP 社、2017 年
平田オリザ『下り坂をそろそろと下る』講談社現代新書、2016 年
池上惇『生活の芸術化――ラスキン、モリスと現代』丸善、1993 年
神山町創生戦略・人口ビジョン「まちを将来世代につなぐプロジェクト」神山町、2018 年
神田誠司『神山進化論』学芸出版社、2018 年
北川フラム『美術は地域をひらく』現代企画室、2014 年
北川フラム・奥能登国際芸術祭実行委員会『奥能登国際芸術祭 2017 公式ガイドブック』現代企画室、2017 年
北川フラム・奥能登国際芸術祭実行委員会『奥能登国際芸術祭 2017』現代企画室、2018 年
Landry, C., *The Creative City : A Toolkit for Urban Innovators*, London：Comedia, 2000（後藤和子監訳『創造的都市』日本評論社、2003 年）
馬奈木俊介・池田真也・中村寛樹『新国富論――新たな経済指標で地方創生』岩波ブックレット、2016 年
宮本憲一『現代の都市と農村――地域経済の再生を求めて』日本放送出版協会、1982 年
宮本憲一『環境経済学』岩波書店、1989／2007 年
宮本憲一『維持可能な社会に向かって』岩波書店、2006 年
宮本憲一「農村と都市の共生を求めて」宮本憲一・遠藤宏一編『地域経営と内発的発展――農村と都市の共生をもとめて』農山漁村文化協会、1998 年
小田切徳美『農山村再生――「限界集落」問題を超えて』岩波ブックレット、2009 年
小田切徳美『農山村は消滅しない』岩波新書、2014 年
佐々木雅幸『創造都市の経済学』勁草書房、1997 年
佐々木雅幸『創造都市への挑戦――産業と文化の息づく街へ』岩波書店、2001／2012 年（岩波現代文庫）
佐々木雅幸「創造農村とは何か、なぜ今、注目を集めるのか」佐々木雅幸・川井田祥子・萩原雅也編『創造農村』学芸出版社、2014 年
佐々木雅幸・竹谷多賀子「創造都市ネットワークの展開とその可能性」『同志社大学経済学論叢』第 69 巻第 4 号、同志社大学経済学会、2018 年
Sen, A., *Inequality Reexamined*, Oxford：Clarendon Press, 1992（池本幸生・野上裕生・佐藤仁訳『不平等の再検討――潜在能力と自由』岩波書店、1999 年）
珠洲市『SDGs 未来都市計画』2018 年
Think the Earth 編著、蟹江憲史監修『未来を変える目標 SDGs ーアイデアブック』紀伊國屋書店、2018 年
鶴見和子『内発的発展論の展開』筑摩書房、1996 年
鶴見和子「内発的発展論の系譜」鶴見和子・川田侃編『内発的発展論』東京大学出版会、1989 年

サイト

イン・神山（https://www.in-kamiyama.jp/）

神山町役場（http://www.town.kamiyama.lg.jp/）

金沢大学 地域連携プロジェクト／能登 里山里海マイスター育成プロジェクト（http://www.crc.kanazawa-u.ac.jp/meister/）

国際連合広報センター（http://www.unic.or.jp/）

The Sustainable Development Solutions Network（SDSN）, The Bertelsmann Stiftung（http://www.sdgindex.org/）

徳島県立城西高等学校神山分校（http://joseikamiyama-hs.tokushima-ec.ed.jp/）

新領域

第11章

東アジア文化都市と創造都市のネットワーク

チェ・ジョンファ・「エアーエアー」(2017)：筆者撮影

廣瀬 一郎
京都市職員

はじめに

近年、訪日外国人観光客は急激に増加しており、2018年には3,000万人を超えるなど、5年連続で過去最高を更新している。特にアジア圏からの増加が顕著で、そのなかでも中国と韓国からの観光客が概ね半分を占めており、京都市においても、1年を通して中国や韓国から多くの観光客が訪れ、地域経済に欠かせない存在となっている。

一方で、日本と中国、韓国においては、日韓国交正常化から50年、日中平和友好条約締結から40年の歩みのなかで、さまざまな国家間の課題解決に向けた努力がなされてきたが、今なお歴史問題や領土問題など深刻な対立を抱えている。中国と韓国の関係においても、2017年にアメリカ軍のミサイル迎撃システムの韓国内への配備に対し、中国が韓国への団体旅行の禁止や韓国文化の制限などの報復措置を取るなど、国家間の関係は極めて不安定な状況が続いている。

そのようななかにおいても、日中韓の3か国の友好に向けた努力は着実に積み重ねられてきており、その取り組みの1つが2014年から始まった「東アジア文化都市」事業で、これまでに日中韓で18の都市が開催し、東アジアにおける相互理解の促進や、交流による文化の創造と文化芸術による都市の発展に取り組んできた。

近年、「ユネスコ創造都市ネットワーク」や「欧州文化首都」、そして「創造都市ネットワーク日本」など、創造都市のネットワークが広がってきており、東アジアにおいても「東アジア文化都市」による都市間ネットワークの形成に向けた動きが始まっている。このような創造都市のネットワークが「グローバル、リージョナル、ナショナルの3つのレベルで広がっていくことが「大国の世紀」であった20世紀に代わって21世紀にふさわしい「都市の世紀」を準備していくものとなるのではないかと考えられる」(佐々木 2017) と指摘されており、創造都市のネットワークの重層的な広がりが、地域の平和的安定と都市の発展に重要な役割を果たすことが期待される。

本章では、これまでの東アジア文化都市の取り組みを概観し、本事業の成果や課題を明らかにするとともに、東アジアにおける創造都市のネットワークの構築が、東アジア地域の平和と、都市の持続的な発展につながる可能性について考えたい。

1 「欧州文化首都」から「東アジア文化都市」へ

ヨーロッパでは、EU統合には文化的な協調も必要との認識から、ギリシャのメリナ・メルクーリ文化大臣（当時）の提唱により、「文化的多様性」と「ヨーロッパとしての文化の共通性」などをテーマに、「欧州文化首都」の取り組みが進められており、EU加盟国内から毎年開催都市が選定される（1985年のアテネ（ギリシャ）からはじまり、2018年までに58都市が開催）。開催都市は開催の10年前から立候補し、選考委員会によって5年前までに決定され、各都市の文化的特徴を生かしたテーマに基づき、演劇、建築、歴史、ダンス、映画など実に多岐にわたる文化プログラムを1年間を通じて実施する。その内容も高齢者、障がい者、移民、マイノリティーの文化へのアクセス向上などの社会包摂、環境問題、衰退した地区の大規模な都市再生（インフラ整備を含む）など都市政策全般にわたり、文化芸術の創造性により雇用や産業を生み出し、都市の再生をはかる「創造都市」のモデルとなっている。

このような「欧州文化首都」の成果を受けて検討が進められたのが「東アジア芸術創造都市」構想である。2010年5月に済州（チェジュ）特別自治道（韓国）で開催された「第3回日中韓サミット」において日本政府が提唱し、翌2011年に奈良市で開催された「第3回日中韓文化大臣会合」において、近藤誠一文化庁長官（当時）から「東アジア芸術創造都市」の実現に向けた提案が行われた。その後、2012年に上海で開催された「第4回日中韓文化大臣会合」で採択された「上海行動プログラム」において、日中韓の連携協力を進める具体的な取り組みとして、2014年から「東アジア文化都市」を開催することが決定され、これまでに日中韓で18都市が開催している。

表1 東アジア文化都市の開催都市

開催年	日本	中国	韓国
2014	横浜市	泉州市	光州広域市
2015	新潟市	青島市	清州市
2016	奈良市	寧波市	済州特別自治道
2017	京都市	長沙市	大邱広域市
2018	金沢市	ハルビン市	釜山広域市
2019	東京都豊島区	西安市	仁川広域市
2020	北九州市（候補）	未定	未定

筆者作成

2 東アジア文化都市の取り組み

日本における東アジア文化都市は、東アジア域内の相互理解・連帯感の形成の促進、東アジアの多様な文化の国際発信力の強化、開催都市の文化的特徴を生かした文化芸術、クリエイティブ産業、観光の振興を図ることにより都市の発展をめざすことを目的としている。開催都市は、文化庁の公募により、有識者の委員会での審査を経て決定され、①開会、閉会イベント②日中韓３か国の共同事業（共同制作公演、展覧会など）③コア期間事業（１か月程度の期間に集中的な文化芸術イベント）を実施することとされており、各都市の歴史資産や文化的特徴を生かした多様な文化プログラムや交流事業が展開されている。

横浜市　[2014年]

横浜市では、2001年にはじまり同市を代表するアートフェスティバルである「横浜トリエンナーレ」や、「砂の彫刻展」、歴史的建造物等を活用した「創造界隈拠点」でのアーティスト・イン・レジデンスなどを中心に100のプログラムが実施された。

都市間交流では、日中韓3都市で各都市の文化芸術を紹介する「文化ウィーク」が開催されたほか、「東アジア　ユース・バレエ・ウィーク」や「藝大アーツ学生サミット」、高校生の相互派遣交流など次世代育成に取り組み、これまでの文化事業の蓄積を最大限に生かした事業が展開された。

新潟市［2015年］

新潟市では、コア期間事業に、日本一の米どころとして地域の象徴でもある「潟」をフィールドに2009年から開催している「水と土の芸術祭」を位置づけ、中韓の現代美術作家の作品展示や作家によるワークショップなどが実施された。また、同年から日中韓のコンテンポラリーダンスカンパニーが参加する「新潟インターナショナルダンスフェスティバル」を立ち上げ、日中韓の舞踊団による公演を行うなど、295のプログラムが実施された。文化交流事業としては、日中韓の開催都市でそれぞれの文化を紹介する「文化ウィーク」の開催や、高校生や専門学校生が参加した青少年の相互派遣、姉妹都市であるフランスのナント市と取り組んできた「日仏都市・文化対話」に中国韓国の都市を加えた国際会議を開催するなど、42の都市間交流プログラムを実施し、農業や食など地域産業を生かし、これまで独自に取り組んできた文化事業や国際交流を生かした事業が展開された。

奈良市［2016年］

奈良市では、美術、舞台、食の3つを柱に93のプログラムが実施された。コア期間事業として、北川フラム氏をアドバイザーに、美術部門では、世界遺産である東大寺など奈良を代表する八社寺や、江戸時代以降の町屋が数多く残る「ならまち」で、日中韓の現代美術作家による展覧会「古都祝奈良（ことほぐなら）――時空を超えたアートの祭典」が開催された。東大寺では中国出身の現代美術作家である蔡國強が、“船をつくる”プロジェクトによって、中国伝統の帆船を制作し大仏殿前の鏡池に浮かべるなど、大規模なプロジェクトが実施された。また、平城宮跡に設置された特設舞台で、SPACや維新派による舞台公演が行われたほか、食部門では奈良の食文化の歴史や地域の食材の掘り起しから、新たな奈良の食文化の創造に取り組まれた。文化交流事業では、写真や書道などをテーマに中韓の高校生や大学生の相互派遣交流が行われるなど、シルクロードの終着点としての奈良の歴史性を生かした個性的な事業が展開された。

京都市［2017年］

京都市では、都市理念である「世界文化自由都市」の具現化と、豊かな文化資源や国際文化交流の蓄積を基盤に、文化庁の全面的な京都への移転や2020年の東京オリンピック・パラリンピックを見据えて、文化交流による創造性をまちづくりに生かし、国際性に満ちた文化芸術都市としてさらに発展することを目的に、伝統芸能から現代美術、舞台芸術、音楽、マンガ・アニメなどの分野で129事業が展開された。

▶コア期間事業

「東アジア文化都市2017京都」の中核事業として、建畠哲氏を芸術監督に迎え、2017年8月から11月にかけて、現代美術、舞台芸術、音楽、マンガ・アニメの4部門からなる芸術祭「アジア回廊－Asia Corridor－」が開催された。現代美術部門では、世界遺産元離宮二条城の全域と京都芸術センターを会場に、蔡國強、チェ・ジョンファ、草間彌生など日中韓出身の現代美術作家25組による展覧会「アジア回廊現代美術展」が開催され、二条城では重要文化財の二の丸御殿台所や東南隅櫓など通常非公開の部分も会場として使用するなど、歴史文化財と現代美術のコラボレーションが話題となった。また、在日コリアンが多数暮らす南区東十条において、現代美術作家やなぎみわが、地域住民とともに、土地の歴史や文化を踏まえた舞台公演を行うなど、東アジアをテーマにさまざまなパフォーマンスも行われた。

舞台芸術部門では、2010年から京都市内の劇場で世界各地の先鋭的な舞台芸術を発信している「KYOTO EXPERIMENT」において初めて、スン・シャオシン、パク・ミンヒなど中国、韓国で今注目されているアーティストの舞台作品が上演されるなど、東アジア文化都市を契機とした新たな展開を行ったほか、音楽部門では、京都市交響楽団による「アリラン」など日中韓の民謡をベースにした作品の演奏や、マンガ・アニメ部門では、人気グルメマンガ家が同時開催都市の長沙市（中国）、大邱広域市（韓国）の家庭料理や名物料理をマンガで紹介する企画展を開催するなど、中韓の文化を紹介するとともに、日中韓の文化の共演にも多数取り組まれた。

写真1「アジア回廊現代美術展」蔡國強　盆栽の舟　筆者撮影

▶**交流事業**

京都市ではこれまでに取り組んできた若手芸術家等の支援・育成をさらに進めるため、若手芸術家や高校生、大学生など文化芸術の未来の担い手を中心に中韓の開催都市に派遣し交流事業が実施された。

演劇の分野では、大邱広域市（韓国）で開催された「大韓民国演劇祭」において、立命館大学や同志社大学で活動する学生演劇団体による２日間にわたる公演が行われ、各公演とも若者を中心に会場はほぼ満席となった。演目は非常にコンテンポラリーな内容で、公演後のアフタートークでは演出の発想方法など熱心なやり取りが相次ぐなど、演者の情熱的な演技と内容は、観客に大きな驚きをもって受け止められた。また、現地で演劇を専攻する啓明(ケミョン)大学劇芸術研究会の学生の舞台鑑賞や交流も行われ、演劇を通じた交流とともに、韓国と日本の演劇文化の違いを実感する交流にもなった。伝統芸能においても、同市で開催された３都市の伝統劇を披露する「３色伝統劇フェスタ」に、右京区嵯峨地域に伝承されている重要無形民俗文化財「嵯峨大念仏狂言」が、大邱オペラハウスの大舞台で上演された。嵯峨大念仏狂言は、ごく簡素な道具と笛と太鼓のみで上演される無声劇であるが、満員の観客はその世界観に引き込まれ、上演後は盛大な拍手が送られた。

そして、日中韓同時開催３都市において高校生による青少年交流が実施され、京都でのプログラムでは、各都市から芸術を専攻する高校生が集い、京都市立銅駝(どうだ)美術工芸高校の生徒が中心となってプログラムを実施した。和菓子づくり体験や学校見学のほか、日中韓の混成チームで清水寺界隈を中心としたフィールドワークを行い、各チームの興味関心に基づき建物、服飾などをテーマに、それぞれの制作手法と創造性を発揮し、デジタル作品としてまとめあげる共同制作が行われた。

京都芸術センターが中心となり実施された、「フェルトシュテルケ・インターナショナル東アジア文化都市」では、同時開催都市のテグ・アート・ファクトリーや湖南大学（長沙市）と連携し、各都市から選ばれた学生や若手芸術家が各都市に一定期間滞在しながら巡回し、都市のリサーチを通じてアートプロジェクトを考えるプログラムが実施された。

その他、京都市立芸術大学の学生等で構成したフルートアンサンブルによる長沙市（中国）での公演や、３都市の写真家の参加による写真展の開催、大邱広域市に西陣織や組みひもなど伝統工芸の職人を派遣し、ワークショップを実施するなど３都市で20事業が実施された。

金沢市［2018年］

金沢市では、代表的な文化産業である「工芸」を中心に多彩な事業が実施された。コア期間事業として、「家」をテーマに市内中心部の３つのエリアで、使われていない民家やビルなどを会場に、日中韓出身の現代美術作家22組の作品を展示する「まちなか展覧会「変容する家」」や、2016年から開催している「金沢21世紀工芸祭」において中韓の工芸作家の作品の展示など多彩なプログラムが行われたほか、「工芸」と異なる文化をかけあわせ、新たな価値を生み出す「かけるプロジェクト」や、中韓の開催都市への合唱団や和太鼓の演奏団体の派遣や青少年による囲碁やピアノの交流も行われた。

3　開催期間終了後の展開

東アジア文化都市の同時開催都市は各国から独自に選定されるため、これまでに交流の実績がない都市が選定されることが多く、１年間の開催期間だけでは十分な成果を得られにくいことから、各都市とも閉会に当たって、１年間の事業を評価するとともに交流の継続を盛り込んだ、３都市による「共同宣言」を取り交わしている。そこで日本の開催都市の事業終了後の展開を見てみたい。

横浜市

2014年開催の横浜市では、2015年に、市の創造都市施策の具体的な行動計画として「創造都市アクションプラン」を策定し、その柱の１つである『「創造都市横浜」の国内外への発信と交流』に、「東アジア文化都市で培ったネットワークを活かして、アジアを中心とした世界からアーティスト・クリエーターが集まる文化芸術のハブ都市を目指す」として、東アジア文化都市の今後の展開を位置づけている。そして、同時開催都市である光州広域市（韓国）との青少年交流事業や、横浜市の創造都市政策の中核的な取り組みである「創造界隈拠点」において、東アジア文化都市を契機にはじまった光州広域市との芸術家等の相互派遣事業「黄金町×光州AIR交換プログラム」を毎年実施しているほか、2016年開催都市の済州特別自治道（韓国）で開催された済州耽羅（タムナ）文化祭に芸能団を派遣するなど、開催年を超えた交流にも取り組んでいる。

新潟市

2015年開催都市の新潟市では、2017年に「新潟文化創造交流都市計画」を策定し、柱の1つとして「新潟らしい文化の発信と交流により世界の中での存在感を高めます」としている。そのなかで、東アジア文化都市のネットワークや創造都市ネットワーク日本（CCNJ）など国内外の都市間ネットワークを結びつけ、北東アジアにおける文化外交拠点の役割を果たすとしており、今後の創造都市政策において国内外との都市間ネットワークを重視しており、2017年には中韓にシンガポールを加えた形で2回目となる「新潟ダンスフェスティバル」を開催している。そして同時開催都市である清州市（韓国）と高校生の相互派遣による交流事業に継続的に取り組んでおり、2018年には、10名の高校生を相互に派遣し、新潟市では農業体験等を清洲市では伝統工芸体験等を通じた交流を実施している。

奈良市

2016年開催都市の奈良市では、東アジア文化都市のコア期間事業として実施した「古都祝奈良」を事業終了後も継続して毎年開催しており、事業を契機とした新たなアートプロジェクトが進められているほか、同時開催都市の済州特別自治道（韓国）や寧波市（中国）との青少年交流事業を継続して実施しており、2018年は、奈良市において、「アートと国際交流」をテーマに、若手僧侶や美術家を講師に迎えたワークショップと作品制作に取り組んでいる。

京都市

2017年開催都市の京都市では、2017年3月に「第2期文化芸術都市創生計画」を策定し、2020年の東京オリンピック・パラリンピックの開催等を見据えて、世界の人々が集い交流する拠点となることを大きな柱としており、そのなかで東アジア文化都市事業を位置づけている。

2018年は、京都市と大邱広域市で文化芸術を専攻する大学生が京都市内でのフィールドワークを通してマンガの共同制作に取り組むプログラムや、市主催の文化芸術イベントや国際交流フェスティバル等に大邱広域市や長沙市から伝統芸能やダンサーを招いた公演を実施した。また、大邱広域市で開催される文化祭典「大邱ポジャギフェスティバル」に、ダンサーや邦楽の演奏者団体、京友禅などの伝統工芸の職人を派遣している。また、東アジア文化都市を契機とした民間交流もはじまっており、開催期間が終了した直後の2018年2月には、東アジア文化都市の学生演劇の交流がきっかけとなり、京都で開催された「第3回全国学生演劇祭」(主催：全国学生演劇祭実行委員会)で啓明大学劇芸術研究会の学生による招待公演が実現し、同年10月には同じく写真家の交流事業をきっかけに、京都で開催された「第48回京都写真家協会展」(主催：京都写真家協会)に、(社)韓国写真作家協会大邱広域市支会から20名を招待し、作品の展示が行われた。

4　事業の成果と課題

文化政策の新たな展開

2014年に東アジア文化都市が開始された当初は、開催都市の決定から事業の実施までの期間が非常に短く、既に実施している事業に日中韓のアーティストが参加する形などでの開催を余儀なくされたが、開催都市の選定過程が改善され、1年程度の準備期間が確保できるようになったことから、東アジア文化都市のための新たな文化プログラムの展開が可能となってきており、開催都市の文化政策に与える影響も大きくなってきている。
奈良市の事例では、東アジア文化都市の開催を通じて、地域の歴史的、文化的な資源を掘り起こし、都市のアイデンティティを再認識することにより、新たな都市の文化コンテンツを紡ぎだした成果であり、新潟市では、事業後に改定された「ビジョン」において「北東アジアの文化交流拠点」を盛り込み、事業の成果や意義を文化政策の中で明確に位置づけるなど、都市の文化政策にも大きな変化が見られる。また、京都市の事例では、二条城等を会場とした「アジア回廊」が、現代美術の大規模な国際展の開催を通じた、若手キュレーターなどの人材育成の重要な機会となったことや、文化財の活用の実験的な取り組みとなるなど、今後の都市の文化政策の展開にさまざまな可能性を示した。今後、少子高齢化の進展などにより自治体の厳しい財政状況が続いているなかで、継続した事業の実施に向けて予算を確保し続けることは容易ではなく、横浜市や新潟市のように事業の意義や成果を都市政策上に位置づけることや、産業政策をはじめまちづくりに積極的に展開することは重要であり、金沢市の事例のように都市の重要な産業である伝統工芸と密接に連携したプログラムの実施をはじめ、社会包摂や多文化共生など、福祉や教育といったさまざまな都市政策のなかでの効果や展開も求められる。

集中的な交流による相互理解の促進

東アジア文化都市の大きな特徴として、中国、韓国の同時開催都市との相互交流がある。1年間を通じて、さまざまな分野で派遣や招へい事業が実施され、文化芸術団体や青少年など300人を超える市民が参加し、密度の高い交流が行われる。これは、自治体の交流事業としては極めて稀な規模の交流であり、日本の各開催都市が実施したアンケートによると、中国・韓国への興味関心が増加する効果も見られるなど、グローバル化が進むなかで、共生社会の実現に向けても意義ある取り組みであると言える。
また、交流の成果は人材育成にも大きな効果があると考えられる。
京都市では、海外公演等の経験が少ない高校生や大学生、若手芸術家等

表2 各都市の文化交流事業の実施件数および参加人数

横浜市	新潟市	奈良市	京都市
15事業 派遣330人	27事業 416人	32事業 626人	24事業 509人

筆者作成

を中心に、中国、韓国の同時開催都市での公演に派遣され、文化的背景も言語も異なる空間の中で演じることは大きな不安とストレスを伴うものであるが、公演後に観客から盛大な拍手を受け、伝わった実感は非常に大きな喜びをもたらす。芸術高校の派遣交流では、参加した生徒がプログラム終了後に作風や積極性への変化や海外への関心の高まりがあったことが報告されており、派遣団体のなかには（東アジア文化都市での経験を生かし、）国際交流基金の海外派遣プログラムへの応募につながるなど、文化芸術の担い手の意識の変容は、今後の文化芸術の振興にとって大きな効果がもたらされることが期待できる。

一方で、東アジア文化都市は都市間交流が事業の大きな特徴であり、特に韓国の開催都市は交流事業に重点を置いている傾向にあるが、（日本の開催都市では、事業全体に占めるコア期間事業の比重が大きく、）中国や韓国の開催都市からの交流事業への参加の要請に十分応えきれていない現状がある。今後東アジア文化都市のプログラムの作成に当たっては、事業全体に占める交流事業の予算や人員の配分、実施内容の充実のほか、コア期間事業との一体的な展開など交流事業の戦略的な取り組みが必要である。

アーティスト・イン・レジデンスなど創造拠点の整備

東アジア文化都市では、中核となるコア期間事業で、各都市が現代美術の国際展を開催しており、参加作家の滞在制作や、アーティスト・イン・レジデンス（AIR）のプログラムが行われている。横浜市では、それまで取り組まれていた「創造界隈交流事業」において新たに同時開催都市の光州広域市のAIRとの交換プログラムにつながっており、京都市で実施した「フェルトシュテルケ・インターナショナル東アジア文化都市」は、京都芸術センターが長年蓄積してきたAIRの実績に加えて、3都市のアートセンター等による巡回プログラムで得たノウハウの蓄積は、京都市が進める今後のAIR間の交換プログラムの実施やレジデンスネットワークの構築に向けた取り組みを進めるものである。

近年、AIRは芸術家等の制作活動や全国で増加しているトリエンナーレなど大規模な現代美術の国際展を支えるインフラとして重要性が高まっている。AIRは芸術家の創造性を喚起する場としてだけではなく、国内外の芸術家等の創造性や多様な価値観に触れることで、地域や個人の創造性が触発され、都市の創造性の源泉となることも期待されているが、日本国内のAIRのネットワークが未整備であることから海外の芸術家等のアクセスの障害となっているとされており、東アジア文化都市は、日中韓をはじめ世界のアーティストとの交流を促進するプラットフォームの1つになってきている。

5 「東アジア文化都市」のネットワークに向けて

東アジア文化都市について各都市の事業内容から成果と課題を見てきたが、事業の開催効果を東アジアの平和的安定や、開催都市の持続的な発展へとつなげるためには、市民や芸術家、さらには企業も含めたさまざまな人々による交流へと広げていくためのネットワークを構築していくことが必要である。

自治体による国際的な都市間交流の代表的なものとしては、姉妹都市交流があり、1955年に長崎市とセントポール市（アメリカ）の姉妹都市提携が始まりとされ、現在では全国の自治体（都道府県、市区町村）で874件の提携が行われ、地域や自治体の国際化に重要な役割を果たしてきた。しかし、最近では日韓関係の悪化による職員の相互派遣交流の取り止めや、大阪市では「慰安婦像」の設置に関係してサンフランシスコ市との姉妹都市提携の解消に至るなど、国家間の政治的関係に大きく影響を受けている。

写真2 東アジア文化都市サミット 「東アジア文化都市サミット報告書」

一方で、近年では国内外の都市間ネットワークの形成が広がりを見せており、ユネスコでは、2004年から都市の文化産業が有する発展の可能性を都市間の連携によって持続可能なものとする枠組みとして創造都市ネットワーク事業を進めており、映画、音楽、クラフト&フォークアートなど7分野で72か国180都市（2017年10月31日現在）が認定されており、日本からも神戸市、名古屋市、金沢市など8都市が認定を受けている。日本国内においても2013年に「創造都市ネットワーク日本」が設立され、111自治体（2019年4月26日現在）が加盟し、都市間で先進的な政策事例を共有し交流を進めており、創造都市のネットワークが広がってきている。

東アジア文化都市では、開催都市が増加するなかで、事業の成果を継承し、東アジア地域の平和的安定につなげるためには、開催都市による都市間ネットワークの形成が不可欠であるとの機運が高まり、2017年8月に京都市で東アジア文化都市13都市の市長とASEAN文化都市の4か国の代表者が参加し、「東アジア文化都市サミット」が開催された。

これは、2014年の第7回日中韓文化大臣会合で採択された、2015年から2017年の行動計画「青島行動プログラム」において、将来にわたる東アジア文化都市間の連携促進や、東アジア文化都市の国際的交流、特にASEAN文化都市との交流・連携が合意されていることを受けて、その具体化をはかるために、2016年の「第8回日中韓文化大臣会合」において、日本政府から開催を提案し実現したものである。

「東アジア文化都市サミット」においては、東アジア文化都市や「ASEAN

文化都市」の各都市での取り組みを報告するとともに、今後の事業の発展方策について意見交換を行った結果、継続的な交流を支えるネットワークの構築が重要であるとの認識で一致し、引き続き若い世代を中心とした交流の継続や、東アジア文化都市ネットワークの構築に向けた協力、東アジア文化都市サミットの継続開催について合意し、「東アジア文化都市サミット京都宣言」を採択した。

日本政府においては、このサミットの成果を受けて、有識者会議を設立し、事業の持続的な発展や、都市間ネットワークの形成に向けた具体的な検討を始めており、2018年8月にハルビン市（中国）で開催された第10回日中韓文化大臣会合では、日中韓3か国が一体となって東アジア文化都市のブランド化を推進することを盛り込んだ「ハルビン行動計画」を採択した。

中国、韓国は、創造都市の都市間ネットワークに積極的な動きを見せており、中国については、習近平政権が進めている「一帯一路構想」の一環として、各都市ともに欧州文化首都との連携をテーマとしたシンポジウムや事業を開催しており、2017年開催都市の長沙市は、同年ユネスコ創造都市ネットワークにメディアアート部門で認定を受けるとともに、欧州文化首都のレーワルデン市（オランダ）との友好都市提携を行っている。このように中国の各都市は、東アジア文化都市に選定されたことを機に、都市格を向上させ、東アジアの中核都市となることに加えて、欧州文化首都との連携を強く志向している。

また、韓国の各開催都市は年間を通じて、日中韓の各都市に交流事業への積極的な参加を呼びかけている。特に、韓国の金大中政権下で推進された「文化中心都市造成事業」によりアジア文化中心都市に指定された光州広域市は、国立アジア文化の殿堂の建設など、大規模な投資が行われるなど、アジアの文化芸術都市のハブをめざしている。同市は2014年に東アジア文化都市を開催した後も、各開催都市に事業の参加を積極的に働きかけており、2017年には京都市からも同市主催の青少年キャンプに芸術大学の学生を派遣している。2017年開催都市の大邱広域市は、同年にユネスコ創造都市ネットワークに音楽分野での認定を受けており、海外との都市間連携を積極的に進めている。

このように東アジア文化都市を基盤に、都市間ネットワークの構築に向けた取り組みは進みつつある一方で、各国の政策とも連動して東アジアにおける文化芸術都市のハブを巡っての都市間競争の様相を呈してきており、引き続き国、都市、市民レベルでの多層的な交流の実績を積み重ねながら、都市間の水平的で緩やかな連携によるネットワークを構築し、都市間の協調を図っていくことが重要である。そして東アジア文化都市のネットワークがASEAN文化都市や欧州文化首都など、世界のさまざまな地域の都市間ネットワークと連携を深めていくことで、都市によるネットワークが拡大していくことが、国民国家の限界を超えて「都市の世紀」のインフラへと発展していくと考えられる。

おわりに

「東アジア文化都市2017」を通じて、国際協調における都市と文化の可能性を強く実感した。

2017年4月に長沙市（中国）での「東アジア文化都市」の開幕式典が開催される直前、アメリカ軍によるミサイル迎撃システムの韓国内への配備を巡って、中韓関係が極めて緊迫した状況となったが、同式典は大邱広域市の市長も参加し、予定通り開催された。

東アジア文化都市事業がはじまった2014年以降、このように幾度となく日中韓3か国の関係は緊張と緩和を繰り返してきたが、事業が途切れることなく継続されてきたことは、国家間の合意に基づきながら、都市が主体となって、市民と市民が顔の見える関係で文化交流を積み重ねてきた成果であり、国際関係におけるハードパワーの限界とソフトパワーの可能性を示唆している。

新潟市は、東アジア文化都市事業による中国と韓国でのパブリシティ効果を2億4,000万円と算出しているが、2017年8月に大邱広域市で実施された3都市の高校生による文化交流事業では、地元テレビ局による密着取材による特集番組が放送されたほか、中国、韓国の開幕・閉幕式典をはじめ交流事業では、現地のメディアが多数取材に訪れ、テレビや新聞でも多く取り上げられるなど、東アジア文化都市に対する関心は高い。

そして、交流事業では現地の人々の心からの歓迎と熱烈な歓声に参加者はとてもに驚かされるとともに、舞台裏では関係者が並々ならぬ情熱をもって交渉や調整に取り組んでおり、東アジア文化都市は、各都市の首長をはじめ、3か国の友好を願う多くの人々の熱意に支えられている。

このような交流のなかから、国を超えた都市と都市の関係性をつなぐとともに、東アジア文化都市は国家間での対立関係とは全く違った友好的な面を積極的に伝える1つのメディアであるとも言える。東アジア文化都市は「東アジアの政治的紛争を平和的関係へと転換していくことができれば、それは「ノーベル平和賞」の受賞に値する」(太下 2014) と指摘されているように、東アジア地域の各都市が長い歴史のなかで育んできた個性あふれる文化の多様性と、東アジアとしての地域の共通性を生かし、都市間ネットワークを広げていくことは、相互理解による友好的な世論を形成し、国家の枠組みを超えて草の根的に東アジアの平和的安定を構築していけるのではないだろうか。

2017年に改正された「文化芸術基本法」では、文化芸術に関する施策の推進に当たっては、世界において文化芸術活動が活発に図られるような環境を醸成することが新たに盛り込まれた。そして2018年3月に閣議決定をされた「文化芸術推進基本計画」において、文化芸術を通じた相互理解に向けて、東アジアにおける都市間の文化ネットワークの充実と東南アジア諸国連合や欧州文化首都との連携に取り組むとしている。

「都市の世紀」と言われるなかで、都市の文化政策は単に都市内部の文化振興に留まらず、都市が世界と直接つながるための重要な資源であり、知識や人材が交流し、自由で創造的な活動が行われる場を創出していくことが求められている。東アジア文化都市は、黎明期から成長期へ移行していくなかで、都市の創造性を刺激する交流のプラットフォームとして、今後さらに発展していくことが期待される。

参考文献

2014年東アジア文化都市実行委員会『東アジア文化都市2014横浜事業報告書』2015年
「東アジア文化都市2015新潟市」実行委員会『「東アジア文化都市2015新潟市」事業報告書』2016年
「東アジア文化都市2016奈良市」実行委員会『「東アジア文化都市2016奈良市」事業報告書』2017年
東アジア文化都市2017京都実行委員会『東アジア文化都市2017京都事業報告書』2018年
京都市『東アジア文化都市サミット報告書』2017年
京都市文化市民局文化芸術都市推進室文化芸術企画課『第2期京都文化芸術年創生計画』2017年
三菱UFJリサーチ＆コンサルティング『文化庁委託事業「東アジア文化都市」の実施に向けた調査研究報告書』2013年
新潟市文化スポーツ部文化政策課『新潟市文化創造交流都市ビジョン』2017年
太下義之「国際的な文化事業による創造的な都市・地域整備に関する研究――「欧州文化首都」から「東アジア文化都市」へ」『季刊　政策・経営研究』vol. 2、三菱UFJリサーチ＆コンサルティング、2014年
太下義之「「東アジア文化都市」のゆくえ」『文化経済学』第13巻第1号、文化経済学会、2016年
佐々木雅幸「レジリエントな創造都市に向けて」大阪市立大学都市研究プラザ他編『包摂都市のレジリエンス』水曜社、2017年
横浜市文化観光局『創造都市アクションプラン』2015年

関連サイト

EU・ジャパンフェスト日本委員会　https://www.eu-japanfest.org/
一般財団法人自治体国際化協会（CLAIR）「全国の姉妹都市提携数」 http://www.clair.or.jp/j/exchange/shimai/
奈良市市民活動部文化振興課「東アジア文化都市事業」 http://www.city.nara.lg.jp/www/genre/0000000000000/1490683238757/index.html
日本政府観光局（JNTO）「月別・年別統計データ（訪日外国人・出国日本人）」 https://www.jnto.go.jp/jpn/statistics/visitor_trends/
創造都市ネットワーク日本（CCNJ）　http://ccn-j.net/network/list.html
横浜市文化観光局文化プログラム推進課「日中韓都市間文化交流事業（「東アジア文化都市2014横浜」承継事業）」 http://www.city.yokohama.lg.jp/bunka/program/bunpro/eastasia/20150826161415.html

第12章

創造農村のための デザイナーの役割と 支援ファクター

――アマゾンのソーシャルデザインの事例から

「ブラジルの製品」賞を受賞したAMOPREABの靴の一つ：Flávia Amadeu 提供

鈴木 美和子

大阪市立大学都市研究プラザ特別研究員

はじめに

ブラジルは広大な土地や豊富な天然資源を持っているが、地域間格差、経済的社会的格差、貧困問題、都市問題、環境問題などさまざまな社会問題も抱えている。なかでもアマゾン地域の環境問題は、地球全体の環境にも多大な影響を与えるため、その対応は人類の未来を占う試金石となっている。アマゾン熱帯雨林地域では、農林業、鉱業の乱開発による森林破壊が進み、熱帯雨林の消失とともに、生物多様性や伝統文化の消失も大きな問題となっている。森林破壊や乱開発によって一番犠牲になってきたのは、自然と共生してきた先住民や小農民である。アマゾンの環境問題は、貧困問題や先住民問題、産業政策などとも深く関係しているため、その問題の解決や緩和には、環境面だけでなく、地域の経済的、社会的、文化的持続可能性も視野に入れた取り組みが求められている。

そのようななかで、持続可能な開発をめざす民衆運動やグローバル経済からアマゾンを守る取り組みも進んでいる。生態との共生をめざすアグロエコロジーや、森の恵みの持続的活用をめざす採取経済、農業によって森の保存あるいは再生をめざすアグロフォレストリー（森林農業）、人々の生活や社会を強化するコミュニティ教育、フェアトレードやエシカル消費の取り組みなどである。このような取り組みの１つとして、デザイナーによる工芸コミュニティとの連携・交流を軸としたソーシャルデザインの活動がある。ソーシャルデザイナーの介入による工芸活動の活性化は、コミュニティや地域に収入や仕事を生み出すだけでなく、環境保全、伝統工芸や地域文化の伝承・発展、創造活動の推進、観光産業の発展、社会包摂などにもつながっている。地域の自然資源や伝統文化を生かしたこれらの取り組みは、アマゾン地域の持続可能性を高め、自然との共生を実現するオルタナティブとして評価され、NGO や行政機関などでは、デザイナーとの連携を工芸振興プログラムに導入するようになっている。本章で注目するのは、このようなデザイナーによる活動の多面的な役割とそのソーシャルデザイン活動を支えるさまざまなファクターである。

もちろん、アマゾン川流域の農村地帯と、過疎化や限界集落が第一の問題となっている日本の農村とは置かれている状況が異なる。しかし、その解決のための実践として、自然資源を活用し、自然と共生できる創造的な取り組みや都市部との連携が求められているという点など、進むべき方向性で重なる部分も多い。佐々木雅幸が提唱する「創造農村」は、自然生態系が持つ生物文化多様性と創造性に基づくものであり（佐々木 2014：24)、豊かな自然と生態系を保全するなかで固有の文化を育むことをその条件（同：21）としながら、都市と連携した芸術・科学・技術の導入と職人的ものづくりとして、伝統的ものづくりの先端的なデザインや技術による革新の重要性を指摘している。

アマゾン地域は、まさにこのような創造農村モデルが世界で一番求められている地域である。地域の自然資源を生かした工芸活動を推進していくなかで、さまざまなファクターを自身の取り組みにつなげていくブラジルデザイナーによる多面的なアプローチは、創造農村の実現にもヒントとなる点が多いと考えられる。ここでは、アマゾン地域で活動するソーシャルデザイナーの役割を、文化創造活動を生み出すコミュニティの形成、自然生態系の保護、持続可能な消費（エシカル消費など）やライフスタイルの推進、工芸や自然素材などの価値化、都市部との連携などの観点から明らかにし、創造農村を実現するためのキープレイヤーとしての意義を考察していく。

1　デザインの変化とブラジルのソーシャルデザイン

ここでのデザインとは、産業革命以降の大量生産を前提としたモダンデザインのことで、グラフィックデザインやファッションデザインなどの総称を指す。現在に至るまで、デザインは、輸出振興、大量消費の推進、商品の差異化・高付加価値化などの役割を担いながら、経済成長のツールとして、主に大企業や先進国で活用されてきた。このような発展のあり方は、一方では、貧困、環境破壊、社会的排除などのさまざまな問題も生み出していった。これらの問題を克服するために登場したのが、生態系を重視し、環境負荷の軽減をめざしたエコデザイン、環境だけでなく社会的、経済的側面からも持続可能な社会をめざすサステナブルデザイン、社会問題の解決や社会包摂を目的とするソーシャルデザインなどのオルタナティブなデザイン活動である。ソーシャルデザインは、当初は途上国の住民のために運びやすい水のタンクを開発するというような取り組みが多かった。しかし、現在では先進国も含め、急速にその必要性が認識されるようになり、産業衰退地域の住民、社会的弱者や貧困コミュニティなどのエンパワーメントや当事者参加型の活動に次第にシフトしている。

ブラジルに視点を移すと、独自の発展をしているソーシャルデザインの動きがある。それが、貧困コミュニティや先住民コミュニティの工芸活動を支援するデザイナーの活動である。元手がかからず、身近な素材を利用できる工芸活動は、底辺にいる人の生活水準を改善する有効な手段とみなされており、観光省、開発商工省、文化省、労働省などの国や州の行政機関、零細小企業支援機関、国内・国際NGO、協同組合、社会的企業、大学など、さまざまな機関や政策が工芸振興の取り組みを後押ししてきた。コミュニティの工芸活動を支援するデザイナーの活動は、1990年代後半から国中で展開され、工芸分野全体の活性化に貢献してきた。ブラジル地理統計院（IBGE）によると、ブラジルの工芸市場は年間500億レアル以上を生み出し、経済的インパクトはGDPの３％に達すると推計されている。850万人近くが工芸に関係する仕事に関わっており、その８割が女性であるとされている。

たとえば、テキスタイルデザイナーのレナート・インブロイジは30年にわたり国内外で150以上のコミュニティを対象としたプロジェクトに取り組んできたこの分野の草分け的存在であり、アマゾン地域でも取り組みを行っている。デザインジャーナリストのアデリア・ボルジェスは、このような取り組みを『デザイン＋工芸』という本にまとめており、それがブラジルデザインの独自性にもつながっていると指摘している。

2 フラヴィア・アマデウの事例

ブラジリアに住むデザイナーのフラヴィア・アマデウは、アマゾン地域の環境や地域コミュニティを守るため、ゴム工芸に注目するようになった。天然ゴムによる生活工芸品が中南米の各地で先住民により使われているのを、15世紀末にやって来たヨーロッパ人が発見している。ゴムの木の樹液から、靴、ボール、新生児のおくるみ、包帯、玩具、鞄などがすでにつくられていた。19世紀以降近代的ゴム工業によるゴムブームが始まると、他の貧困地域から移住者が流入したが、地主による搾取とそのゴム生産体制を支配する仲買制度により、ゴム樹液採取労働者の債務奴隷化が進んだ。20世紀にゴム生産の中心が東南アジアに移ると、ブームが終焉し、ゴム園は放棄された。60年代になってから、牧畜、鉱物、木材加工など軍政による大規模開発が始まり、アマゾン河流域の野生ゴムが乱伐されていった。しかし、国際的な環境保護運動の流れや民衆運動が起こるなか、1987年には採取経済保護区が設立されるに至った。採取経済保護区は、国家が土地を所有し、森で暮らす人々が用益権を持つ仕組みである（小池 2017）。地域のゴム樹液採取労働者は、森林伐採の仕事や都市部への移住を余儀なくされる状況であったが、現在は、保護制度や関係機関の援助などにより、天然ゴムの生産、およびその工芸品の生産販売を活発化させる取り組みが行われるようになっている。2000年には、住民と伝統文化の保護なども見据えた国家自然保護単位システム（SNUC）も設立されている。自然資源の経済的活用から環境保全を実現するという生産型環境保全（Productive Conservation）のプロジェクトでは、非木材資源（魚、種子、果物、自然オイル、ゴムなど）の活用が推進された。

この文脈の中で、1990年代以降、ブラジリア大学の化学ラボは、社会的環境的サステナビリティに貢献する伝統活動の復活をめざし、アマゾン熱帯雨林の非木材製品の研究を進めてきた。その化学ラボが開発したのが、ゴム樹液をラバーシートに加工する、セミアーティファクトラバーシート

(FSA) と呼ばれる手法で、同ラボではFSA手法の普及とFSAを使った工芸製品づくりを推進のため、2000年代の初頭から、「アマゾンのゴム生産と工芸生産のためのテクノロジー (TECBOR)」プロジェクトをアマゾン各地で実施してきた。FSAは、レザーや布地のようにカラーシートとしてゴムが加工されるので、工芸品やデザイン製品の製造に適している。混合する色料も自然素材から家屋用塗料まで使用することができ、環境面でも、電力を使わず、少しの水を必要とするだけでゴミも出ない、クリーン生産になっている (Amadeu 2016：45-71)。アマデウがこのプロジェクトに出合ったのは、ブラジリア大学の修士課程で、「アート&サイエンス」プロジェクトに参加したからである。アマデウは、2004年からこの化学ラボと長期的パートナーシップを結び、ワークショップなどでこの手法をコミュニティに技術移転している。

社会起業家としても活動しているアマデウは、FSAによりつくられたカラーシートを使ったオーガニックジュエリーなどをデザイン、生産、販売している。製品は、Flávia Amadeuブランドのウェブサイトでオンライン販売されており、ニューヨーク、パリなど海外での展示・販売にも尽力している。国内では、サンパウロのミュージアムショップ、仲間と共同経営のスタジオ、またアートやデザインの仲間たちと連携したフェアなど、さまざまな販売チャンネルを模索し、SNSのフェイスブックなどを通して、情報の発信を行っている。また、アマデウの製品は2010年の「ブラジルデザインビエンナーレ」に展示されるなど、デザイナーとしての高評価も得ている。もちろん、原料のカララバーシートは、アマゾン地域のコミュニティから適正価格で購入しており、公正取引の実践にもなっている。ブラジルでは、公正取引は、フェアトレード (公正貿易) よりも広い意味で使われており、現在の経済システムを変更する制度として位置づけられている。先進国の消費者と途上国の生産者との公平貿易だけでなく、生産者間の関係を含む広い経済主体の間での公正な取引を意味し、それを通じて経済、社会、環境的に持続可能な社会の構築をめざす運動であり制度である (梅村 2017：240)。スカイ・レインフォーレスト・レスキュー (Sky

Rainforest Rescue）の2013年の環境保護キャンペーンのため依頼されたFSAカラーラバーシートによるジュエリーコレクションの開発では、原料の綿密な調査や、キャンペーン大使である女優とのミーティングなども含め、３か月の準備を行った。現地では、フィールド日記やノート、ビデオなどを活用し、アマデウが撮影した写真をコミュニティと共有することにより、文化的調査も行っている。

アマデウは2011年より、アクレ州のフェイジョ（Feijó）、パルケダスシガナス（Parque das Ciganas）、パラ州のジャマラクア（Jamaraquá）、サンタレン（Santarém）などアマゾン各地で、ゴム樹液採取労働者コミュニティや工芸職人コミュニティを対象に、デザインコンサルタントや製品開発ワークショップなどの活動をしている。これらの活動のなかで特に成功事例として興味深いのは、アクレ州のアッシスブラジル（Assis Brasil）のアッシスブラジル・シコメンデス採取経済保護区居住生産者協会（AMOPREAB）との交流で、特にその代表であったジョゼ・デ・アラウージョ（José de Araujo）との出会いは、アラウージョの経済的危機を救うことになるとともに、お互いの視野を広め、お互いの創造性を刺激する機会となった。州都リオブランコから345㎞離れた人口約7,300人の自治体（municipio）であるアッシスブラジルは、ペルーとボリビアの国境に位置する。面積は、287万㎢、そのほとんどが、熱帯雨林で覆われている。また、テリトリーの大部分が、先住民保護区、生態ステーションという完全保護区、採取経済保護区の３種類の保護区になっている。１人当たりのGDP（2015年）は約2,836ドルで、ブラジル全平均の約３分の１である。市の生み出す付加価値総額は、約1,873万ドル（農漁業495万ドル、工業47万ドル、公共サービス1,009万ドル、それ以外のサービス322万ドル）、歴史的にもゴムの採取が地域の主な経済活動で、衰退した現在でも農村部の人々の４分の１がゴム採取で収入を得ている[1]。他にヤシ、カシューナッツ、植物オイル、樹脂、野生の果実などの採取も行われている。また、牧畜（牛・小動物）も見られ、近年では観光事業の活動が行われている。当時アラウージョは、採取経済保護区に住み[2]、すでにFSAのラバーシートによる靴の生産をしていたが、再投資に必要な資本もなく、外部の市場やロジスティックス関係とのコミュニケーションが難しかったため、靴の生産を諦めようとしていた（Amadeu 2016：204）。

共同制作活動という形で行われた交流では、仕上げ方の改善、新しい市場開拓のためのデザインの仕方、カットスタンプという新しい道具の導入について、アマデウから提案があり、お互いのアイデアやテクニックを生かすメガネケースの試作などが行われた。アラウージョはアマデウとの交流について「私に仕事を続けていく強さを与えてくれた」「あなたは新しいアイデアを与えてくれたが、それが私に自分の創造性を生かした製品をつくらせ、製品を改善するようにしたのだ」とアマデウに語っている（Aamadeu 2016：239）。一方アマデウも、「私にとって彼は、ゴム樹液採取労働者であり、デザイナー、工芸職人、また先生でもある」「彼は天才的で、自身の視野も広がった」と、交流の成果を述べている（2016年4月12日インタビュー）。アラウージョによると、以前と比べて10倍以上の収入があるという。「自分の創造性を発揮できることがとても嬉しい」「もっといろんな勉強をしていきたい」「この環境を守っていくのが私の夢」と述べている（2016年5月1日インタビュー）。共同制作活動の対話のなかから、工芸職人、ゴム樹液採取労働者、地方政府のメンバーを含んだ会合が実現している。地域における工芸活動の重要性の再確認や、デザインを含む今後の行政支援のあり方なども議論された。アクレ州ではその後、ヨーロッパデザイン大学の教授陣による戦略的デザインの講座なども工芸コミュニティのために実施している。

AMOPREABが生み出した新しい靴の製品（写真1）は、2012年のアットホーム・ブラジル製品・ミュージアム（A CASA museu do objeto Brasileiro）の「ブラジルの製品」賞の集団生産カテゴリーで1位を獲得した。アマデウが応募手続きをしていたからだ。テープ状にカットされたラバーシートの面白さを生かし、自由自在に色彩が組み合わされた靴の数々は、そのデザイン性も評価された。アラウージョたちの靴は、アマデウのウェブサイトのオンラインショップの他、オランダの会社を通して、ヨーロッパでも販売されている。2015年には、ミラノのデザインウィークではコミュニティの靴の製品も展示されるとともに、アラウージョは講演も行っている。

またアラウージョは、他のコミュニティにも技術移転をし、新しい製品のための実験を日々行っている。アマデウとアラウージョはスカイプなどを利用して、頻繁に連絡を取るようになっている。

写真1「ブラジルの製品」賞を受賞したAMOPREABの靴の1つ　Flávia Amadeu 提供

研究者としてのアマデウの活動も活発で、実践を支え、新しい展開やプロジェクトモデルを生み出すものとなっている。アマデウの実践は、彼女の博士論文（ロンドン・カレッジ・オブ・ファッション）「デザイナー・地域生産者間のケイパビリティとインタラクションに関する考察：アマゾン熱帯雨林のゴムの素材性を通して（Amadeu 2016）」で詳しく知ることができるほか、国内外で積極的に研究の成果を発表している。また、アマデウのウェブサイトにもその取り組みが紹介されている（http://www.flaviaamadeu.com/）。

もちろん、従来的なデザイナーの仕事として、ゴム工芸コミュニティのために製品タグ・ロゴ、名刺等のデザインも行っている。さらに、デザイナーやアーティスト仲間と一緒に、アマゾンのゴム工芸職人の工芸製品を都市部で展示・販売したり、エコファッションウィークに参加するなど、さまざまなイベントを通して取り組みを広げている。

3　アマデウの活動の特徴とその役割

ここで注目するのはアマデウの取り組みの特徴である。第1に特徴的なのは、多面的で包括的なアプローチやその役割である。アマデウは論文で、自分の役割をデザイナー、マネージャー、研究者、アドバイザー、コミュニケーター、ファシリテーター、チューター、学習者、クライアント・起業家として列挙し、34の具体的行動を書き出している（Amadeu 2016：321）。自身の取り組みにおける役割の多様さを指摘したものであるが、地域やコミュニティの課題に対して、それがどのような役割を担い、どのような効果を生み出しているのかという観点から見ていくと、表1のようにまとめることができ、その特徴が見えてくる。

アマデウの主な活動は、ラバーシートの購入、ゴム製品のデザイン・生産・展示・販売、コミュニティへのFSAメソッドの技術移転、コミュニティでのワークショップの実施、コミュニティや工芸職人の製品展示・販売、実践研究、研究発表、コミュニティの製品ロゴ・タグ・名刺等のデザイン、価格設定やロジスティックスに関するアドバイス、他のクライアントやプロジェクトをコミュニティに結びつけるなどの仲介、行政機関との話し合いの実現など、多岐にわたっている。そのため、これらの活動は、FSA手法の普及、ゴムやゴム工芸品の生産の促進、コミュニティのエンパワーメント、工芸製品や地域文化、自然素材の価値化、市場開拓、環境保全キャンペーン、情報発信などさまざまな役割を担っていることがうかがわれる。FSAを使った製品づくりやコミュニティとの連携では、英国のエシカルファッションブランドのMumoや他のブラジルデザイナーも取り組んでいる（Amadeu 2016：95）。しかしアマデウの取り組みは、製品開発だけでなく、原料生産・購入、品質管理から販売、コミュニティの創造性の開発、エンパワーメント、エシカル（倫理的）消費や公正取引の推進にも寄与しており、その包括的で多面的な視点とアプローチが、工芸振興におけるソーシャルデザインの新しいモデルを形成している。

また、コミュニティや地域の側からその効果を見ると、規模は小さいながらさまざまな側面で持続可能性を高めるものとなっている。経済的には、工芸品の文化的価値を高めることにより、以前は興味のなかった人や目の肥えた消費者を惹きつけるものづくりになっているため、新しい市場が開拓され、工芸職人・ゴム生産コミュニティの収入の創出・増加につながっ

表1 アマゾン地域でのソーシャルデザイン活動におけるアマデウの多様な役割

<table>
<tr><th>デザイナーの活動</th><th>デザイナーの役割</th><th>効果</th></tr>
<tr><td>ラバーシートの購入</td><td rowspan="5">ゴム生産の促進、公正取引やエシカル消費の推進、情報発信、環境保全キャンペーン、アマゾンゴムの魅力や重要性を伝える、工芸製品や地域文化・自然素材などの価値化、市場開拓</td><td rowspan="14">【経済】
・コミュニティの収入の創出・増加
・地域経済への貢献

【社会】
・貧困格差問題の緩和
・社会的排除の緩和

【文化】
・伝統文化・知識の保全
・工芸活動の活性化（地域文化の創造）

【環境】
・自然素材活用による環境保全
・手仕事やクリーン生産による環境負荷の軽減</td></tr>
<tr><td>ゴム製品のデザイン</td></tr>
<tr><td>ゴム製品の生産</td></tr>
<tr><td>ゴム製品の展示</td></tr>
<tr><td>ゴム製品の販売</td></tr>
<tr><td>コミュニティへのFSA手法の技術移転</td><td>FSA手法の普及、ゴム生産の促進</td></tr>
<tr><td>コミュニティでのワークショップの実施</td><td>製品開発やデザインの技術移転、コミュニティへのエンパワーメント、コミュニティの創造性を高める、地域文化・知識の交流、公正取引の推進</td></tr>
<tr><td>コミュニティの製品展示・販売</td><td>情報発信、市場開拓</td></tr>
<tr><td>実践研究</td><td>実践へのフィードバック、プロジェクトモデルの開発</td></tr>
<tr><td>研究発表</td><td>情報発信</td></tr>
<tr><td>コミュニティの製品ロゴ、タグ、名刺等のデザイン</td><td>コミュニティの工芸製品の価値化、市場開拓</td></tr>
<tr><td>コミュニティへのアドバイス（価格設定、ロジスティックスなど）</td><td>コミュニティのエンパワーメント、市場開拓、公正取引の推進</td></tr>
<tr><td>他のクライアントやプロジェクトをコミュニティを結びつけるなどの仲介</td><td>コミュニティのエンパワーメント、市場開拓、公正取引の推進</td></tr>
<tr><td>行政機関との話し合いの実現</td><td>コミュニティのエンパワーメント</td></tr>
</table>

Amadeu 2016, ウェブサイト、インタビューなどをもとに筆者作成

ている。観光産業など地域経済への貢献にもつながっている。社会的には、貧困・格差の問題の緩和につながっている。ゴム樹液採取コミュニティでは、以前なかった女性や若者の参加や工芸活動に対する関心も報告されている（Amadeu 2016：281-287）。これは、若者が都市部へ行かなくても生計が立てられる状況を生み出し、結果的に都市部への移住を減少させることにもつながると考えられる。また、プライドやアイデンティティの回復を含む社会的排除の緩和にもなっている。文化的な側面では、工芸や地域文化の価値化により、伝統文化・知識の保全を推進することになった。何よりも工芸活動という創造活動を活性化し、コミュニティが新しい地域文化を創出する状況を生み出していることが特筆できる。環境面では、地域の自然素材活用による環境保全の推進、つまり生産型環境保全の推進につながっている。手仕事やクリーン生産の推進により環境負荷が軽減される状況

をつくり出している。アマゾンでのこうした取り組みは、気候変動という地球規模の問題の緩和にもつながっている。もともと、伝統工芸は、自然との共生を前提として発展してきた。自然資源活用による工芸活動活性化は、生物文化多様性の維持に貢献することを意味する。

２つ目の特徴は、長期的な都市部からの関与となっていることである。実はこれまで、ボルジェスらによって、地域文化に対する敬意の欠如、継続性のない取り組み、不平等な交流など、デザイナーの工芸コミュニティとの連携における問題点や、長期的取り組みの必要性が指摘されてきた(Borges 2011：151)。アマデウの取り組みは、都市に住むデザイナーの長期的取り組みの１つの形を提示している。原料の購入というコミュニティとの関係、流通販売への協力、工芸製品や自然素材への価値化への協力、多面的な役割から生じる現地とのパイプが、長期的な協力関係を可能にしている。また交流は、相互学習としてお互いのケイパビリティを高めるものとなっていて(Amadeu 2016: 329)、平等な相互関係は、ICTの活用などとともに、取り組みを継続させる要因になっている。

３つ目の特徴は、さまざまな支援ファクター・システムを活用していることである。デザイナーが個人的にコミュニティと関わることは難しい。またそれ以上に、取り組みを継続していくのは難しい。アマデウ自身が指摘しているのは、経済的な側面も含めた現地との距離、雨季による生産期間の短さなどアマゾン地域特有の問題、コミュニティにおける品質管理の難しさなどであり、それらの理由により、FSAで取り組んでいるデザイナーの数が限られていることなどである(Amadeu 2016：97)。これらの問題を軽減するのが、アマデウが活用してきたさまざまな分野のファクターである。

アマデウがこの取り組みをするようになったきっかけは、異分野である化学ラボの研究開発に出合うプロジェクトである。FSAの生みの親であるパストール博士に師事し、現在でもラボと連携関係を保っていることが実践を続ける動機の１つとなっている。アマデウの連携する機関はほかにも、WWF(世界自然保護基金)、UN woman(国連女性機関)、SOS Amazonia、アマゾン州市民統合研究所（INEA）や行政機関などがあり、経済的負担の軽減などにもつながっている。流通や販売における国内外のデザイナー仲間・研究仲間との連携、フェアトレードというフレームの利用、コミュニティとのコミュニケーションや情報発信におけるICTの活用、価値を伝えていくうえで重要である評価機能としてのアワードや美術館展示、さまざまなイベントの開催や参加、ジャーナリズムの活用、取り組みを伝え仲間を増やすための研究発表やSNSでの情報発信は、アマデウの取り組みを支えるファクターとなっている。これらのファクターは、１人では難しい取り組みを継続させるインセンティブになり、アマデウ自身がさまざまなファクターを結びつける役目を果たすとともに、都市と農村を結びつける重要な役割を担っている。

4　創造農村におけるデザイナーの役割

前節を踏まえ、創造農村の実現においても重要と考えられるデザイナーの役割をまとめて示したのが図１である。従来デザイナーは、工業製品の大量生産の中で、いわゆるデザインだけを行ってきた。しかしブラジルやソーシャルデザインの実践などではアマデウのように、デザイナー自身が起業家として製品の生産・販売をすることも多く見られる。そうすることで、農村の原料生産者から原料を購入することや原料生産者との交流・連携が可能になり、地域・自然素材の活用の推進することになる。また、他分野や大学のプロジェクトとの連携は、デザイナーを新しい取り組みへとつなげたり、原料生産手法の普及に関与する機会を提供する可能性がある。過疎化や高齢化により、後継者の不足が指摘されてきたが、自然素材を活用するシステムの構築は、今後より重要となってくるはずである。環境問題や農村コミュニティの福祉に配慮した製品販売は、エシカル消費や公正取引の推進にもつながる。倫理的・社会的視点を取り組みに組み込むことは、農村の持続可能性を高めるうえでも、都市のライフスタイルをより持続可能なものに変えていくうえでも、必要である。地域の工芸生産者との関係では、製品開発への協力や市場開拓や製品づくりのノウハウを共有することで、コミュニティの創造性を高めることができる。それは、地域の文化創造活動の推進と伝統文化・知識の保全を意味する。また原料生産者を、より付加価値の高い活動の工芸生産者となることを可能にする。NGOだけでなく、デザイン機関、学術機関、行政機関もデザイナーの取り組みを支援する重要なファクターである。これらの積極的な活用が、取り組み自体の評価にもつながり、デザイナーの取り組み継続のインセンティブとなる。工芸や自然素材、地域の伝統文化の価値を高めるうえで、美術館、アワード、ジャーナリズムは、欠くことのできない装置となる。デザイナーによる洗練された工芸製品の販売活動と相まって、創造農村を支える価値観やライフスタイルに変化させる要素となる可能性が高い。持続可能性を前提とした、また、生物文化多様性を推進する新しいライフスタイルや価値観の提案が、創造農村の実践でも重要だ。

実は、デザイナーの役割の拡大や多様化の必要性は、アマデウだけでなく、さまざまなところで指摘されている。現在、世界的なトレンドとして、モノからサービスへと対象をシフトさせたサービスデザインが注目されているが、これは、サービスエコノミーへの対応だけが期待されているのではない。ミラノ工科大学のエツィオ・マンツィーニによるソーシャルイノベーションのためのサービスデザインの取り組みのように、モノを含むサービスのデザインを通して、価値観や社会システムの変革が期待されているのだ。またその定義は、「ユーザー中心、共創、コラボレイティブなアプローチで、プロセスや環境の包括的なビジョンが必要とされるもの」(Hobi 他 2016) と認識されており、ユーザーとともに創出する社会的価値や文化的価値、包括的なシステム全体への視点が重視されている。なかでも、製造業の衰退や国家財政の逼迫などを背景に、ヨーロッパで推進されているのは、公共セクターのサービスデザインである。これは、サービスデザインを導入することによって行政が抱える課題を解決していくもので、デ

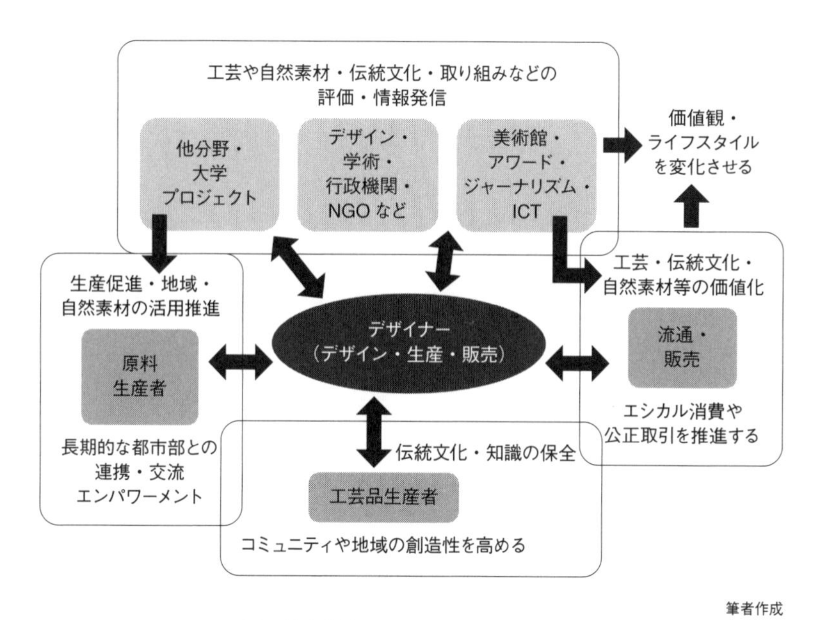

図1 創造農村のためのデザイナーの役割

ザイナーは法律や都市政策にも関わることになる。また、先端部分の研究教育機関でも同様の傾向が目立つようになっている。例えば、カーネギーメロン大学の提唱する「トランジッションデザイン」では、気候変動や生物多様性の消失、格差問題など、地球的包括的課題を対象にした研究や実践が進められている。そこでは土着の知恵、オルタナティブな経済学なども射程に含まれ、かつてないほど対象範囲が幅広くなっている。必要とされるデザインの対象範囲とデザイナーの役割は、世界的なレベルで広がっている。

アマデウの住むブラジルの首都ブラジリアは、2017年創造都市ネットワークのデザイン都市になった。人口約300万人、都市としての歴史は浅いが、近未来的な都市計画や建築群のため、すでにユネスコの世界遺産となっている。所得水準の高さは国内でも突出しているが、近年は治安の悪化も懸念されている。デザイン都市加盟には、文化都市や観光都市としてのブランド化や、さまざまな分野における問題解決の効果的方法としてのデザインの力への期待がある。そのホームページの冒頭[3]には、「ブラジリアのデザインは都市計画や建築のプロジェクトだけでなく、さまざまなジレンマや課題に対する共創的な解決の可能性という意味においても現れている」として、創造性やイノベーションをもたらすデザインの価値とともに、社会的役割を重視した立ち位置が示されている。

アマデウは「今日、社会的役割を担うデザイナーはトレンドになっている。私はブラジリアで展示会を開いたりして、デザイン都市のアイコンとして知られている」と話す（2018年12月8日メールインタビュー）。アマデウのようなデザイナーが存在することが、創造都市にとっても重要であるが、創造都市と創造農村をつなぐキープレイヤーとしても注目されるべきであろう。

もちろん、アマデウのような多面的な活動ができるデザイナーは、数が限られている。１人でできることにも限界がある。しかし、アマデウの示した視点や多面的なアプローチは、農村問題の創造的解決に寄与する可能性が高く、今後その必要性が増していくだろう。創造農村の実現には、都市部での価値観を変えていく力が必要で、デザイナーはこの点においても貢献できるはずである。アマゾン地域では、他にもコミュニティとの連携・交流によるソーシャルデザインの活動として、セルジオ・マトスによるリオネグロのヤシ繊維工芸品の開発、NGOのアルテソル（ArteSol）によるサンタレンのひょうたん工芸の製品や体験観光モデルの開発、レナート・インブロイジによるリオネグロのヤシ繊維他のバッグやアクセサリーの開発などがある。倫理的でありながらデザイナー特有のスマートなアプローチは、農村を守るためのライフスタイルや価値観を変えていくリーダーとして、デザイナーの可能性を示唆するものとなっている。

注

1 http://www.portalamazonia.com.br/amazoniadeaz/interna.php?id=1032 https://cidades.ibge.gov.br/brasil/ac/assis-brasil/panorama（いずれも 2018 年 12 月 11 日最終確認）
2 アラウージョは現在、妻の土地がある隣のシャプリ（Xapuri）市に移り住み、活動を続けている。
3 https://www.brasiliacityofdesign.com/#new-page-2（2018 年 12 月 11 日最終確認）

参考文献

Amadeu, F. Reflecting on capabilities and interactions between designers and local producers：through the materiality of the rubber from the Amazon rainforest, 2016. http://ualresearchonline.arts.ac.uk/10296/

Borges, A., *Design+Craft : the brazilian path*, Editora Terceiro Nome, São Paulo, 2011.

Carnegie Mellon University School of Design Transition Design 2015, 2015. https://design.cmu.edu/sites/default/files/Transition_Design_Monograph_final.pdf

Hobi,G. Raulik-Murphy, G. and Sanchez, S., DESIGN DE SERVIÇOS NO SETOR PÚBLICO ESTUDO DE CASO DA LEI DE LIBERAÇÃO DE EVENTOS DA PREFEITURA DE JOINVILLE-SC,12° CONGRESSO BRASILEIRO DE PESQUISA E DESENVOLVIMENTO EM DESIGN（P&D Design）, Belo Horizonte, 2016.

小池洋一「採取経済と森の持続的利用」小池洋一・田村梨花編著『抵抗と創造の森アマゾン――持続可能な開発と民衆の運動』現代企画社、2017 年

佐々木雅幸「創造農村とは何か、なぜ今、注目を集めるのか」佐々木雅幸・川井田祥子・萩原雅也編著『創造農村――過疎をクリエイティブに生きる戦略』学芸出版社、2014 年

梅村誠エリオ「フェアトレード――生産関係の変革」小池洋一・田村梨花編著『抵抗と創造の森アマゾン――持続可能な開発と民衆の運動』現代企画社、2017 年

第13章 歴史的文化資産を活かした創造的地域の形成

——リビングヘリテッジをクリエイティブヘリテッジへ

和 CAFÉ 布穀薗：和 CAFE 布穀薗提供

本田 洋一

大阪市立大学大学院都市経営研究科客員研究員／
門真市文化芸術推進審議会副会長

はじめに

人口減少社会の到来と東京一極集中のもとで、わが国各地域においては、地域の豊かで多様な自然資産、文化資産を活かした持続可能な創造的地域の形成が大きな課題となっている。

本章においては、奈良県斑鳩町と堺市における歴史文化を活かしたまちづくりの検討を通じて、歴史的文化資産を活かした創造的地域の形成における基本方向、課題と展望について考察する。

1 歴史的文化資産
――考察の基本的視点

創造的地域の形成を展望していくうえで重要な基盤となるのが、各地域の多様な歴史的発展のなかで蓄積されてきた歴史的文化資産である。

歴史的文化資産に関しては、考古学、建築史、都市計画、美術史の領域等の多様な視点からの多くの先行研究の蓄積がある。本章の視点からは次の２つの理論的、政策的蓄積が重要であると考えられる。

第１は、歴史的都市空間に関する研究、実践の蓄積である[1]。ヴェネツィア、フィレンツェ等イタリア諸都市の歴史的都心地区の研究、保全への取り組みをふまえた陣内秀信の考察はわが国における先駆となった。そこでは建築、都市空間の形態論的考察と都市の人間生活を統一的に把握する視点が基本におかれている。歴史的都心地区の保全にあたっても、歴史的建造物単体の保全だけではなく、歴史的都心地区の再生と都市社会経済の活性化、市民生活の充実を一体的に把握することが追及されてきた。

この視点をうけついで、宗田好史はイタリア諸都市における商業空間の再生過程について、都心部における車の規制と人間歩行空間の確保、古い建築物のリノベーションによる住宅の整備、都心地区の文的空間と調和する個性的な商店、商業空間の整備等の手法とその効果を考察している。

第２は、歴史的文化資産の保全と活用をめぐる内外の政策の潮流である。

1972年、ユネスコにおいて採択された「世界遺産条約」は、人類にとって普遍的価値を有する「文化遺産」、「自然遺産」、「複合遺産」を「世界遺産」として位置づけた[2]。各国の取り組みのなかで注目されるのは、自然遺産、宗教、祭事、生活環境なども包含した有形、無形の文化遺産全体を包含する「Living Heritage（生きた遺産）」という包括的な視点であり、歴史的文化遺産の観光においても、文化の多様性の尊重、多様な文化の学習と交流の視点が重視されていることである。国際記念物遺跡会議（ICOMOS）は「国際文化観光憲章」（1999年）において、遺産観光を「文化交流の手段」として位置づけている。遺産観光を通じて、地域内外の人々が歴史的文化資産の多様な文化的価値に共感し、学び、自らの視野を広げていく過程として考察していくことが求められるのである[3]。わが国の文化政策においても、文化財の保全とならんで活用の視点が重視され、文化財保護法が2018年に改正された。

これらの視点をふまえつつ、次に、わが国における特色ある取り組みとして、奈良県斑鳩町と堺市における歴史的文化資産を活かした事例について考察しよう。

2 奈良県斑鳩町における歴史的文化資産を活かした取り組み

斑鳩における歴史的文化資産の蓄積 ――古代における東アジアとの文化交流拠点

奈良県斑鳩町は、奈良盆地の西に立地し、7世紀、聖徳太子により法隆寺と斑鳩宮が創建された当時、斑鳩の地は、朝鮮、中国など東アジア諸国への外交窓口であった「難波津」と飛鳥の都を結ぶ水陸交通の要地であった。

斑鳩の地には、仏教を核として、建築、美術、工芸など各分野の先進的人材、文物が集積し、人々が集い、交流し、学ぶ、いわばわが国最初の

「文化首都」として、東アジアの国際文化交流の拠点であった。

斑鳩には、わが国最古の木造建築である法隆寺をはじめとする多くの文化財が集積し、「法隆寺地域の仏教建築物」は1993（平成5）年ユネスコにより世界文化遺産に認定された[4]。

法隆寺は、古来聖徳太子への崇敬と結びつきわが国における仏教寺院の代表的存在として多くの人々を惹きつけてきたが、近年、各寺院への拝観者数は伸び悩みを見せている。

斑鳩町においては、2016（平成28）年3月、「元気な“斑鳩っ子”を増やす」「“世界遺産法隆寺”を核としたにぎわいと活力の創出」「選ばれ続ける“斑鳩の里”づくり」を3本の柱とする「斑鳩町まち・ひと・しごと創生総合戦略」が策定された。「総合戦略」においては、法隆寺、法輪寺、中宮寺、法起寺等の寺院、藤ノ木古墳、竜田川をはじめとする町の多様な歴史文化資産、自然資産を活かし、新たな観光資源の開発を含めた回遊・滞在型の観光推進が展望されている[5]。

歴史的建造物を活かした観光集客施設の取り組み
――『和ＣＡＦＥ布穀薗（ふこくえん）』

法隆寺門前のまちなみに立地する『和ＣＡＦＥ布穀薗』は、法隆寺宮大工により建築された「元北畠男爵邸」を活用し、長屋門部分を改装、2014（平成26）年開業されたカフェレストランである（写真1）。

「元北畠男爵邸」は、明治維新期に勤王の志士として活動した北畠治房（はるふさ）の邸宅であり、法隆寺宮大工棟梁西岡常一氏の祖父常吉氏により建設された明治期の風格ある建物である。カフェを経営する斑鳩産業株式会社社長井上雅仁氏の祖父の代から自家として使用され、戦後一時期は町営の結婚式場としても活用されていた。

「布穀薗」の事業においては、特産品づくり事業のなかで生まれた竜田川にちなむ「竜田揚げ」や「にゅうめん」を主なメニューに観光客を集めている。井上氏によれば、「布穀薗」の取り組みがきっかけとなって、2015（平成27）年1年間で周辺に物産店など新たに6店舗が開業しうち3軒は創業であり、斑鳩の文化資源を活かした取り組みが動き始めたことを実感しているという。

斑鳩産業は、2017（平成29）年国が進める日本版DMO候補法人に登録され、現在、地域の食品関連事業者との連携による新たな特産品づくりを進めるとともに、滞在型観光の促進に向けた町内の歴史文化資源をめぐるルートの開発など新しい魅力あるメニューづくりに向けて東京でのニーズ調査を行うなど積極的な取り組みが進められている。[6]

写真1 和CAFE布穀薗　和CAFE布穀薗提供

住民の記憶の蓄積・活用――「斑鳩の記憶データベース」事業

斑鳩における歴史的文化資産を活かすもう1つの興味深い取り組みが、斑鳩町民の地域についての記憶をデータバンク化し、現在から未来につなごうとする町立図書館聖徳太子歴史資料室（以下「歴史資料室」）が実施する「斑鳩の記憶データベース」事業である。

2013（平成25）年から開始された本事業は、住民が所蔵する斑鳩に関する写真、映像資料を収集、保存、分類、公開、活用を図る事業であり、2018（平成30）年11月現在、データベースには約420点の写真が保存されている。

データベースは、ホームページ上で公開される（写真2）とともに、図書館、小学校、JR法隆寺駅など町内の主な拠点での展示、町広報紙への掲載などにより紹介され、さらに、資料をふまえた住民参加のワークショップが実施されるなど、未来の斑鳩の住民に残す歴史文化資産としての活用がめざされている。[7]

写真2 斑鳩の記憶データベース（1960年代の竜田川）
斑鳩の記憶データベース提供

開始のきっかけは、斑鳩町出身で東アジア近現代建築史研究者である谷川竜一氏（金沢大学）により、2000（平成12）年から2005（平成17）年にかけて実施された斑鳩町所在の近世、近代建築実態調査であった。そのなかで、共同研究者である松本康隆氏（東京工芸大学）とともに、約550件の建築物がリストアップされ、うち特に保存を検討すべき150点が選定された[8]。

一方、歴史資料室では同資料のような地域に根ざした資料を将来的にストック・活用していくことをめざしていた。そこで谷川氏、榊原充大氏（Research for Architectural Domain）とともに、手はじめに地域住民が持つまちなみの古い写真や映像に関するデータベースの開発をめざすこととした。2013（平成25）年から町民への広報を行い、町民、自治体の協働の事業として資料の収集、分類、整理を進めている。そのなかで、「太子学問の道」、「竜田街道」など斑鳩町の10の主要道路に沿った資料整理の枠組みが住民から提案され、データベースの公開フレームが形成され、画像資料はホームページ上の地図から、「街道」「暮らし」「産業」「年代」などの多様な項目分類による検索が可能となり広く公開されている。また、データベースの活用による文化資源を活かしたまちづくりの促進に向けて谷川氏の協力のもとに「これからのまちを考えるブックリレー」事業を2017（平成29）年から実施、各分野の専門家が推薦する文献をリストアップ、展示し町民の利用を呼びかけている。

町立図書館の竹口万五市館長は「地域の貴重な文化資産として大事に保存、展示するとともに、住民の魅力あるまちづくりに向けて教育など幅広く活用していければと考えています」と語っている。

3 堺市における歴史文化資産を活かした取り組み

堺市における歴史的文化資産の蓄積

大阪府堺市は、大阪湾に面し、古来水陸交通の要所として発展してきた。古代王権の権威を示す百舌鳥（もず）古墳群、近世における海外交易の拠点、自治都市としての発展とそれが生んだ茶の湯の文化の伝統、近代の女性文学者を代表する与謝野晶子の業績など長い歴史のなかで生み出されてきた多くの歴史的文化資産が存在する。

堺市においては、「堺市文化観光再生戦略プラン」を2006（平成18）年策定し、自治都市の伝統を体現する「旧市街地エリア」、古代の古墳群で代表される「大仙公園エリア」を結び、来訪者の市内周遊を促進する取り組みを進めている。

文化観光拠点「さかい利晶の杜」の取り組み

「旧市街地エリア」において堺の文化観光の周遊の中心拠点として構想されたのが「さかい利晶の杜」（設置条例名：堺市立歴史文化にぎわいプラザ）である。「さかい利晶の杜」は2015（平成27）年、旧市街地の中心、千利休屋敷跡に隣接し、与謝野晶子生家跡にも近い旧市立堺病院跡地に開設された。

千利休の時代、16世紀における貿易の拠点としての堺は、その経済力で自立した自衛の都市であった。1561年に堺に来訪し布教に努めたイエズス会宣教師ガスパル・ヴィエラは、堺は「非常に豊か」で「人々は名誉を甚だ尊重する」と述べ、「この市はいとも堅固であり、同市に留まるならばあたかも要塞にいるようなものである」と描写している[9]。

自治都市を担う町衆として、1522（大永2）年「魚屋（ととや）」に生まれた千利休はこの伝統のなかで、茶の湯の文化を確立していった。角山栄元堺市博物館長は、茶の湯の文化の本質について、人間の相互信頼関係を形成する高度に発達した「もてなし」の文化であると指摘している[10]。堺市においては、茶の湯の文化が息づくまちづくりに向けて、2018（平成30）年10月「堺茶の湯まちづくり条例」を制定し、その振興に取り組む姿勢を宣言している[11]。

「さかい利晶の杜」は与謝野晶子の生家「駿河屋」跡にも近接する。「駿河屋」は晶子出生の当時、紀州街道に面する著名な和菓子の店であり、晶子は店番をしながら古典文学に親しみ、和歌の会に参加していったという。

施設は、立地条件を活かし、「利休と晶子を通じて堺を体験できる新しいミュージアム」を基本コンセプトとして、「与謝野晶子記念館」「千利休茶の湯館」「茶の湯体験施設」等の学習、展示、体験空間と「来訪者サービス施設」で構成されている。施設の管理運営は公募により指定管理者として「堺市立歴史文化にぎわいプラザ運営グループ」（代表：（株）トータルメディア開発研究所）が選定された。（表1）。

表1「さかい利晶の杜」事業概要

項　目	概　　要	備　　考
敷地面積	10,663㎡ （内訳） 公共施設　4,135㎡ 駐車場　4,139㎡ 来訪者サービス施設　2,389㎡	来訪者サービス施設 ・湯葉と豆腐の店梅の花 ・スターバックスコーヒー
延床面積	公共施設　3,405㎡ 来訪者サービス施設　772㎡	
整備事業費	3,445 百万円 （主な内訳） 建築工事　2.424 百万円 展示　598 百万円	
運営経費	指定管理料約２億円	歳入 来訪者サービス施設土地貸付料等 約 1,600 万円
指定管理者	堺市立歴史文化にぎわいプラザ運営グループ （構成団体） （株）トータルメディア開発研究所 （株）日本旅行、（株）かんでんジョイナス、 関電ファシリティーズ（株）	

堺市資料

「さかい利晶の杜」運営における特色が、市と市民、専門家、文化団体、事業者等との協働の取り組みである。

「千利休茶の湯館」においては、千利休を始祖とする三千家（表千家、裏千家、武者小路千家）による「呈茶会」が結成され、立礼呈茶など来館者の茶の湯の体験に協力している。

写真3 さかい待庵　　さかい利晶の杜提供

「与謝野晶子記念館」においては、「与謝野晶子倶楽部」との共催・連携により、晶子入門講座、童話読み聞かせ、百首かるた会などの多彩な事業が実施されている。

写真4「駿河屋」復元展示　　さかい利晶の杜提供

「与謝野晶子倶楽部」は与謝野晶子を学び、研究し、顕彰することを目的として1997（平成9）年発足した、市民、研究者、芸術家等による文化団体である。発足以降、晶子フォーラム、講座、文学踏査、機関誌の発行などの活動を精力的に行うとともに、産経新聞社主催の「与謝野晶子短歌文学賞」にも共催団体として参画している[12]。

「利晶の杜」における地域との連携活動として、晶子の生家「駿河屋」に近接する堺を代表する商店街である「堺山之口商店街」との取り組みがある。商店街においては、「利晶の杜」の開設を機として、各店舗への晶子の歌のフラッグの掲示、スタッフによる観光案内、スタンプラリー、ご当地メニューの提供などの取り組みを進めている。

そのなかで、2017（平成29）年第1回が開始された「堺W-1（和菓子ワン）グランプリ」は大きな注目を集めた。「利晶の杜」に堺を代表する和菓子の名店が集い、和菓子を食べ比べてお茶の文化を堪能できる試みは人気を集め、2018（平成30）年には規模を拡大し、商店街での「和菓子づくり体験」も実施されている。

4 成果、課題、展望
――クリエイティブヘリテッジへ

斑鳩町と堺市における取り組みの実績、成果と支援システムについて考察しよう（表2）。

表2 斑鳩町、堺市の取り組みにおける成果、支援システム

事業名	成　果	支援システム
和CAFE布穀薗	1. 新たな観光集客拠点の事業可能性の提示 （宮大工の技、地域食材を活かした食文化の体験） 2. 創業連鎖の可能性	1. 町行政、事業者のネットワーク （公的補助、ゾーニング） 2公共と民間をつなぐブリッジ人材の重要性
斑鳩の記憶データベース	1. 住民共有の記憶資産の形成 2. 地域における歴史的文化資産の創造的活用の基盤形成	1. 住民、図書館、大学研究者のネットワーク （資料収集、分析、公開）
さかい利晶の杜	1. 地域の歴史的文化資産を活かした観光文化拠点の整備と集客の促進	1. 市行政と市民、文化団体、専門家、事業者のネットワーク（資料収集、研究、展示・事業企画）

筆者作成

斑鳩町「和CAFE布穀薗」の事例においては、地域の歴史的文化資産を活用した店舗が斑鳩を訪れる人々の注目をあび、賑わいの拠点として活動しており、次の3点において貴重な示唆を与えている。

第1は、法隆寺の木造建築の保全に携わる宮大工の技と地域の食文化と

いう地域の文化資産を活かした新たな拠点形成が、まちを回遊する新たな観光資源として観光客のニーズにマッチし、事業としての可能性を示していることである。

第２は、創業が次の創業を呼ぶという地域のなかでの創業の連鎖の可能性を示していることである。

第３は、地域における新たな仕事おこしにおける支援システムのあり方について、公共団体による特別用途地区の設定等による環境整備と、民間事業者の主体性を活かした事業創造が連携していくことの重要性が示されていることである。

「斑鳩の記憶データベース」の事例は次の３点において貴重な示唆を与えている。

第１は、約400件にのぼる人々の暮らしから生まれたデータが本事業を通じて地域の共通の知的財産となりコミュニテイの共同の記憶の形成につながっている点である。

第２は、建造物、生活記憶等の共有のデータが、今後の地域における多様な創造活動の基盤となりうる可能性を有している点である。

第３は、地域における文化資源の保全と活用における支援システムとしての、住民と大学、自治体とのネットワーク形成の効果、重要性を示している点である。

堺市における「利晶の杜」の取り組みは、次の２点において貴重な示唆を与えている。

第１は、拠点施設の適切な立地の選定の重要性である。同施設が立地する宿院の地は、堺の旧市街地の中心に位置し、利休屋敷跡、晶子の生家跡に近接している。堺の文化発信の拠点、市内回遊の拠点として最適の場所に立地し、多くの観光客を惹きつけ開場以降「利晶の杜」への入場者数は120万人に達している。観光目的で堺市に来訪する「観光ビジター数」推計においても、2017（平成29）年度においては、百舌鳥・古市古墳群の世界遺産登録に向けた国内推薦などへの関心の高まりから初めて1,000万人を突破し観光都市堺の魅力は広がりを見せつつある。

第2は、施設の企画運営、事業推進における、市民、文化団体、専門家、事業者との連携の重要性である。「千利休茶の湯館」における三千家との連携による茶の湯の体験、「与謝野晶子記念館」における「与謝野晶子倶楽部」との連携による講座、かるた会、文学探訪などの多彩な文化事業の実施は、館を訪れる訪問者の大きな魅力となっている。

与謝野晶子倶楽部の太田登代表は、晶子倶楽部の取り組みについて、「堺市博物館や図書館と連携して資料の整備、研究、講座の企画などを進め、晶子記念館が行政と民間が連携した文化拠点のモデルとして育ち、世界に発信してほしいと思っています」と語る。

こうした成果をふまえつつ、今後の課題として2つの地域の共通の課題としてあげられるのは、それぞれの地域の歴史的文化資産を活かした多様な分野における「仕事おこし」、新たな事業創造の一層の推進による定住魅力、集客魅力の創造と、その基盤となる市民、公共団体、民間事業者、専門家等のネットワークの促進であると考えられる。

斑鳩町の「創生戦略」において目標とする「2020年観光客数150万人」の達成に向けては、回遊型観光の基盤となる宿泊機能の充実、歴史的文化資産を活かした新たな魅力づくり、観光サービスの創造が不可欠の課題となっている。

堺市においても、お茶の文化の伝統を活かした和菓子など食文化の創造、事業振興、魅力発信に向けて、「堺W-1(和菓子ワン)グランプリ」や、市内における旧民家、事業所のリノベーションなどの先駆的な取り組みをふまえて、より幅広い取り組みが求められている。

地域における歴史的文化資産を活かした新たな事業創造に向けて、内外の多分野の創造的な人材、事業者が歴史的文化資産の魅力を学び、地域に集い、創造的活動、事業を展開できるよう、情報提供と支援の仕組みづくりが重要な課題となる(図1)。法隆寺では2021年に「聖徳太子千四百年御遠忌」という節目の年を迎える[13]。また、堺市では、「百舌鳥・古市古墳群」の世界遺産登録の動きをめざした取り組みが進められ、2つの地域における歴史的文化資産を活かした創造的地域の形成は新たな段階を迎えて

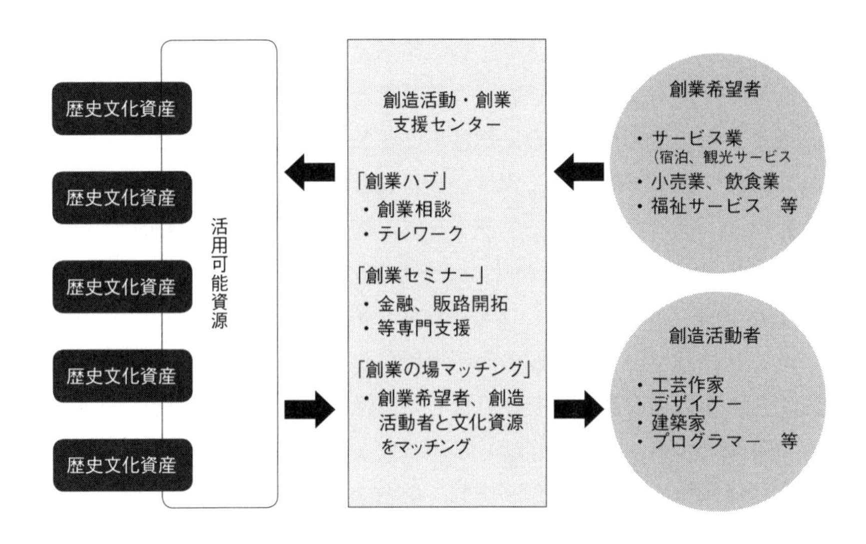

図1 地域における歴史的文化資産を活かした創造活動・創業支援のイメージ

いる。

聖徳太子は東アジア諸国との文化交流を進め仏教を高句麗の僧慧慈（えじ）に学び、わが国における仏教の先達として後世に大きな影響を与えた。千利休は国際貿易都市堺に到来する内外の産物の文化的価値を見出しわが国独自のお茶の文化を開拓していった[14]。

与謝野晶子は、古典文学の深い素養をふまえて、独自の歌風を切り開くとともに、「源氏物語」の現代語訳など広くわが国の古典文学の豊かな伝統の普及に貢献した[15]。さらに、森鷗外など当時の文化の先達と交流し、学ぶなかから広く世界に目を向けトルストイやロダンの取り組みに共感し自立する女性としての社会的立場の発展に向けて教育、評論の分野でも活躍した[16]。

お茶の文化と密接に連携しつつ発展してきた竹工芸の分野において、堺の地で曾祖父の代からその伝承と発展に取り組む四代目田辺竹雲斎さんは次のように語っている。

「初代は、当時の大阪の第一人者に師事、明治34年、大阪から堺に転居しました。当時堺は、経済、文化的に繁栄し、作家が多数いました。竹工芸は江戸時代から商人に流行した『煎茶』とむすびついて発展してきました。庶民が力を蓄え、中国の文化にあこがれ、茶会の場で、書、工芸を楽しみながら交流しました。２代目、３代目と新しい技法を工夫し、私も東京藝大や大分県のセンターで学びました。グローバル社会のなかで、竹工芸は日本独特の自然を活かしたアートとして注目されており、現在（2018年11月）、フランス、パリでの展覧会に向け準備中です。」

歴史的文化資産の蓄積を有する各地域において、地域の各主体が、内外の先進の文化に学び、交流を進め自らの個性、独自性を切り開いていった先人の業績に学び、受け継ぐなかで、新たな時代のニーズをふまえて、歴史的文化資産を活かした新たな事業、新たな文化を創造し、地域の文化的、経済的発展を図っていくとき、歴史的文化資産は現代に生きる「クリエイティブヘリテッジ」としてその文化的価値をより高め内外に発信していく。

斑鳩町と堺市における取り組みについての考察をふまえるとき、「リビングヘリテッジ」から「クリエイティブヘリテッジ」への創造的発展のためには次の３つの条件が求められていると考えられる。

第１のポイントは、歴史的文化的価値を活かして現代のニーズに応え新たな事業、新たな文化的価値を創造していく創造的活動者、創業者、イノベーターの存在である。第２は、市民、専門家、文化団体、事業者、自治体等の協働、ネットワークによる創造的活動、創業者の支援体制の確立とその取り組みである。第３は、市民、事業者、内外の観光客等が、歴史的文化資産の文化的価値を学び現代に生きる知的資産として共有、交流していく取り組みである。

与謝野晶子が自らの文学創造への決意と自負をこめた歌「劫初（ごうしょ）よりつくりいとなむ殿堂にわれも黄金の釘一つ打つ」は、内外の人々との交流のなかで新たな文化、産業を興し、創造的地域を形成していく「クリエイティブヘリテッジ」を担う気概を象徴的に示していると思われるのである。

注

1 陣内編著（1976）、陣内（1978a, 1978b）、宗田（2000）
2 http：//whc.unesco.org/en/list
3 ICOMOS（1999）
4 斑鳩における貴重な歴史的文化資産の保全の取り組みについて高田（1996, 2007）、斑鳩町（1979）
5 斑鳩町まち・ひと・しごと創生総合戦略（http：//town.ikaruga.nara.jp）
6 斑鳩産業は、「和 CAFE 布穀薗」のほか、住民の参加により斑鳩はじめ奈良のユニークな物品を紹介する店舗「まほろばステーション ikarucoki」（2016 年開設）の運営に携わっている。
7 http：//archive-ikaruga.org
8 谷川（2015）、谷川・松本（2018）
9「1562 年書簡」「1565 年 8 月 2 日付書簡」（東光博英訳）、松田監訳（1998）所収。中村（2013）
10 角山（2005）
11「堺茶の湯まちづくり条例」は、「前文」と「目的」「定義」「市の役割」「市民等の協力」「事業者の協力」「連携及び協力」を定めた全 6 条で構成されている。
12 与謝野晶子倶楽部編（2017）
13 百年前の「千三百年御遠忌」（1921 年）のおり、斑鳩を訪れた會津八一は「いかるが　の　さとびと　こぞり　いにしへ　に　よみがへる　べき　はる　は　き　むかふ」と詠み、太子の大陸文化の輸入による新しい刺激に目覚めた人々が当時の心境に復帰することをよびかけている（會津 1965）。
14 角山栄元堺市博物館館長は、その著『茶の世界史』（1980）において、イギリスを中心とする世界商品となるなかで失われた茶の文化、思想、芸術が、近代主義、物質主義のゆきづまりのなかで再び関心を集めていると指摘している。
15 晶子の活発な文学活動は、若き日の文学仲間であり関西経済界で活躍した小林天眠をはじめとする支援のネットワークに支えられていた（真銅他 2003）。
16 森鷗外は、シベリア鉄道経由で最新の欧州の雑誌、新聞を取り寄せ、文芸の潮流を紹介するとともに、「観潮楼歌会」を主宰し、与謝野鉄幹、晶子、伊藤左千夫、佐々木信綱など短歌界の各流を招いて相互の交流を図った。観潮楼歌会について（八角 1962, 1965。文京区立森鷗外記念館 2012）。晶子のトルストイ、ロダンへの傾倒とその評論活動について（太田 2013）。

参考文献

會津八一『自註鹿鳴集』中央公論美術出版、1965 年
赤塚行雄『決定版与謝野晶子研究―明治、大正そして昭和へ』學藝書林、1994 年
文京区立森鷗外記念館編『開館記念特別展「150 年目の鷗外―観潮楼からはじまる」展』文京区立森鷗外記念館、2012 年
本田洋一『アートの力と地域イノベーション―芸術系大学と市民の創造的協働』水曜社、2016 年
ICOMOS, INTERNATIONAL CULTURAL TOURISM CHARTER：Managing Tourism at Places of Heritage Significance, International Council on Monuments and Sites, 1999
斑鳩町『斑鳩町史』斑鳩町、1979 年
陣内秀信編著「特集 / 都市の思想の転換点としての保存」『都心住宅』1976 年 7 月号、1976 年
陣内秀信『イタリア都市再生の論理』鹿島出版会、1978 年 a
陣内秀信『都市のルネサンス―イタリア建築の現在』中公新書、1978 年 b
鹿野政直・香内信子編『与謝野晶子評論集』岩波文庫、1985 年

木村一信・西尾宣明編『国際堺学を学ぶ人のために』世界思想社、2013年
熊倉功夫『茶の湯の歴史ー千利休まで』朝日選書、1990年
松田毅一監訳『十六・七世紀イエズス会日本報告集』第Ⅲ期第2巻、第3巻、同朋舎、1998年
宗田好史『にぎわいを呼ぶイタリアのまちづくりー歴史的景観の再生と商業政策』学芸出版社、2000年
宗田好史『町家再生の論理ー創造的まちづくりへの方途』学芸出版社、2009年
中村博武「堺とキリスト教ーイエズス会宣教師の見た一六世紀の堺」木村・西尾編『国際堺学を学ぶ人のために』世界思想社（2013）所収、2013年
太田登「国際人としての与謝野晶子」木村・西尾編（2013）所収、2013年
佐々木雅幸『創造都市の経済学』勁草書房、1997年
佐々木雅幸『創造都市への挑戦ー産業と文化の息づく街へ』岩波書店、2001／2012年（岩波現代文庫）
真銅正宏・田口道昭・檀原みすず・増田周子編『小林天眠と関西文壇の形成』和泉書院、2003年
Smith,V.L. ed, *Hosts and Guests: the Anthropology of Tourism, 2ed.*, University of Pennsylvania Press, 1989（三村浩史監訳『観光・リゾート開発の人類学ーホスト＆ゲスト論でみる地域文化の対応』勁草書房、1991年）
高田良信『世界文化遺産法隆寺』吉川弘文館、1996年
高田良信『世界文化遺産法隆寺を語る』柳原出版、2007年
谷川竜一「地域の記憶は未来のカケラー集めて描く、世界遺産とともにある未来の暮らし」一般社団法人日本建築協会『建築と社会』vol.96, No.1114、2015年
谷川竜一・松本康隆「世界遺産と地域の遺産をむすぶまちづくりー斑鳩の記憶アーカイブ化事業による文化遺産の把握と活用」金沢大学人間社会研究域附属国際文化資源学研究センター『金沢大学文化資源学研究』第20号、2018年
角山栄『茶の世界史』中公新書、1980年
角山栄『茶ともてなしの文化』NTT出版、2005年
UNCTAD, *Creative Economy Report 2008*, 2008
八角真「観潮楼歌会の全貌ーその成立と展開をめぐって」『明治大学人文科学研究所紀要』第1冊、1962年
八角真「観潮楼歌会の新資料ー平出禾氏蔵詠草稿について」『明治大学人文科学研究所紀要』第4冊、1966年
与謝野晶子倶楽部編『与謝野晶子倶楽部設立二十周年記念誌　潮の遠鳴り 1997—2017』与謝野晶子倶楽部、2017年

ホームページ

「和CAFE布穀薗」：http://fukokuen.com
「斑鳩の記憶データベース」：http://archive-ikaruga.org
「さかい利晶の杜」：http://sakai-rishonomori.com

第14章

包摂型社会の具現化に向けて

――障害福祉施設の実践に学ぶ

パリでの植野康幸（写真右）：コーナス提供

川井田 祥子
鳥取大学地域学部教授

1　創造都市論と well-being

1990年代後半に欧州で創造都市論が登場した背景には、「社会的排除 social exclusion」の克服も主要なテーマの1つとしてあった。グローバリゼーションの進展と産業構造の急激な転換に伴って、経済成長と所得再分配の平等化をめざした福祉国家システムが深刻な財政危機に直面し、機能不全に陥っていたからである。2000年に *The Creative City* を上梓したイギリスの都市計画家チャールズ・ランドリーは、社会的包摂の視点を織り込みながら文化政策と社会政策が融合することの重要性を唱えた。当時の欧州では社会民主主義を標榜する政党が相次いで政権を掌握する動きがあり（96年イタリアのオリーブの木政権、97年イギリスのブレア政権・フランスのジョスパン政権、98年ドイツのシュレーダー政権など）、ブレア政権のブレーンであった社会学者アンソニー・ギデンズは“積極的福祉 positive welfare”を掲げ、平等を包摂 inclusion、不平等を排除 exclusion と位置づけたうえで、「ウェルフェアとは、もともと経済的な概念ではなく、満足すべき生活状態を表す心理的な概念である。したがって、経済的給付や優遇措置だけではウェルフェアを達成できない。……（中略）……福祉のための諸制度は、経済的ベネフィットだけでなく、心理的なベネフィットを増進することをも心がけなければならない」（Giddens 1998：117）と述べている。さらに、トップダウンの給付方式にみられるような集権的な福祉国家から脱却し、人々の潜在能力を引き出すような機会の平等、すなわち“可能性の再分配”の必要性を説いた。

社会的排除の最大の特徴は、所得の低さという経済的要因のみならず人間関係や教育の機会損失など社会的・政治的要因と、さらにそこに至る過程にも着目していることである。排除された人々はセルフエスティーム（自己肯定感）の低下など否定的アイデンティティを形成させてしまうため、その克服には個人に着目した多面的な支援策の展開が望まれる。すなわち、人間をよりよい生を生きようとする（well-being）主体だと位置づけて多様な選択肢を保障するとともに、セルフエスティームを育むことが重要だと考えられるからこそ、文化政策と社会政策の融合が求められるのである。

2 障害者運動が獲得した“自立”

本章では障害者施設の実践を取り上げるが、なぜ障害者なのかといえば、障害者がこれまで、そして今も社会の周縁に追いやられがちな状況は若年層や外国人労働者などにも当てはまると考えられるからである。

福島智と星加良司は「『属性』のひとつに障害をまとって」いるという自身の立場から、「特定の産業構造において『生産』をめぐって継続的・固定的に周縁化され、そのことによって人生全般にわたって不利益が増幅していくような社会的位置に置かれているという意味で、現在の若年世代が置かれている問題状況と障害者問題との間に、ある種の共通性や類縁性がある」(福島・星加 2006：131) と指摘する。

特定の産業構造とは、専門的能力を必要とする高収入の職種と、マニュアル化された単純労働を行う低収入の職種との二極化が進み、人々の所得格差が広がるとともに、それぞれの層への固定化が進行する状況を指す。そこで問題となるのは、生産能力によって自らの価値を計測され、生産能力の高さによってのみ自分が肯定されていると思わされてしまう点である。労働市場での生産能力の評価がそのまま人間存在全体の評価となってしまうなら、生きづらさを感じる人々は増え続けていくだろう。福島と星加はそういう人々を「価値を奪われる存在」だといい、単線的で直線的な価値基準だけではなく、複線的でオルタナティブな価値基準を社会が許容・奨励する必要性を訴えている。

そこで注目したいのが、世界各地で長年にわたって展開されてきた障害者運動である。田中 (2005) によれば、1970 年代半ばに活性化した日本の障害者運動は、アメリカの IL (Independent Living：自立生活) 運動と出合い、肯定的アイデンティティを獲得したという。つまり、自立の重要な要素をADL（Activity of Daily Living：日常生活動作）からQOL（Quality of Life：生活の質）へと転換させたのである。それまで、リハビリテーションや教育、福祉などにおいて「健常者と同じように（日常生活が）できる」ことを求められ、訓練させられてきた障害者たちは、その過程で常に「できないこと」を突きつけられ、否定的自己を否応なしに自覚させられてきた。しかしQOLを重視する新たな自立観は、身の回りのことを自分でできなくても自立生活は成り立つこと、換言すれば一人ひとりがどういう生き方を選ぶかという自己決定権の行使を自立と捉える考え方をもたらしたのである。

筆者は上記のような視点に立ち、障害者のアート活動に焦点を当てて研究を続けている。自己決定権を行使するためには多様な選択肢のなかから主体的に何かを選び取っていいと本人が思えること、すなわち「自分のことは自分で決めていい。そうしようとする私を周囲は認めてくれている」と感じられるようなセルフエスティームがしっかりと根づいていることが不可欠だと考え、アート活動がセルフエスティームを育む過程を考察してきた。アートと福祉がどのように関連づけられるのか、次節以降で取り上げる2つのNPO法人（クリエイティブサポートレッツとコーナス）の実践から紐解いてみたい。

3 ソーシャル・インクルージョン（社会的包摂）を具現化する試み

NPO法人クリエイティブサポートレッツのあゆみ

障害児をもつ母親たちが集まり、2000年4月から浜松市で活動を開始したクリエイティブサポートレッツ（以下、レッツ）。代表を務める久保田翠は息子を育てていくなかで、一生続けていこうと考えていた建築設計の仕事を辞めざるを得ないなど、母親の人生の選択肢が狭められてしまう現実にぶつかった。モヤモヤしていたときに偶然、「エイブル・アート」のことを知り、2000年3月に横浜で関連イベントがあったので参加したところ、「これだ！」と思ったという。「エイブル・アート」とは奈良に拠点を置く一般財団法人たんぽぽの家が1995年から提唱している概念で、「アートには人が生きるのをたすける力がある」「アートには違いを超えて人と人をつなぐ力がある」という意味を込めるとともに、障害者の表現活動を“可能性の芸術”として捉えようとするものである。

久保田は早速企画書を作成し、各所を回って障害児をもつ母親に話をして一緒に活動してくれる仲間を募った。共感してくれた7人と「日頃できないことを思いっきりやろう!!」をコンセプトに、当初はボランティア団体として発足した。70家族が登録会員となり、絵画や造形、音楽、パフォーマンスなどの表現活動の講座を運営していた。その後、活動を継続するため2004年にNPO法人となり（2015年に認定NPO法人格を取得）、2005年4月から浜松市南部にある「浜松福祉協働センターアンサンブル江之島」の1階でカフェとアートスペースを運営することになった。このビルは6階建てで、各フロアに障害者のグループホームやデイサービスと学童保育、作業所などが入居しており、レッツはカフェ「ARS NOVA（アルスノヴァ）」を運営しながら地域の人々との交流事業を展開した。

ちなみにARS NOVAとは新しい芸術という意味があり、アーティストの片岡祐介が命名した。地域の人から借りた畑で収穫した作物を使った食の交流や、公民館祭りでの音楽ワークショップの実施、浜松市立五島小学校と特別支援学校との交流事業など、民間の助成金を獲得して精力的に活動を展開していたものの、福祉関係者の多い江之島での活動に限界を感じ始めたと久保田はいう。つまり、「障害者」という一般的なイメージを払拭していくには多様な人々のいる中心市街地での活動が必要ではないか、たとえ摩擦や衝突を引き起こしたとしても、そこから対話を始めていくことがソーシャル・インクルージョンにつながっていくのではないかと考えるようになったのである。

アートの再定義

レッツは2009年10月から2010年3月に「たけし文化センターBUNSENDO」（たけぶん）という文化施設を開設した。それまでの事業を通じてアート関係者たちと議論するなかで、障害福祉かアートかという二者択一を迫られ、一体であるとしか言いようのなかった久保田たちが、自分たちの思い描くものをカタチにしたのがたけぶんである。

中心市街地にある旧文泉堂書店を活用し、カフェや創作スタジオ、ワークショップ会場などを併設した公共に開かれた施設という点は他の施設と同じだが、さまざまな人々を受け入れることを最優先事項とした。公共施設は「誰でも来ていい」と謳っていながら、実際は「騒いではいけない、汚してはいけない、人に迷惑をかけてはいけない」といった暗黙のルールがあり、それが障害者や幼い子どもにとってはバリアになっている。そこで実験的に、重度の知的障害のある久保田壮（たけし）という個人を全面的に肯定することを出発点に、鈴木一郎太と深澤孝史という2人のアーティストがコンセプトを創りあげ、運営面でも来場者のやりたいことを実現していく創意工夫を試みた。レッツではアートを、固定化してしまった価値観や社会規範に縛られ生きづらさを感じている状況を打破する起爆剤になるとともに、新たな関係を築いていく連結剤にもなるものだと考えていて、たけぶんはその考え方を具現化する挑戦だったのである。

たけぶんを6か月間運営したことによって、レッツは福祉施設の運営にも一歩を踏み出すこととなる。じつは久保田は、それまで福祉施設をつくりたいとは思わなかったという。レッツは「障害や国籍、性差、年齢などあらゆる“ちがい”を乗り越えて、互いに理解し、分かち合い、共生することのできる社会づくり」を理念として掲げてきたため、福祉施設をつくることはむしろ活動を限定してしまい、理念の達成を阻むのではないかという懸念を抱いていたからである。しかし、たけぶんでの活動を通じて、障害からくるさまざまな行為を「表現」として捉え直し、そこから関係性や在り方を再編していくような事業を、福祉施設としても実施できる可能性を感じ、施設開設に踏み切った。

福祉とアートの融合

2010年4月、浜松駅からバスで約30分の入野町に障害福祉サービス事業所アルス・ノヴァを開設、生活介護・自立訓練・就労継続支援B型・日中一時支援・放課後等デイサービスの5事業を実施しており、障害の程度や種別がさまざまな子どもや大人約40人が利用している。2014年10月にはアルス・ノヴァ近くに「のヴぁ公民館」を開設した。私設なのに公民館と名づけたのは誰もが自由に来られる場所にしたいとの願いを込めたからであり、子どもたちが遊びや宿題のために来館したり、子育て中のお母さんたちがおしゃべりをしにきたり、ときには絵の講座が開かれるなどしている。たとえば、2014年6月から始めた「かたりのヴぁ」という事業は、多様な人々がともにいることのできる寛容性ある社会への一歩として継続的に開催されている。「相手の話を最後まで聴く」「自分の言葉で話す」「この場にともにいることを大事にする」というルールで行われ、他者との対話を通じて異なる価値観を知る機会となっている。

2017年1月16日から2月25日までの40日間に浜松市の中心市街地で「『表現未満、』実験室」を展開した。「表現未満、」とは「誰かが熱心に取り組んでいること、それがその人の生活や生き方に根ざしていること、特別な人の行為ではなく個人の生活文化であること」を意味しており、他者の価値観や生き方を知って理解し合えることをめざして実施された。

2016年10月と2018年1月には「スタ☆タン‼」という音楽イベントを開催。企画が生まれたきっかけは、アルス・ノヴァの2階でメンバーが毎日奏でている音楽を、外部の人に「音楽」として認知してもらうにはどうしたらいいかとスタッフ間で話し合っていたことだという。そこで審査員を外部の人に委任し、「舞台という限られた場で発表できるモノ」という枠組みを設け、あえてオーディション形式で実施した。自薦・他薦、音楽ジャンルも問わずに出演者を募集したところ、1回目は広島や大阪、神奈川などから総勢50組もの応募があり、1次選考を通過した22組がステージに登り、子どもや障害者、高齢者など多様な人たちの、その人にしかできない表現が披露された。「そこには優劣をつける、選ぶという行為を超

写真1 2015年3月にのヴぁ公民館で開催された全国アートNPOフォーラム　筆者撮影

えて、ともに笑い、感心し、リスペクトし合う場が立ち現れていた。『ひとの数だけ表現がある』ことを実感することはすなわち、『他者を認める』ことでもあった」と、久保田は振り返っている。

さらに2016年には「タイムトラベル100時間ツアー」という事業がスタートし、今なおアルス・ノヴァの体験ツアーが定期的に実施されている。観光とは「光を観る」ことであり、光を観るのは観光者自身であるというコンセプトのもと、アルス・ノヴァのありのままを体験してもらう事業である。

これらの事業はすべて先述したたけぶんでの経験や気づきをベースにしている。アルス・ノヴァは国の法定施設で、レッツが運営母体ではあるが、アルス・ノヴァという障害福祉施設のマネジメントとプロデュースをたけし文化センターが行っているという位置づけである。すなわち福祉施設をたけぶん化する試みであり、「のヴぁ公民館」との両輪で福祉とアートを融合させ、ソーシャル・インクルージョン具現化への挑戦を続けているのである。

多様性を保障する

2018年11月には日本財団からの助成を受けて、浜松駅から徒歩10分のところに「たけし文化センター連尺町」が新しくオープンした（写真2、3）。屋上テラス付き3階建てのビルにアルス・ノヴァを移転させ、図書館カフェや音楽スタジオなども併設し、今後はゲストハウスや障害のある人が暮らすシェアハウスの機能ももたせるという。

アルス・ノヴァという福祉施設を地域に開き、障害のある人たちを核とした対話の場を創り出す事業を継続しているのは、多様な生き方や価値観を知り、対話する場が現代社会に必要だと感じているからである。レッツにとってソーシャル・インクルージョンとは、障害者の社会参加のみならず、さまざまな人たちの価値観や生き方が排除されず受け入れられていくような、多様性の保障された環境を多様につくっていくことなのである。

写真2 アルス・ノヴァの新拠点の外観　筆者撮影

写真3 アルス・ノヴァの新拠点の1階内部　筆者撮影

4　地域であたりまえに暮らしていく試み

NPO法人コーナスのあゆみ

大阪市南部の阿倍野区に障害福祉施設コーナスはある。地上300メートルという日本一の高さを誇る超高層複合ビル「あべのハルカス」が見える距離にありながら、下町の風情あふれる閑静な住宅街の一角にあり、築85年の町屋を改修した生活介護施設に12人の障害者が通っている。運営しているのはNPO法人コーナスで、代表の白岩髙子には障害のある娘がいる。生後100日目にてんかん発作を起こし、いろいろな病院で診察してもらったが状態はよくならず、1981年、娘が4歳のときに難治性てんかんだと診断された。がんばってリハビリをしてもどうにもならない、障害をもったまま生きていかねばならないと言われたのである。当時、重度の障害者は大規模な福祉施設に入所するか、世間に出さず家でひっそり隠して育てるなどの選択肢しかなく、地域で暮らしていくことは夢のまた夢であった。しかし、診断が下された年は国際障害者年であり、“ノーマライゼーション”という理念が日本にも紹介されるようになった。この理念を知った白岩は「どんなに重い障害をもっていても、地域で生きるというこの理念が日本にも浸透してきたら、私たち親子も生きやすくなるかもしれない。一筋の光のように感じた」という。さらに、受け身でいるのではなく自分にできることをしていこうと考え、障害児の親や保育園の職員とともに「阿倍野で共に生きよう会」を1981年に発足、放課後や夏休みに集えるような活動を始めた。

その後、学校を卒業しても行き場のない重度障害児をもつ母親たちと共同作業所「コーナス」を1993年に開設。名づけ親は日本キリスト教団阿倍野教会の村山牧師で、コーナスとはCORNERS STONE（隅の頭石）を略したものである。大工が不要だと思って捨てた石が、実際には新しい家を建てるときの基礎になったという聖書の中の話に由来している。障害者があたりまえに暮らしていける地域や社会をつくることは、誰もが暮らしやすい社会の実現につながるものであり、障害者はこの社会を支える隅の頭石であるという考えに基づいている。

当時は古いアパートの一室で低賃金の単純作業を内職として請け負っていた。「彼らの収入をなんとか確保したい」という一心だったのだが、メンバーは仕事をする気配は一向になく、納期に間に合うようスタッフや保護者が必死で作業する日々であった。そういう状況が約10年続いた頃に障害者自立支援法[1]が公布されて障害福祉制度が大きな変化を迎えることを知った。障害者が個々の能力を発揮して地域で自立していけるよう就労支援に重点を置くという趣旨であったが、内実は自治体からの補助金を削減するものであり、作業所の存続が危ぶまれた。行政からは他の作業所と合併し移転するよう助言されたが、20年以上阿倍野で活動し、周囲の人々にも助けられてきたことを無駄にはできないと、白岩はそれまで保育士として勤めていた保育園を退職し、コーナス存続に向けた活動に邁進していくこととなる。

写真4 福祉施設コーナスの外観　筆者撮影

想いをカタチに：新しいコーナスのデザイン

コーナスをどうしていくべきか、思い悩んだ白岩は偶然、他の施設で生まれた絵画作品に出合った。それまで見たことのない表現、奔放な線や色使いはエネルギーに満ちあふれており、「うちのメンバーにもこういう自由な表現が必要かもしれない」と思い、アート活動を採り入れることにした。

そして、新たな活動拠点として選んだのが町屋である。阿倍野は下町情緒あふれる地域であり、戦災に遭わなかったため木造住宅も多く残っていた。日本建築の間取りや中庭を活かし、四季の変化を感じられる町屋にめぐりあい、移転準備を進めた。活動に共感してくれる人々に購入資金を借りたり、市民債権を発行するなどして、自分たちで移転費用を用意した。改修は、誰もが気軽に立ち寄れる雰囲気を出すため正面の入口をガラス戸にするなど、随所に工夫をこらして2005年「アトリエコーナス」をオープンした（写真4）。

当初、下請け作業をすべてやめてアート活動を採り入れようとしたものの、ほとんどの保護者が反対したという。「いくら低賃金でも仕事をしていると安心」「絵なんか描けるわけがない」など、未知の世界へ踏み出すことへの不安が大きかったからだが、白岩は「このまま下請作業を続けても希望をもてない。みんなで一緒に夢を描こう」と根気強く話し合いを重ね、少しずつ画材も準備していった。「彼らにはきっとできるはず、という根拠のない自信があった」という白岩の言葉を証明するかのように、多くの作品が生み出されていった。自分の好きな画材、好きな色で自由に表現できる時間を設けることで、次第にメンバーの笑顔も増えていったという。さらに驚くべきは、じっと座っているのが困難だったメンバーが、静かに座って自分の世界に没頭していることだった。アート活動を始めて3年目にほぼ全員が公募展で入賞し、海外の展覧会へも出品するようになったのである。

生み出された作品は国内外で高く評価されるようになり、アート活動は彼らの生活に欠かせないものとなっているが、日常のプログラム全体に占める割合は約30％である。残りの70％は地域の清掃作業やクッキーづくり、近くの図書館やダンススタジオへ行くなどの社会経験を増やすことにあてられており、活動理念であるノーマライゼーション、つまり「地域であたりまえに暮らす」ことの具体化が最優先として位置づけられている。

アート活動がもたらしたもの

メンバーの作品が注目されるようになったものの、白岩は「展覧会は誰のものか」と次第に考えるようになったという。それまでもコーナスは、本人が入賞を実感できるようにと国内の展覧会には必ずスタッフが同行して会場へ足を運んできた。海外の場合はなかなか実行できなかったが、コーナスの作品を収蔵してくれたフランスの非営利団体abcd[2]が2014年にパリで大規模な展覧会を開催することを機に、植野康幸というメンバーを連れて行こうと考えた。植野は美しいものが大好きで、竹久夢二の画集やファッション誌『VOGUE』などを見ながら絵を描き続けており、彼の作品は国内外で高い評価を得ている。ただし、自閉症で言葉を発することがなく、指で「○」や「×」をつくって意思表示をする。彼の親は、10時間を超えるフライトに耐えられるのか、大きな環境の変化にパニックを起こすのではないかとあれこれ心配したそうだが、白岩は「万全の準備をしたら絶対に大丈夫。なにより美しいものが好きだから、パリというまちが気に入るはず」と説得し、さまざまな準備に取り掛かった。実際に出発してみると、機内では美しいキャビンアテンダントにもてなされて終始笑顔を見せ、展覧会場では自分の作品の前で名刺を差し出して、「これは自分の作品だ」と身振りで一生懸命アピールするなど、予想以上の行動に驚かされたという。

写真5 パリでの植野（左から2人目）　コーナス提供

重度の障害をもっているメンバーであっても周到な準備を行えば海外旅行にも行けるという自信を得て、その後もロンドンや香港など6人のメンバーを次々に海外へと旅立たせた。白岩が本人の現地訪問にこだわるのは、アート活動によって気づかされたことがあるからだという。それは、愛情という名のもとに彼らの自由を奪ってきたのは自分たち親や家族だということ。「できるわけがない」と彼らの行動を制限してきたことを振り返り、できることを増やしていく必要を感じたのである。

また、作品が評価されて海外へも行くようになったわが子に対して、ようやく親が「この子を産んでよかった」と思えるようになり、親自身がセルフエスティームを取り戻していったことがなによりも大きい。障害者の作品展に対してはさまざまな考え方があり、呼称や評価についても多様な議論が展開されているが、親子関係の変化をもたらしたり社会との接点が増えるアート活動の重要性をコーナスでは実感している。

セルフエスティームを育む学校

コーナスは2016年から町屋の一室を活用して自立訓練事業にも取り組むようになり、2018年10月には当該事業専用の施設「Art-Labox（アートラボックス）」を近隣に開設した。18～20歳の障害者が利用でき、2年間でさまざまな体験をしながら自分の将来のことを考える準備期間にしてもらうという事業である（定員6人）。

背景には障害児を取り巻く近年の動向がある。発達障害は早期発見・早期支援が必要だという考えから、子どもたちに検査を勧めるケースが広がっていて、各地の特別支援学校では発達障害だと診断された生徒数が増加の一途にあり、「発達障害バブル」という言葉も生み出された。また、特別支援学校は通学途中でのトラブルを避けるためか送迎バスを用意しており、子どもたちは自宅と学校をバスに乗って往復するだけで社会との接点がほとんどないまま学童期を過ごしている。残念ながら早い時期から社会との分断が進んでいると言わざるを得ない。さらに、特別支援学校の高等部を卒業した知的障害者の進路をみると、福祉施設等への入所・通所61.5%、就職者32.9%、進学者0.4%となっており[3]、選択肢の少ない状況が続いている。

こうした状況を少しでも改善していこうと、アート活動での気づきをもとにコーナスは「自分で選択する」「考える」「仲間と交わる」学校をつくったのである。実施しているのは、自立性や社会性を育む生活プログラム（衣・食・住・ソーシャルコミュニケーション・マナーなど）と、アートプログラム（絵画・立体造形・写真・音楽・ダンスなど）で、阿倍野という地域全体をキャンパスに見立て、近くのスポーツ施設や図書館、神社やお寺、公園、お店などにも出かけ、社会の中で生活することの楽しみを見つける取り組みも行っている。

メンバーは公共交通機関で通学できるようになったり、親に頼っていた食事づくりや買い物などを自らするようになったり、仲間と行動することで他者と折り合いをつけられるようになるなどの成長がみられる。2017年３月、２年間のカリキュラムを終えたメンバーたちによる展示会を開催する際には、ギャラリー内のペンキ塗りや清掃を全員で行い、案内状も自分たちで作成して家族や友人などに発送した。こうした体験を積み重ねるなかで、発語の少なかったメンバーも次第に会話が増えて友人ができるなど、仲間意識や自信が育まれているという。

小規模な学校ではあるが、どんな障害をもっていても自分の生まれ育った地域で暮らしていける環境をともに創っていく事業であり、阿倍野という地域で活動を拡げていくコーナスの新たな挑戦である。

5 技芸としてのartによって包摂型社会を

佐々木雅幸は“創造都市”を、市民一人ひとりが創造的に働き、暮らし、活動する都市であるといい、アートのもつ創造性を課題解決に役立てることが必要だとも述べている。筆者にとって“市民”とは障害の有無に関わらず“誰でも”であり、冒頭で述べたように創造都市論にはwell-beingの視点が不可欠であるとともに、可能性の再分配を行うために既存の価値観を疑い一人ひとりの能力を引き出せるような取り組みが必要だと考えている。

レッツの久保田は、「私にとって“障害”は“間（あいだ）”の問題である。私と息子との間を多様にしていくことで、障害の捉え方や息子との関係が変化していった」[4]という。コーナスの白岩も、障害者の親は愛情という名のもとに子どもの自由を奪ってきたケースが多いものの、アート活動によって多くの親子関係が変化したことを目の当たりにしている。

日本では1990年代後半からアート活動に取り組む障害者施設が増え始めたが、そもそもは「障害者に対する見方を変えるきっかけになれば」「自己表現の1つの手段としてアート活動を活用し、社会参加の機会になれば」という考え方が多くの出発点であった。それから20年余りが経過し、障害者のアート活動を取り巻く環境は大きく変化した。急激な変化によって何か大切なものを置き去りにしているのではないか、先駆者たちが当初めざしていた方向に向かっているのだろうかという懸念もある。

アートartという言葉はラテン語のアルスars、さらにギリシャ語のテクネーtechnéに由来し、学問と技芸という2つの意味を内包しているとされる。本章で取り上げたレッツやコーナスの取り組みそのものが、既存の価値観や規範を変えていく技芸artであり、一人ひとりの可能性を引き出し、課題解決を行えるものだと考えられる。

紙幅の都合で紹介できなかったが、技芸としてのartを活用し独自の取り組みを行っている福祉施設は各地に存在している（カプカプ［横浜市］、ぬかつくるとこ［岡山県都窪郡］など）。こうした福祉施設の実践が広がるとともに、他分野との連携と交流がさらに促進していくことこそ、well-beingを具現化する包摂型社会への道程なのではないだろうか。

※本章はJSPS科研費JP15K02182の研究成果の一部である。

注

1 2006年4月に施行され、2013年4月に障害者総合支援法へ移行した。
2 映像作家でコレクターのブリュノ・ドゥシャルム　Bruno Decharmeが1999年に設立した。団体名abcdは、art brut connaissance & diffusion（アール・ブリュットの理解と普及）の頭文字をとったもので、展覧会や映像制作、出版、研究活動などを行っている。
3 文部科学省 特別支援教育資料（平成29年度）第1部集計編1（7）②より。
4 2015年12月3日浜松市で開催した「インクルーシブ・カフェ in 浜松」（主催：文化庁・NPO法人都市文化創造機構）での発言より。

参考文献

Bhalla, Ajit S. & Lapeyre, F., *Poverty and Exclusion in a Global World,* 2nd ed., Macmillan Publishers Ltd., 2004.（福原宏幸・中村健吾監訳『グローバル化と社会的排除——貧困と社会問題への新しいアプローチ』昭和堂、2005年）

福島智・星加良司「<存在の肯定>を支える二つの<基本ニーズ>——障害の視点で考える現代社会の『不安』の構造」『思想』983号、pp. 117-134、岩波書店、2006年

Giddens, A., *The Third Way: The Renewal of Social Democracy*, Polity Press, 1998.（佐和隆光訳『第三の道——効率と公正の新たな同盟』日本経済新聞社、1999年）

川井田祥子『障害者の芸術表現——共生的なまちづくりにむけて』水曜社、2013年

久保田翠『あなたの、ありのままがいい』NPO法人クリエイティブサポートレッツ、2014年

認定NPO法人クリエイティブサポートレッツ『雑多な音楽の祭典「スタ☆タン!!」記録集』、2017年

NPO法人都市文化創造機構『文化庁・平成26年度戦略的芸術文化創造推進事業報告書』、2015年

NPO法人都市文化創造機構『文化庁・平成27年度戦略的芸術文化創造推進事業報告書』、2016年

PR-y『THE CORNERSTONE』RISSI INC.、2012年

佐々木雅幸『創造都市への挑戦——産業と文化の息づく街へ』岩波書店、2001／2012年（岩波現代文庫）

Sen, A., *Commodities and Capabilities,* Amsterdam, Elsevier Science Publishers B. V., 1985.（鈴村興太郎訳『福祉の経済学——財と潜在能力』岩波書店、1988年）

田中耕一郎『障害者運動と価値形成——日英の比較から』現代書館、2005年

終章　創造社会の扉をひらく

ジョン・ラスキン（1819-1900）：F= ホリアー撮影（1894）

佐々木 雅幸

大阪市立大学名誉教授
同志社大学客員教授
文化庁地域文化創生本部主任研究官

Society 5.0と創造社会

創造都市論との邂逅から早20年が経とうとしている。

世紀末特有の閉塞感を打ち破る斬新な理論と展望を社会が求めていた最中に、暗闇から一条の光が差し込むように、創造都市 Creative City は登場し、グローバル化と知識情報化、創造経済化の動向に充分に対応できないでいる都市や地域の針路を指し示し、市民と文化芸術関係者、政策担当者らに勇気を与えることになった。

一方で、2030年代の本格到来を前に、人工知能 AI とビッグデータの活用普及が既存の人間労働を大規模に消失させるとし、人間の働き方、生き方を再検討する議論が喧しい。オックスフォード大学のカール・フレイ C.B.Frey とマイケル・オズボーン M.A.Osborne (Frey and Osborne, 2013) と野村総合研究所との共同研究では、「日本の労働人口の約49%が技術的には AI などで代替可能になる」、「創造性、協調性が必要な業務や、非定型的な業務は将来においても人が担う」ことが予測され、AI によって代替可能性が高い職業と、代替性が低い職業の事例が発表されてこれから就職を控える若い世代に大きな関心を呼んでいる。たとえば、後者の代表には技術者、研究教育者やアーティストら「創造階級」もそれに含まれているが、R.フロリダはハイテク技術者とアーティストなど中核的な創造階級と弁護士・証券アナリストなど創造的専門職を加える創造階級はアメリカでは2000年にはすでに30%を超えていると述べており (Florida 2002)、AI の本格化によってこの傾向がさらに加速化されようとしている。

第5期科学技術基本計画 (2016年12月) で示されたSociety 5.0とは、科学技術イノベーションによって実現される「超スマート社会」であるという。狩猟社会 Society 1.0、農耕社会 Society 2.0、工業社会 Society 3.0、情報社会 Society 4.0 を経て、Society 5.0 では AI がビッグデータを解析し、デジタル革新とイノベーションによって高付加価値を生み出す社会をめざすとし、そのための要素技術を列挙している。

これはおもに科学技術面での社会ビジョンにとどまっていたが、日本経済団体連合会はさらに2018年11月「Society 5.0 ——ともに創造する未来

──」を発表して、Society 5.0とは「創造社会[1]」であるとしている。そこでは、デジタル革新と多様な人々の想像力と創造力が課題解決と価値創造をもたらし、国連の持続的発展目標SDGsの達成にも貢献するという。この「創造社会」は企業を変え、人を変え、行政・国土を変えるデータと技術を備えるという。定型業務はAI・ロボットが代替し、組織・人材のAI-Ready化が必要となり、国土の分散化による多様性が推進されて、都市部・山間部のコミュニティを維持するとともに、農業・観光といった資源を活かした新たな価値の創造に努め、多様性と寛容性、活力に富んだ安心して暮らせる社会を構築することが課題になるという。

だが、現実にはSociety 5.0はばら色の未来を示すどころか、日本社会の大きな転換点を準備するといった方が現実的であろう。

たとえば、2019年元旦の「朝日新聞」特集記事「エイジング日本：3」はAIを用いた広井良典らの研究を紹介しつつ「2050年、日本は持続可能か」と問いかけている。それによると、このままいくと都市集中は加速して日本社会は持続困難となる。だが、「生き方を変える」と地方分散型となり持続可能となりうるが、その分岐点までのタイムリミットはあとわずか10年に迫っているという。

また、「日本経済新聞」2月25日朝刊によれば、東京圏への一極集中は新たな局面を迎えており、大阪府から1万1,599人、愛知県から9,904人、福岡県から6,583人、宮城県から6,076人が大学卒業生を中心に東京圏へ転出超過しており、これらの4府県では周辺地域から人口を吸引し、さらに東京圏へと人口を送り込む中継点に位置づいているようである。すなわち、仙台市、名古屋市、福岡市とならび大阪市までも東京圏のヒエラルヒーに組み込まれてしまっているのである。

このままではSociety 5.0が巨大都市東京への集中を促進して、この社会を持続不可能にする危険性が高まっていると言えよう。さもなければ、「生き方」を変えることによって、持続可能な社会に転換できるのか、さらなる一極集中か、分散型社会か？　大きな転機が日本社会に訪れようとしている。

いずれにせよ明らかなことはAIとビッグデータが本格普及するなかで、「創造性」が次の社会を切り開くキーワードとしてますますその重要性が認識されてきたことであろう。本書は、創造都市と創造農村の取り組みを分析し、その到達点と新地平を探ってきたが、「技術偏重ではなく人間主体の創造社会」、すなわち創造性を社会の基盤とする「創造社会」Creative Societyの構築に向けてどのようにアプローチしていけばよいのか、いくつかの事例を示しながら「創造社会の扉」に手をかけてみたいと思う。

創造社会の源流と新たな働き方・生き方

創造的な生き方、働き方に関して創造都市・創造農村論の理論的始祖であり、2019年に生誕200年を迎えるイギリスの文化経済学者、ジョン・ラスキンJohn Ruskinは*Unto this last*『この最後の者にも』と*Munera Pulveris*『塵の賜りもの』において、次のように語っている。

「およそ財の価値は、芸術作品に限らず、本来、機能性と芸術性を兼ね備え、消費者の生命を維持するとともに人間性を高める力を持っている。このような本来の価値（固有価値 intrinsic value）を産み出すものは人間の自由な創造的活動、つまり仕事opera（オペラ）であり、決して他人から強制された労働labor（ラボール）ではない」(Ruskin 1862)

「本来の固有価値は、これを評価することのできる消費者の享受能力に出会ったときにはじめて有効価値となる」(Ruskin 1872)

名著*The Stone of Venice*『ヴェネチアの石』第6章「ゴシックの本質」でラスキンは歴史都市ヴェネチアの各時代を代表する建築群の中からゴシック様式を至高のものとして選び出しているが、その理由は、ゴシック様式にこめられた「精神の力と表現」にある。つまり、ゴシックの精神的要素は、野生味、多彩さ、変化への好尚、自然主義、怪奇趣味、不安におののく想像力、厳格さ、緊張感、過剰さ、気前の良さ等に示されており、これらは職人たちが命じられて奴隷の仕事に携わっているのではなく、自ら考え、自由に手を動かしていた結果であり、権威に対抗する自主独立の精神が表現されているとラスキンは洞察しており、芸術的活動のような創造

的活動は職人の「手と頭と心」が一体となったものでなければならないと考えたのである。(Ruskin 1853)

ラスキンの弟子を自認するウィリアム・モリス William Morris はラスキンの opera 仕事と labor 労働の区別を念頭におきつつ、労働を魅力的にするための条件を次のように規定している。

「価値ある労働とは、休息の喜び、その成果を利用する喜び、そして日常的に創造的機能を発揮する喜びの3つの希望に満ちたものであり、それ以外の全て労働は無価値であり、生きんがための苦役すなわち奴隷の仕事である」(Morris 1888)

「労働を魅力的にする第一歩は、労働を実り豊かにする手段である資本(これには土地、機械、工場等が含まれるが)をコミュニティの手に移し、万人のために使用せしめ、その結果、われわれ全てが、万人の真の『需要』に『供給』することができるようにすることである」(Morris 1888)

そのうえで、「労働時間の短縮と、労働を意識的に有用なものにすること、それに当然伴う多様性のほかに、労働を魅力的にするのに必要なもう一つのものがある。それは快適な環境である」(Morris 1888) とモリスは述べている。

さらに、彼は「美しいものを作るべき人間は美しいところに住まねばならない」として自然環境に優れ、快適な住宅に住むことを推奨している。

約80年前に『都市の文化』を著したルイス・マンフォード L. Mumford は、ラスキンをエネルギー収入と生活水準を生産との関連において表現し、一般の金銭経済学者が無視した消費と創造の機能を評価した最初の経済学者であるとして、次のように予言していた。

「金銭経済は機械の役割を拡張するのにたいして、生命経済は専門的サービスの役割を拡大する。収入と使えるエネルギーの大部分は、芸術家、科学者、建築家と技術者、教師と医者、歌手、音楽家、俳優を支援するために使われる。このような変化は、前世紀に着実に進行し、その傾向は統計的にも証明できる。しかし、その意義は一般的にはまだよく理解されていない。というのは、その結果は従属的な機械技術から生命の直接的芸術への関心の移行でなければならないからである。また、それはもう一つ別の可能性、まったく別の必要性をもたらしたのである。つまり、生活条件の改良ばかりでなく、社会的遺産の目的的創造と活用のための全世界的な都市再建である」(Mumford 1938)

つまり、ラスキン、モリス、マンフォードが後の世代に遺したメッセージは、現代の金銭経済ともいえる新自由主義的資本主義はAIやデジタル革新を一方的に推し進めるが、むしろAIを使いこなし、市場原理主義と対抗して生命と創造性を重視する社会をつくること、そのためには「創造的な働き方と暮らし方を基調として、創造都市と創造農村から成る新たな創造社会」を構築することを我々に示唆しているように思われるのである。

本書のまとめにあたって、「創造都市と創造農村から生まれてくる創造社会」に向けた端緒的な取り組みをいくつか取り上げておきたい。

先端技術とデザインを活用した新職人的働き方

序章で取り上げた、金沢市におけるクリエイティブ集団secca(セッカ)による「工芸の創造(クリエイティブ)産業化」の取り組みは、工業デザインで培った先端3Dデジタル技術に、工芸における伝統技術を掛け合わせた独自の製造技法を開発した「新職人的ものづくり」であり、ラスキンとモリスが試みようとしたoperaの復権に通じるものといえよう。リーマンショック後の2010年に東京から金沢に移住したクリエイティブディレクター宮田人司が金沢美術工芸大学卒の2人にIターンを働きかけた結果としてうまれた試みであり、彼等は従来にない造形の器と伝統的な漆塗りの技法が組み合わされた作品などをリーズナブルな価格で生み出して国内外で高い評価を得ている。

10章で取り上げた徳島県神山町では、NPO法人グリーンバレーの前理事長である大南信也が提唱する「創造的過疎」によって「創造の場」が過疎地に生み出され、それが魅力的なマグネットの機能を果たし、大都市にはない本物の豊かな自然環境がその磁力を倍増している。アーティストインレジデンスがきっかけを作り、ICT分野で活躍するクリエーターたちに続いて、パン焼き職人やフレンチレストランのシェフらが国内外から移住してくるようになり、さらにデザイナーが移住し木工職人に働きかけて地元の木材を活用した食器づくりを開始した。2012年に大阪から移住したデザイナーの廣瀬圭治が立ち上げたSHIZQ（しずく）プロジェクトであり、水資源を守るために間伐した杉材を活かしてタンブラーなど洗練された食器を世に出し、ミラノの国際デザインコンペA' Design Award & Competition 2019のソーシャルデザイン部門で金賞を得るなど高く評価されており、彼は「午前中は趣味の釣り、午後に仕事」というワークライフバランスを楽しんでいる。2016年4月には神山の農業と食文化を次世代につなごうとする株式会社フードハブ・プロジェクトが設立されて、大量生産型から離脱して農業生産の新職人化を推し進めようとしている。一見すると農業には遠いと思われるアートやデザインを触媒として農村内に「化学変化」を起こし、農資源と新職人的仕事、つまりoperaとの結合によって農業自体にも変革をもたらそうとしている。

さらに注目すべきは、2012年に東京から神山町に移住してフレンチレストランを開業した斎藤郁子らの「新しい働き方」である。彼女らは週休3日と海外研修、冬期休暇など年間228日を休暇とし、趣味やリフレッシュの時間に充てることによって創造性を養い、労働時間の短縮によって生産性を上げているのである。

こうした、新技術やデザインを活用して、創造都市や創造農村で始まった新しい働き方と暮らし方を全国的に広げることができれば、東京一極集中をストップさせ、多極分散に向かう可能性が生まれるのであろう。

幼年期から創造性を育み、創造的に齢を重ねる

格差のない創造社会を構築するうえで、重要なテーマは幼年期から創造性を涵養する環境を整えることであろう。

この点で注目されるのは、創造都市ネットワーク日本（CCNJ）の幹事団体である高松市が創造都市政策の最重点として取り組んでいる「クリエイティブ・チルドレン・プロジェクト」であろう。瀬戸内国際芸術祭が開始

される準備期間に、地元のNPO法人アーキペラゴの理事長である三井文博が、世界で最も先進的な幼児教育として有名なイタリアのエミリア・ロマーニャ州レッジョ・エミリアの保育園で試みられている幼児の感性と創造性を養うメソッドに感動して、高松市内の保育園に多様な分野の芸術家を派遣して、子どもたちの声を聞きながら一緒に遊ぶように表現、創作活動を支援することを提案して軌道に乗せたのである。レッジョ・チルドレンメソッドにおいては保育園に芸術系大学卒の「アトリエリスタ atlierista」と保育の専門家「ペダゴジスタ pedagogista」を配置して幼児の多様な価値観と創造性を引き出す保育を実現していることに学び、高松市では「芸術士」という独自の資格をつくり、彼らが幼児と保育士とコミュニケーションをとりながら表現活動、創作を支援できる芸術家を保育園に派遣する制度をつくり、2009年度に国の緊急雇用補助金を活用して1つの園から開始した。その結果、保護者の評判が良く、一般財源でのプログラムに切り替わり、次第に採用する保育園が広がり現在では市内43施設に拡大している。さらに周辺の徳島、高知、岡山など合計60施設に20人の芸術士を派遣するまでに広がっている。(三井 2018)

また、小学生を対象にした取り組みでは、21世紀美術館と連携した金沢市の取り組みが代表的である。蓑豊初代館長の発案で「芸術は創造性あふれる将来の人材を養成する未来への投資」のコンセプトのもと「ミュージアムクルーズ事業」が展開され、開館半年以内に市内の全小中学生を無料招待し、以後も小学4年生全員を毎年継続的に無料招待しており、感性と創造性を育むことが学力にも良い効果をもたらし、近年では学力試験全国トップクラスとなったという成果も上がっている。

このような高松市や金沢市の幼年期からの創造性を育む取り組みは、創造都市政策によって推進され支援されてきたものであり、将来の「創造性の格差」を小さくするうえで効果的な政策である。

他方、日本社会が直面するのは少子高齢化のみならず、かつて経験のない長寿化である。2050年には100歳以上人口が100万人を超えるとの予測もある中で「社会活動寿命」を延伸し、豊かな老後を過ごすために「創

造的に歳を重ねる Creative Aging[2]」政策への関心が急速に高まっている。（太下 2016）

ベストセラーとなった *The 100-Year Life* の著者、リンダ・グラットン Linda Gratton は、人生 100 年時代を迎えて「変身資産」が重要になってきたという。彼女によれば、「変身資産」とは人生の途中で第 1 の仕事から第 2 の仕事に移行する際に必要な能力であり、自己認識とスキルとネットワークから構成され、高齢者が平常から変身に必要な自己認識とスキルとネットワークを蓄えるために近年は芸術活動に注目が集まっている。ロンドンのゴールドスミス大学の研究者によれば、地元のライブコンサート会場へ 2 週間に 1 回参加することで、well-being に好影響をもたらし、平均寿命は 9 年延伸するという調査結果を発表して注目されている。アメリカでもアートプログラムへの参加がよりよい健康を生み出すこと、精神的な健康状態の改善、社会活動への積極的参画などの成果が報告されている。

CCNJ 加盟の埼玉県のさいたま芸術劇場では、芸術監督に就任した国際的に活躍する演出家の故蜷川幸雄が 2006 年に立ち上げた 55 歳以上限定のプロの老人劇団さいたまゴールドシアターが注目されている。人生経験を積んだ高齢者の身体表現や感情表現を舞台に活かそうという試みであり、芸術の消費者だけでなく、可能性を秘めた創造者として迎え入れようとしたものである。発足時の団員は 48 人で最高齢 80 歳、平均年齢 66.5 歳であり、海外公演でも高い評価を得ている。2016 年には蜷川の発案の最期の演劇である 1 万人のゴールドシアター 2016「金色交響曲～わたしのゆめ、きみのゆめ～」が 60 歳以上の約 1,600 人の一般参加者とさいたまゴールドシアターとが共演する大群衆劇を 8,000 人の観客の前で成功させており、それを機に約 1,000 人の 60 歳以上の高齢者で「ゴールド・アーツ・クラブ」が結成されて、2018 年に開催された高齢者による舞台芸術の国際フェスティバル「世界ゴールド祭 2018」では群集劇「病は気から」など蜷川の遺志を継承した企画に 6,000 人が参加した。

また、CCNJ 幹事団体である可児市の文化創造センターでは館長の衛紀生が社会包摂型劇場をめざして子どもから高齢者までを対象にした演劇ワークショップを積み上げてきており、認知症や社会的孤立を防止してきた成果が社会的インパクト投資としてまとめられている。

以上のように、幼年期から壮年期、そして高齢者まで一人ひとりの創造性を涵養することが創造都市、創造農村のネットワークで広がりを見せており、その流れをさらに加速することが緊要となっている。

「人間優先の創造社会」に向かって

さて、AIやデジタル革新のような技術的進化を中心においた「技術偏重の創造社会」ではなく、一人ひとりの創造性を第一におく「人間優先の創造社会」を実現することが持続可能な社会を実現し、真にSDGsに到達するアプローチであることは明らかであろう。

そのためには、現在の不安定な世界経済を再建し、根本的な社会システム転換が緊要であり、以下の内容の「創造性革命」が求められるのではないだろうか？

第1に、金融を中心とした新自由主義的グローバリゼーションから、文化的多様性を認め合うグローバリゼーションへの転換、

第2に、大量生産＝大量消費システム（フォーディズム）から脱大量生産の文化的生産に基づく「創造経済」への転換、

第3に、文化的価値に裏打ちされた「固有価値」intrinsic valueを生み出す創造的仕事operaの復権と、偽りの消費ブームを超えて自ら生活文化を創造する「文化創造型生活者」の登場、

第4に、AI普及に伴う非定型的仕事の増加に備えてベーシックインカムを保障しながら、市民一人ひとりの創造性を発揮できる包摂型、全員参画型社会への制度設計、

第5に、一人ひとりが創造的に働き、暮らし、活動できる創造都市と創造農村の連携、およびそのグローバルなネットワークの拡大と深化。

「創造都市と創造農村の連携から生まれてくる人間優先の創造社会」の扉には、ドイツの前衛アーティスト、ヨーゼフ・ボイスが遺した次の言葉

が刻印されている。

「すべての人間は芸術家である」

注

1 創造社会 Creative Society について井庭崇は「人々が自分たちで自分たちの認識・モノ・仕組み、そして未来を創造する社会である」とし「消費社会」から「コミュニケーション社会」をへて「創造社会」にいたると述べている。「創造社会を支えるメディアとしてのパターン・ランゲージ」『情報管理』Vol.55 no.12, 2013 年

2 Creative Aging については心理学者のミハイ・チクセントミハイ Mihaly Csikszentmihalyi が、著書 *Creativity: Flow and the Psychology of Discovery and Invention* (1996) の第 9 章において分析しており、主にノーベル賞受賞者らのインタビュー調査から高齢になっても、芸術や人文社会科学においては新たな知の領域を切り開く能力が高まることを指摘している。

参考文献

Florida R., *The Rise of the Creative Class,* Basic Books, 2002（井口典夫訳『クリエイティブ資本論』ダイヤモンド社、2008 年）

Frey C.B. and Osborne M. A., "The future of employment, How Susceptible are jobs to computerization?" *Martin School of Oxford University,* 2013

Gratton L and Scott A., *The 100-Year Life: Living and Working in an Age of Longevity,* Bloomsbury, 2016（池村千秋訳『LIFE SHIFT：100 年時代の人生戦略』東洋経済新報社、2016 年）;

三井文博「レッジョ・エミリアにインスパイアされた日本の活動――芸術士派遣活動 in 高松市」『発達』156 号、ミネルヴァ書房、2018 年

Morris W., *Signs of Change,* 1888 in the William Morris Library, Bristol: Thoemmes Press, 1994

Mumford L. *The Culture of Cities,* Harcourt Brace & Company, 1938（生田勉訳『都市の文化』鹿島出版会、1974 年）

太下義之「Creative Aging のための文化政策」『季刊 政策・経営研究』Vol.4 2016, MUFG、2016 年

Ruskin J., *The Stone of Venice*, London: J. M. Dent & Sons Ltd., 1853（福田晴虔訳『ヴェネツィアの石（第 3 巻「凋落」篇）』中央公論美術出版、1996 年

Ruskin J., *Unto this Last: Four Essays on the First Principles of Political Economy,* London: George Allen & Unwin Ltd., 1862（飯塚一郎・木村正身訳『この最後の者にも・ごまとゆり』中公クラシックス、2008 年）

Ruskin J., *Munera Pulveris: Six Essays on the Elements of Political Economy,* London: George Allen & Unwin Ltd., 1872（飯塚一郎・木村正身訳『この最後の者にも・ごまとゆり』中公クラシックス、2008 年）

佐々木雅幸『創造都市の経済学』勁草書房、1997 年

佐々木雅幸「伝統工芸と創造都市」『地域開発』602 号、pp. 18-24、2014 年

執筆者一覧（掲載順）

萩原 雅也（はぎはら・まさや） 1章
大阪樟蔭女子大学学芸学部教授。1958年生まれ。大阪市立大学大学院創造都市研究科博士（後期）課程修了・博士（創造都市）。大阪府立高等学校教諭、大阪府教育委員会事務局社会教育主事、大阪樟蔭女子大学准教授を経て現職。文化経済学会〈日本〉会員、大阪府社会教育委員。論文に「創造都市に向けた『創造の場』発展プロセスの考察」「『創造の場』としてのアートNPOの可能性についての考察」、著書に『創造の場から創造のまちへ』『創造農村』など。

高市 純行（たかいち・よしゆき） 2章
毎日新聞東京本社美術事業部長。1965年大阪生まれ。神戸大学大学院経営学研究科修士課程修了。大阪市立大学大学院創造都市研究科博士課程単位取得満期退学。1988年、毎日新聞社入社。大阪と東京の事業部で展覧会の企画・運営に携わる。大阪本社文化事業部長を経て現職。主な展覧会に「ルノワール展」「ミレーとバルビゾン派の画家たち展」「フェルメールとその時代展」「雪舟展」「円山応挙展」「祈りの道―吉野・熊野・高野の名宝」「狩野永徳展」「長谷川等伯展」「歌川国芳展」「国宝展」「横山大観展」などがある。

田代 洋久（たしろ・ひろひさ） 3章
北九州市立大学法学部政策科学科教授。1961年生まれ。京都大学工学部卒、大阪市立大学大学院創造都市研究科修了。博士（創造都市）。三和総合研究所（現三菱UFJリサーチ&コンサルティング）、兵庫県庁、兵庫県立大学を経て現職。専門は都市政策、文化まちづくり政策。主要論文に「地域資源の活用による地域ソーシャル・イノベーションの形成」「文化的資源の多元的結合による地域活性化に関する考察」、著書（共著）に『創造農村』『地域マネジメント戦略』『尼崎市の新たな産業都市戦略』などがある。

杉浦 幹男（すぎうら・みきお） 4章
アーツカウンシル新潟プログラムディレクター／宮崎県みやざき文化力充実アドバイザー。1970年生まれ。東京藝術大学美術学部芸術学科卒業。大阪市立大学大学院創造都市研究科修了。三菱UFJリサーチ&コンサルティング主任研究員、沖縄版アーツカウンシルプログラムディレクターなどを経て、現職。専門は文化政策、文化産業論。「沖縄文化を世界へ～2020年東京五輪を契機とした地域文化発信の可能性」（東京文化資源会議編（2016）『TOKYO1／4と考える オリンピック文化プログラム～2016から未来へ』（勉誠出版）など。

池田 千恵子（いけだ・ちえこ） 5章
大阪成蹊大学マネジメント学部准教授 。大阪市立大学都市研究プラザ客員研究員。1967年生まれ。信州大学教育学部卒、大阪市立大学大学院創造都市研究科博士（後期）課程修了。博士（創造都市）。株式会社リクルート、株式会社リクルートメディアコミュニケーションズ、関西国際大学教育支援課、大阪成蹊大学教育研究支援部を経て現職。論文に「ポートランド市パール地区における再生と社会的構成の変化」「新潟市沼垂地区における空き店舗再利用による再活性化」、著書に『入門観光学』（共著）など。

敷田 麻実（しきだ・あさみ） 6章
北陸先端科学技術大学院大学知識マネジメント領域 教授。石川県水産課勤務の後、金沢工業大学環境システム工学科教授、北海道大学観光学高等研究センター教授を経て、2016年から現職。専門はエコツーリズムと地域マネジメント。論文に「地域資源の戦略的活用における文化の役割と知識マネジメント」「観光立国に向けた展望と課題―環境問題の観点から―」、著書に『地域資源を守っていかすエコツーリズム』『観光の地域ブランディング』など。

森崎 美穂子（もりさき・みほこ） 7章
大阪市立大学商学部・大学院経営学研究科客員研究員。大阪市立大学大学院創造都市研究科博士（後期）課程修了。博士（創造都市）。現代まで受け継がれてきた伝統的な食文化、とりわけ和菓子に注目し、その地域資源としての活用を研究テーマとしている。現在は、食文化と地域農業をテーマとした観光振興について日仏比較研究を行っている。著書に『和菓子――伝統と創造』（水曜社）『東海の和菓子名店』（ぴあ、共著）がある。

清水 麻帆（しみず・まほ） 8章
大正大学地域構想研究所助教。専門は文化経済学、地域経済学。コンテンツツーリズム学会理事。1973年生まれ。Middlebury Institution of International Studies修士課程修了、立命館大学大学院政策科学研究科博士後期課程修了、学術博士。日本学術振興会特別研究員（PD）などを経て現職。2013年日本都市学会論文賞受賞。論文に「都市再生事業における文化インキュベーターシステムの役割―サンフランシスコ市 Yerba Buena Center プロジェクトの事例から」「マルチメディア産業の持続的な発展と都市政策―サンフランシスコ市・ソーマ地区の国際事例研究」など。

久保 由加里（くぼ・ゆかり） 9章
大阪国際大学国際教養学部国際観光学科准教授.。大阪市立大学大学院創造都市研究科修士課程修了、修士（都市政策）。日本航空株式会社入社、大阪、成田、ロンドン･ヒースロー空港勤務を経て現職。ホスピタリティマネジメントの観点から観光学を研究。著書に『国際学入門』（共著）。論文に「英国におけるパブリック・フットパスの保全にみる共生するツーリズム―コッツウォルズ地方の事例から」「日常と異日常の融合を目指した観光産業戦略―スイス　アッペンツェル地方の事例から」他。

竹谷 多賀子（たけや・たかこ） 10章
同志社大学嘱託講師・創造経済研究センター嘱託研究員。三菱UFJリサーチ&コンサルティング入社後、研究員として文化・地域政策の調査研究に従事。専門は、都市・地域政策、文化政策。現在は、文化・経済・社会・環境の側面から維持可能な地域社会の形成について研究・政策提案を実施。主な論文・著書（共著）に「創造都市ネットワークの展開とその可能性」（同志社大学）、「地域の記憶を受け継ぐ旅の形」「文化による地方創生の旗印は結実するか」『日本はこうなる』（東洋経済新報社）などがある。

廣瀬 一郎（ひろせ・いちろう） 11章
京都市職員。1979年生まれ。龍谷大学文学部卒、大阪市立大学大学院創造都市研究科修士課程修了。（公財）奈良市生涯学習財団、大阪府摂津市職員を経て現職。教育（社会教育、教育行政）、福祉、公有財産活用、住宅政策などに従事。近年では、PARASHOPHIA京都国際現代芸術祭2015、東アジア文化都市2017京都、若手芸術家支援など文化政策に携わる。

鈴木 美和子（すずき・みわこ） 12章
大阪市立大学都市研究プラザ特別研究員。大阪市立大学大学院創造都市研究科博士（後期）課程修了、博士（創造都市）。論文:「創造経済におけるデザイナー起業家の役割と政策的課題―ブエノスアイレス市の事例から」、著書に『文化資本としてのデザイン活動―ラテンアメリカ諸国の新潮流』（水曜社）、Diseño, proyecto y desarrollo: miradas del períod 2007-2010 en argentina y latinoamerica（分担執筆）、『抵抗と創造の森アマゾン―持続的な開発と民衆の運動』（分担執筆）

本田 洋一（ほんだ・よういち） 13章
大阪市立大学大学院都市経営研究科客員研究員。博士（創造都市）。門真市文化芸術推進審議会副会長。1950年生まれ。京都大学経済学部卒業後大阪府庁入庁、産業、文化政策等に従事。元奈良県斑鳩町参与（地方創生担当）。著書に『アートの力と地域イノベーション――芸術系大学と市民の創造的連携』（水曜社）。『創造農村――過疎をクリエイティブに生きる戦略』（共著、学芸出版社）。論文に「産業振興と道州制――基本的視点」他。

川井田 祥子（かわいだ・さちこ） 14章
鳥取大学地域学部教授。大阪市立大学大学院創造都市研究科博士（後期）課程修了・博士（創造都市）。文化経済学会〈日本〉理事、日本文化政策学会理事。大阪市立大学都市研究プラザ特任講師などを経て現職。NPO法人都市文化創造機構の理事・事務局長も務め（2007～2018年）、創造都市・創造農村をめざす自治体やNPOなどのプラットフォームとなる「創造都市ネットワーク日本（CCNJ）」設立にも携わった。著書に『障害者の芸術表現』（水曜社）『創造農村』（学芸出版社 共編著）など。

総監修：佐々木 雅幸（ささき・まさゆき）

1949年生まれ。大阪市立大学名誉教授、同志社大学客員教授、文化庁地域文化創生本部主任研究官。金沢大学（1985-2000年）、立命館大学（2000-03年）大阪市立大学（2003-14年）、同志社大学（2014-19年）などで教授を勤める。京都大学大学院経済学研究科博士課程修了、博士（経済学）。文化経済学会〈日本〉元会長。国際学術雑誌 *City, Culture and Society*（Elsevier）初代編集長。一般社団法人創造都市研究所・代表理事。創造都市研究の世界的リーダーで、ユネスコ創造都市ネットワークのアドバイザーも務める。著書に『創造都市の経済学』勁草書房、『創造都市への挑戦』岩波書店、編著書に『沖縄21世紀への挑戦』岩波書店、『創造都市と社会包摂』水曜社、『創造農村』学芸出版社などがある。

創造社会の都市と農村
―― SDGsへの文化政策

発行日　2019年7月2日　初版第一刷発行

編　者　佐々木雅幸・敷田麻実・川井田祥子・萩原雅也
発行者　仙道弘生
発行所　株式会社 水曜社
〒160-0022 東京都新宿区新宿 1-14-12
TEL03-3351-8768　FAX 03-5362-7279
URL suiyosha.hondana.jp/
装　幀　小田純子
印　刷　日本ハイコム 株式会社

ISBN 978-4-88065-465-2 C0036